Schriftenreihe Natur und Recht
Band 5

Herausgegeben von Claus Carlsen, Berlin

Springer-Verlag Berlin Heidelberg GmbH

Alexander Schmidt
Michael Zschiesche · Marion Rosenbaum

Die naturschutzrechtliche Verbandsklage in Deutschland

Praxis und Perspektiven

Unter Mitwirkung von
Liane Radespiel und Burkhard Philipp

Professor Dr. Alexander Schmidt
Friedrichstraße 15
06406 Bernburg

Michael Zschiesche
Marion Rosenbaum
UfU – Unabhängiges Institut
für Umweltfragen
Greifswalder Straße 4
10405 Berlin

ISBN 978-3-540-40521-4   ISBN 978-3-642-17059-1 (eBook)
DOI 10.1007/978-3-642-17059-1

Bibliografische Information Der Deutschen Bibliothek
Die Deutsche Bibliothek verzeichnet diese Publikation in der Deutschen Nationalbibliografie; detaillierte bibliografische Daten sind im Internet über <http://dnb.ddb.de> abrufbar.

Dieses Werk ist urheberrechtlich geschützt. Die dadurch begründeten Rechte, insbesondere die der Übersetzung, des Nachdrucks, des Vortrags, der Entnahme von Abbildungen und Tabellen, der Funksendung, der Mikroverfilmung oder der Vervielfältigung auf anderen Wegen und der Speicherung in Datenverarbeitungsanlagen, bleiben, auch bei nur auszugsweiser Verwertung, vorbehalten. Eine Vervielfältigung dieses Werkes oder von Teilen dieses Werkes ist auch im Einzelfall nur in den Grenzen der gesetzlichen Bestimmungen des Urheberrechtsgesetzes der Bundesrepublik Deutschland vom 9. September 1965 in der jeweils geltenden Fassung zulässig. Sie ist grundsätzlich vergütungspflichtig. Zuwiderhandlungen unterliegen den Strafbestimmungen des Urheberrechtsgesetzes.

http://www.springer.de

© Springer-Verlag Berlin Heidelberg 2004
Ursprünglich erschienen bei Springer-Verlag Berlin Heidelberg New York 2004

Die Wiedergabe von Gebrauchsnamen, Handelsnamen, Warenbezeichnungen usw. in diesem Werk berechtigt auch ohne besondere Kennzeichnung nicht zu der Annahme, dass solche Namen im Sinne der Warenzeichen- und Markenschutz-Gesetzgebung als frei zu betrachten wären und daher von jedermann benutzt werden dürften.

Umschlaggestaltung: Erich Kirchner, Heidelberg

SPIN 10944035   64/3130-5 4 3 2 1 0 – Gedruckt auf alterungsbeständigen Papier

Vorwort

Nach über 30 Jahren Diskussion und Streit ist die naturschutzrechtliche Verbandsklage 2002 in das deutsche Bundesrecht aufgenommen worden. Obgleich sich die Debatte zur Einführung der Verbandsklage versachlicht hat, gibt es nach wie vor viele Argumente der Gegner und der Befürworter, die einem Vergleich mit der inzwischen vielfältigen Praxis in den Bundesländern nicht mehr standhalten. Deshalb ist dieses Buchprojekt von den Autoren in Angriff genommen worden. Rechtsempirische Befunde zur Verbandsklage aus den Bundesländern wurden bislang nur vereinzelt publiziert. Mit diesem Buch haben die Autoren verschiedene Studien und Untersuchungen der letzten Jahre zusammengefasst, um die umwelt- und rechtpolitische Diskussion zur Verbandsklage in Deutschland sachgerechter führen zu können.

Vor dem Hintergrund europäischer und internationaler Anforderungen sowie der Stärkung der Eigenverantwortung der Rechtssubjekte für den Vollzug von Umwelt- und Naturschutzrecht hat das Instrument der Verbandsklage eine nach wie vor hohe Priorität. Die Autoren haben sich bemüht, die Kernprobleme zur Verbandsklage in Deutschland zu erfassen und anhand der Praxis zu analysieren. Nicht alle Aspekte und Facetten konnten in der zur Verfügung stehenden Zeit ausgeleuchtet und vertiefend betrachtet werden. Dennoch hoffen wir, einen Beitrag zum besseren Verständnis des Wirkens des Instruments Verbandsklage auf dem Gebiet des Naturschutzes geleistet zu haben.

Für die Entstehung des Buches ist vielfältiger Dank auszusprechen. Zum einen an alle anerkannten Verbände, sowie Anwälte, die großzügig mit Material und Informationen zur Verfügung standen. Besonderen Dank verdient Frau Liane Radespiel. Sie hat großzügig Material und Informationen zur Verfügung gestellt und zusätzlich ein Manuskript zu Sachsen-Anhalt für das Kapitel 4 geliefert. Ebenso herzlich möchten wir uns bei Burkhard Philipp bedanken, der das Kapitel 1 recherchierte und erarbeitete.

An der Durchsicht des Manuskriptes waren viele Helfer beteiligt. Dank gebührt Frau Hagenah vom Umweltbundesamt sowie Herrn Arnold von Bosse für die kritische Durchsicht eines Teils des Manuskriptes. Unser besonderer Dank gilt dem Studenten der Fachhochschule Bernburg, Herrn Frank Johannsen, für das außergewöhnlich gründliche Studium des gesamten Manuskriptes und den vielen wertvollen Hinweisen.

Nicht zuletzt gilt auch ein herzlicher Dank an Herrn Ministerialdirigent a.D. Claus Carlsen für die Bereitschaft, die Schrift in die von ihm herausgegebene Schriftenreihe Natur und Recht aufzunehmen.

Berlin, im Juli 2003

Michael Zschiesche, Marion Rosenbaum, Alexander Schmidt

Inhaltsverzeichnis

Vorwort V
Inhaltsverzeichnis VII
Tabellen- und Abbildungsverzeichnis XI
Abkürzungsverzeichnis XIII

    Einführung 1
1   Die Entwicklung der Verbandsklage in der Bundesrepublik Deutschland 3
1.1   Überblick über die umweltpolitische Diskussion 3
1.2   Überblick über die rechtswissenschaftliche Diskussion 7
2   Die Verbandsklage im Bundesnaturschutzgesetz 11
2.1   Die Novellierung des Bundesnaturschutzgesetzes 2002 11
2.2   Anwendungsbereich der sog. Vereinsklage 12
    2.2.1   Klagen gegen naturschutzrechtliche Befreiungen 12
    2.2.2   Klagen gegen Planfeststellungsbeschlüsse 13
    2.2.3   Klagen gegen Plangenehmigungsverfahren mit Öffentlichkeitsbeteiligung 14
2.3   Allgemeine Zulässigkeitsvoraussetzungen für die sog. Vereinsklage 15
    2.3.1   Die Anerkennung von Naturschutzverbänden 15
    2.3.2   Das Vorliegen eines Verstoßes gegen Naturschutzrecht 17
    2.3.3   Die Berührung des satzungsmäßigen Aufgabenbereichs 17
    2.3.4   Die Mitwirkung im vorangegangenen Verwaltungsverfahren 18
2.4   Kritische Würdigung der bundesrechtlichen Regelung 19
3   Die Regelungen zur Verbandsklage auf der Ebene der Länder 23
3.1   Überblick über die Länderregelungen 23
    3.1.1   Anwendungsbereiche der Länderregelungen im Vergleich 23
    3.1.2   Anforderungen an die Zulässigkeit der Verbandsklagen 24
3.2   Die Regelungen in Niedersachsen, Brandenburg und Sachsen-Anhalt 25
    3.2.1   Niedersachsen 25
    3.2.2   Brandenburg 27
    3.2.3   Sachsen-Anhalt 28
4   Praktische Erfahrungen mit der Verbandsklage in den Bundesländern ... 31
4.1   Bundesweite Erhebungen 31
    4.1.1   Zahl der Klagefälle und Instanzenweg 31
    4.1.2   Erfolgsbilanz und Klagegegenstände 34
    4.1.3   Bewertung der Erfolgsbilanz 37
    4.1.4   Zur Frage, welche Verbände als Kläger auftraten 39

4.1.5	Kosten und Streitwerte	41
4.1.5.1	Interne Kosten der Verbände	41
4.1.5.2	Kosten aufgrund der Gerichte	41
4.1.5.3	Anwendung des Streitwertkatalogs	43
4.1.5.4	Zu den Streitwerten in der Praxis	43

4.2 Vertiefende Untersuchungen zu Verbandsklagen in den Ländern 44

4.2.1	Differenzierende Kriterien der Erfolgsbewertung am Beispiel von Erledigungen und Vergleichen	44
4.2.2	Vergleichende Untersuchung Niedersachsen und Brandenburg	46
4.2.2.1	Klagegegenstände	47
4.2.2.2	Streitwerte	48
4.2.2.3	Analyse der Verfahrensergebnisse	50
4.2.3	Sachsen-Anhalt	59
4.2.3.1	Klagen gegen Befreiungsentscheidungen	60
4.2.3.2	Klagen gegen Planfeststellungsbeschlüsse	61
4.2.3.3	Gründe für die Erfolglosigkeit bzw. den Erfolg der Verbandsklagen in Sachsen Anhalt	63

5. Auswirkungen der beschränkten Verbandsklagebefugnisse auf die Praxis 65

5.1 Die Auswirkungen der beschränkten Klagebefugnisse bei Befreiungen 65

5.1.1	Grundsätze für die Klage- und Rügebefugnis	66
5.1.2	Fallbeispiel „Windkraftanlage im LSG Westhavelland"	67
5.1.3	Fallbeispiel „Wohnbebauung im Naturpark Märkische Schweiz"	68
5.1.4	Fallbeispiel „Straßenverbreiterung in Berlin Müggelheim"	69
5.1.5	Fallbeispiel „Betonwerk im Landschaftsschutzgebiet"	70
5.1.6	Schlussfolgerungen	71

5.2 Die Auswirkungen der beschränkten Klagebefugnisse bei Planfeststellungen 75

5.2.1	Grundsätze für die Klage- und Rügebefugnis	76
5.2.2	Fallbeispiel „Bau der A 20" (Ostsee-Autobahn)	77
5.2.2.1	Beschränkung der Kontrolle auf bestimmte Belange	77
5.2.2.2	Kontrolle der Planrechtfertigung und der planerischen Abwägung	78
5.2.2.3	Beachtung der FFH-Richtlinie	79
5.2.3	Fallbeispiel „Emssperrwerk bei Papenburg" (Planergänzung)	82
5.2.3.1	Kontrolle der Anwendung von Verfahrensvorschriften	82
5.2.3.2	Kontrolle der Planrechtfertigung und der planerischen Abwägung	82
5.2.3.3	Beachtung der FFH-Richtlinie	83
5.2.4	Fallbeispiel „Trinkwassertalsperre Leibis-Lichte"	85
5.2.4.1	Kontrolle der Planrechtfertigung und der planerischen Abwägung	86
5.2.4.2	Beachtung der FFH-Richtlinie	86
5.2.5	Schlussfolgerungen	87
5.2.5.1	Kontrolle der Planrechtfertigung	88
5.2.5.2	Beschränkung der Abwägungskontrolle und „Missbrauchskontrolle"	88

Inhaltsverzeichnis IX

   5.2.5.3 Beachtung der FFH-Richtlinie 93
5.3 Die Auswirkungen der beschränkten Klagebefugnisse bei Beteiligungsklagen 95
  5.3.1 Grundsätze für die Klage- und Rügebefugnis 96
  5.3.2 Fallbeispiel „Rahmenbetriebsplan Alter Stollberg" 97
  5.3.3 Fallbeispiel „Bebauungsplan Hertmann I" 98
  5.3.4 Fallbeispiel „Windpark Weener" 99
  5.3.5 Schlussfolgerungen 101

6 Entwicklungsperspektiven der Verbandsklage durch internationale und gemeinschaftsrechtliche Vorgaben 105
6.1 Die Stärkung der Verbandsklage durch die Aarhus-Konvention 105
  6.1.1 Entstehung und Würdigung der Aarhus-Konvention 106
  6.1.2 Die Klagemöglichkeiten nach der Aarhus-Konvention 107
    6.1.2.1 Gerichtliche Überprüfung des Zugangs zu Umweltinformationen 107
    6.1.2.2 Gerichtliche Überprüfung der Beteiligung an Entscheidungen über bestimmte Tätigkeiten 108
    6.1.2.3 Gerichtliche Überprüfung der Beteiligung bei Plänen, Programmen und Politiken 109
    6.1.2.4 Gerichtliche Überprüfung bei normativen Instrumenten 109
    6.1.2.5 Gerichtliche Überprüfung bei sonstigen Verstößen gegen innerstaatliches Umweltrecht 109
6.2 Tendenzen auf der Ebene der Europäischen Union 110
  6.2.1 Zur ersten Säule - Umweltinformationsrichtlinie 110
  6.2.2 Zur zweiten Säule – Zugang zu Entscheidungsverfahren 110
  6.2.3 Zur dritten Säule – Zugang zu Gerichtsverfahren 111

Anhang I Bundes- und Landesregelungen zur Verbandsmitwirkung und –klage, Klagetatbestände ausserhalb Bundesrecht 113

Anhang II Übersicht Verbandsklagen in Deutschland 1996 – 2001 Auswertung niedersächsischer und brandenburgischer Fälle 133

Anhang III Auszüge aus der Aarhus-Konvention 187

Literaturverzeichnis 195

Gesetzesverzeichnis 201

Tabellen- und Abbildungsverzeichnis

Tabelle 1:	Zahl der Klagen in den einzelnen Ländern	32
Tabelle 2:	Verhältnis von Klagen, die im Zeitraum 1996-2001 in der ersten Instanz abgeschlossen wurden, zu Klagen, die sich über mehrere Instanzen hinzogen	33
Tabelle 3:	Letztinstanzliche gerichtliche Ergebnisse der Klagen im Zeitraum 1. 1. 1996 – 31. 12. 2001	35
Tabelle 4:	Gerichtliche Ergebnisse zu den Einzelentscheidungen der Klagen im Zeitraum 1. 1. 1996 – 31. 12. 2001	35
Tabelle 5:	Bilanz nach Klagegegenständen der Verbandsklage 1997-1999	36
Tabelle 6:	Anzahl der in den Ländern nach Naturschutzrecht anerkannten Verbände	39
Tabelle 7:	Verteilung der Klagen 1997-99 auf die anerkannten Umweltverbände in Deutschland	40
Tabelle 8:	Kriterien zur Erfolgsbewertung	46
Tabelle 9:	Übersicht über die Bewertungsergebnisse anhand der Kriterien	55
Abbildung 1:	Gesamtbetrachtung der Klagegegenstände in Niedersachsen und Brandenburg im Zeitraum 1997 – 2000	47
Abbildung 2:	Erfolgreiche Verfahren nach Bundesländern	56
Abbildung 3:	Ergebnisformen erfolgreicher Verfahren	56

Abkürzungsverzeichnis

a.a.O.	am angegebenen Ort
a.F.	alte Fassung
ABl.	Amtsblatt
Abs.	Absatz
ADAC	Allgemeiner Deutscher Automobil-Club e.V.
AEG	Allgemeines Eisenbahngesetz
AKN	Aktionskonferenz Nordsee e.V.
ÄndG	Änderungsgesetz
ArchVR	Archiv des Völkerrechts
Art.	Artikel
AtG	Atomgesetz
Aufl.	Auflage
AZ	Aktenzeichen
BauGB	Baugesetzbuch
BayVBl.	Bayrisches Verwaltungsblatt
BayVGH	Bayrischer Verwaltungsgerichtshof
BBergG	Bundesberggesetz
BbgNatSchG	Brandenburgisches Naturschutzgesetz
BBU	Bundesverband Bürgerinitiativen Umweltschutz e.V.
Bd.	Band
BDVR	Bund Deutscher Verwaltungsrichter
Beschl.	Beschluss
BGBl.	Bundesgesetzblatt
BGHZ	Entscheidungen des Bundesgerichtshofes in Zivilsachen
BImSchG	Bundesimmissionsschutzgesetz
BImSchV	Bundesimmissionsschutzverordnung
BLN	Berliner Landesarbeitsgemeinschaft Naturschutz e.V.
BlnNatSchG	Berliner Naturschutzgesetz
BNatSchG	Bundesnaturschutzgesetz
BRAGO	Bundesrechtsanwältegebührenordnung
BremNatschG	Bremisches Naturschutzgesetz
BT	Bundestag
BT-Drs.	Bundestags-Drucksache
Buchst.	Buchstabe
BUND	Bund für Umwelt und Naturschutz Deutschland e.V.
BVerwG	Bundesverwaltungsgericht

BVerwGE	Bundesverwaltungsgerichtsentscheidung
bzw.	beziehungsweise
CDU	Christlich Demokratische Union Deutschlands
CSU	Christlich-Soziale Union in Bayern e.V.
DBV	Deutscher Bund für Vogelschutz e.V. (ab 1990: NABU)
ders.	Derselbe
DDR	Deutsche Demokratische Republik
DJT	Deutscher Juristentag e.V.
DM	Deutsche Mark
DNR	Deutscher Naturschutzring e.V.
DVBl.	Deutsches Verwaltungsblatt
EEB	European Environmental Bureau (Europäisches Umweltbüro)
EU	Europäische Union
f.	folgende
FDP	Freie Demokratische Partei
ff.	fortfolgende
FFH	Flora-Fauna-Habitat
FlurBG	Flurbereinigungsgesetz
Fn.	Fußnote
FStrG	Bundesfernstraßengesetz
GenBeschlG	Genehmigungsverfahrensbeschleunigungsgesetz
GewArch	Gewerbearchiv (Zeitschrift)
GG	Grundgesetz
GKG	Gerichtskostengesetz
GNUU	Gesamtverband Natur- und Umweltschutz Unterweser e.V.
GVBl.	Gesetz- und Verordnungsblatt
ha	Hektar
HandwO	Handwerksordnung
HdUR	Handwörterbuch des Umweltrechts
HessNatSchG	Hessisches Naturschutzgesetz
HmbNatSchG	Hamburger Naturschutzgesetz
Hrsg.	Herausgeber
i.S.	im Sinne
i.V.m.	in Verbindung mit
insb.	insbesondere

IUCN	International Union for Conservation of Nature and Natural Resources
IUR	Informationsdienst Umweltrecht (bis 1992)
IVU-RL	Richtlinie über die integrierte Vermeidung und Verminderung der Umweltverschmutzung
JuS	Juristische Schulung (Zeitschrift)
JZ	Juristische Zeitung
KJ	Kritische Justiz (Zeitschrift)
KOM	Kommission
KrW-/AbfG	Kreislaufwirtschafts- und Abfallgesetz
KV	Kostenverzeichnis
LBU	Landesverband Bürgerinitiativen Umweltschutz Niedersachsen e.V.
lfd.	laufend
LG	Landschaftsgesetz (Nordrhein-Westfalen)
lit.	Buchstabe (litera)
LKV	Landes- und Kommunalverwaltung (Zeitschrift)
LNatSchG MV	Landesnaturschutzgesetz Mecklenburg-Vorpommern
LNV	Landesnaturschutzverband Schleswig-Holstein e.V.
LPflG	Landespflegesetz (Rheinland-Pfalz)
LT	Landtag
LT-Drs.	Landtags-Drucksache
LuftVG	Luftverkehrsgesetz
m.w.N.	mit weiteren Nachweisen
MdB	Mitglied des Bundestages
n.F.	neue Fassung
NABU	Naturschutzbund Deutschland e.V.
NatSchG LSA	Naturschutzgesetz Land Sachsen-Anhalt
NatSchG SH	Naturschutzgesetz Schleswig-Holstein
NdsNatSchG	Niedersächsisches Naturschutzgesetz
NGO	non-governmental organisation, (Nichtregierungsorganisation)
NJW	Neue Juristische Wochenschrift (Zeitschrift)
Nr.	Nummer
Nrn.	Nummern
NuL	Natur und Landschaft (Zeitschrift)
NuR	Natur und Recht (Zeitschrift)

NVwZ	Neue Zeitschrift für Verwaltungsrecht
NVwZ-RR	Neue Zeitschrift für Verwaltungsrecht – Rechtsprechungsreport
o.g.	oben genannt
OVG	Oberverwaltungsgericht
PBefG	Personenbeförderungsgesetz
PDS	Partei des Demokratischen Sozialismus
PlVereinfG	Planungsvereinfachungsgesetz
REC	Regional Environmental Center for Central and Eastern Europe
Rn.	Randnummer
S.	Seite
SaarlNatSchG	Saarländisches Naturschutzgesetz
SächsNatSchG	Sächsisches Naturschutzgesetz
sog.	so genannt
Sp.	Spalte
SPD	Sozialdemokratische Partei Deutschlands
STwK	Streitwertkatalog
TWG	Telegrafenwegegesetz
u.a.	unter anderem
Uabs.	Unterabsatz
UfU	Unabhängiges Institut für Umweltfragen e.V.
UGB	Umweltgesetzbuch
UGB-E	Umweltgesetzbuch-Entwurf
UGB-KomE	Umweltgesetzbuch-Komissionsentwurf
UN	United Nations (Vereinte Nationen)
UPR	Umwelt- und Planungsrecht (Zeitschrift)
Urt.	Urteil
USA	United States of America (Vereinigte Staaten von Amerika)
usw.	und so weiter
UVP	Umweltverträglichkeitsprüfung
UVPG	Umweltverträglichkeitsprüfungsgesetz
Verh.	Verhandlungen
VerwRdSch	Verwaltungsrundschau
VG	Verwaltungsgericht
VGH	Verwaltungsgerichtshof
vgl.	vergleiche

v.	von
VorlThürNatSchG	Vorläufiges Thüringesches Naturschutzgesetz
VVDStRL	Veröffentlichungen der Vereinigung der Deutschen Staatsrechtslehrer
VwGO	Verwaltungsgerichtsordnung
VwVfG	Verwaltungsverfahrensgesetz
WaStrG	Bundeswasserstraßengesetz
WHG	Wasserhaushaltsgesetz
WPflG	Wehrpflichtgesetz
WWF	World Wide Fund for Nature
ZAU	Zeitschrift für angewandte Umweltforschung
z. B.	zum Beispiel
z. T.	zum Teil
ZfU	Zeitschrift für Umweltpolitik und Umweltrecht
Ziff.	Ziffer
ZRP	Zeitschrift für Rechtspolitik
ZUR	Zeitschrift für Umweltrecht

Einführung

Seit zu Beginn der 70er Jahre der Umweltschutz in das öffentliche Bewusstsein Deutschlands drang, wird in der Rechtswissenschaft, der Politik und der interessierten Öffentlichkeit über die gesetzliche Einführung der Verbandsklage für Natur- und Umweltschutzverbände auf Bundes- und Landesebene diskutiert. Die Verbandsklage gehörte damit zu den umstrittensten umweltrechtspolitischen Themen der vergangenen drei Jahrzehnte.

Die Befürworter der Verbandsklage sprachen ihr Bedeutung insbesondere in Bereichen zu, in denen der individuelle Rechtsschutz zugunsten von Umweltbelangen unterentwickelt ist. Nach der herrschenden Schutznormtheorie besteht in Deutschland keine Klagebefugnis, wenn die Verwaltung bei einer Entscheidung gegen Gesetze verstößt, die nur der Wahrung öffentlicher Interessen (wie z.B. dem Naturschutz) und nicht auch dem Schutz Privater dienen.[1] Denn die Verwaltungsgerichtsordnung (§ 42) sieht nur für die in ihren Grundrechten auf Schutz des Eigentums (Art. 14 GG) oder körperliche Unversehrtheit (Art. 2 Abs. 2 GG) oder ähnlichen individuellen Rechtspositionen betroffenen Bürger eine Klagemöglichkeit vor. Zulässig sind danach also nur Klagen gegen Vorhaben (wie z.B. Straßen), durch die Privatgrundstücke in Anspruch genommen oder z.B. Wohngebiete durch Lärm beeinträchtigt werden, während die mit solchen Planungen verbundenen Eingriffe in Natur und Landschaft grundsätzlich nicht gerichtlich überprüft werden.

Weil die Verwaltungen nicht mit einer solchen Überprüfung rechnen mussten, war Ende der 70er Jahre ein erhebliches Vollzugsdefizit im Naturschutzrecht zu beklagen. Viele sahen daher in der altruistischen Verbandsklage, die den anerkannten Natur- und Umweltschutzverbänden ein Klagerecht einräumt, ein wirksames Instrument zum Abbau des Implementations- und Vollzugsdefizits speziell im Naturschutzrecht aber darüber hinaus auch im Umweltrecht im Allgemeinen.[2]

Die politischen und juristischen Gegner der Verbandsklage haben eine Vielzahl von Argumenten vorgebracht[3]. Neben praktischen Erwägungen wurden eine Reihe verfassungs- und rechtspolitischer Einwände geltend gemacht, die sich insbesondere auf die Letztverantwortung der Verwaltung, die Legitimation der Verbände in personeller und sachlicher Hinsicht, die traditionelle Funktion der Verwaltungsgerichtsbarkeit und den Interessenschutz betroffener Dritter beziehen. Diese Einwände und Bedenken haben trotz nachhaltiger Forderungen nach der altruistischen Verbandsklage und mehrerer Gesetzesvorschläge die bundesrechtliche Einführung dieses Instruments sowie die

---
[1] Vgl. insbesondere Rehbinder/Burgbacher/Knieper (1973), S. 151 ff.; Rehbinder (1976), 157; ders. in: HdUR II, Sp. 967; Bender, in: 52. Deutscher Juristentag 1978, K 25 ff.; Gassner (1984); Borchmann (1981), 73; Neumeyer (1987), 333 ff.
[2] Die altruistische Verfolgung öffentlicher Interessen bietet sich wohl am ehesten im Natur- und Landschaftsschutzrecht an, jedoch enthalten auch die übrigen Teilrechtsgebiete des Umweltverwaltungsrechts vielfältige Regelungen ohne Drittschutzfunktion im Sinne der Schutznormtheorie (z.B. §§ 5, 7a WHG, § 7 II Nr. 6 AtG, § 5 I Nr. 2 BImSchG).
[3] Vgl. die Übersicht mit weiteren Nachweisen bei Bizer/Ormond/Riedel (1990), S. 55 ff.; B. Philipp (1998), S. 15 ff.; Weyreuther (1975); Redeker (1976), 163; Ule/Laubinger, in: 52. Deutscher Juristentag 1978, B99 ff.; Breuer (1978), 1558, 1562 ff.; Schlichter (1982), 209.

Ausweitung der bestehenden landesrechtlichen Regelungen auf weitere Bundesländer über lange Zeit verhindert.

Bereits 1979 führte Bremen als erstes Bundesland die Verbandsklage auf Länderebene ein. Es folgten Hessen (1980), Hamburg (1981) und Berlin (1983) sowie das Saarland (1987). Nach der Wiedervereinigung Deutschlands kamen Brandenburg (1992), Sachsen-Anhalt (1992), Sachsen (1992) und Thüringen (1993) hinzu. Danach folgten Schleswig-Holstein (1993), Niedersachsen (1993), Rheinland-Pfalz (1994) und Nordrhein-Westfalen (2000). Als eine bundesrechtliche Regelung durch das neue BNatSchG absehbar war, hat schließlich auch Mecklenburg-Vorpommern (2002) eine Länderregelung zur Verbandsklage eingeführt. In Hessen ist hingegen die landesrechtliche Regelung nach In-Kraft-Treten des neuen BNatSchG aufgehoben worden.[4] Insgesamt gibt es derzeit also in 14 Bundesländern Verbandsklageregelungen mit unterschiedlichem Anwendungsbereich.[5]

---

[4] Gesetz zur Änderung des Hessischen Naturschutzgesetzes vom 18.06.2002, GVBl. S. 364 ff.
[5] Vgl. § 39a NatSchGBln, § 43 BremNatSchG, § 41 HmbNatSchG, § 36 HeNatSchG, § 33 SNG, § 60c NNatSchG, § 52 NatSchG LSA, § 65 BbgNatSchG, § 46 VorlThürNatSchG, § 58 SächsNatSchG, § 51c NatSchG Schl.-H. und § 37 LPflegeG R-P, § 65a LNatSchG M-V, § 12b LG NRW; speziell hierzu auch Wolf, (1994), S. 5 ff.

1 Die Entwicklung der Verbandsklage[1] in der Bundesrepublik Deutschland

Über die Einführung der Verbandsklage auf Bundesebene gibt es seit den 70er Jahren des vorigen Jahrhunderts eine kontroverse umweltpolitische und umweltrechtliche Diskussion. Dieses Kapitel gibt einen Überblick über wesentliche Stationen dieser Diskussion.

1.1 Überblick über die umweltpolitische Diskussion

Erste Stimmen für die Einführung einer altruistischen Verbandsklage für Natur- und Umweltverbände fanden sich vor dem Hintergrund der allmählich bewusst werdenden ökologischen Krise Anfang der 70er Jahre in der Literatur.[2] Historisch betrachtet gehen rechts- und umweltpolitische Forderungen nach einer entsprechenden Beteiligung von Umweltschutzverbänden auf die generellen emanzipatorischen und partizipatorischen Bemühungen der 60er und 70er Jahre zurück.[3] Als politischer Anknüpfungspunkt diente die Kritik an der lediglich repräsentativ ausgestalteten Demokratie ohne direkte Möglichkeiten der Bürgerinnen und Bürger, unmittelbar eigene Interessen geltend machen zu können.[4]

Daraus wurde, um die vermutete Machtlosigkeit des Einzelnen durch eine schlagkräftigere Macht des Kollektivs zu kompensieren, konsequenterweise die Forderung sowohl nach Verfahrensbeteiligung als auch nach der Verbandsklage der Natur- und Umweltschutzverbände abgeleitet. Weitere Gründe dafür waren eine tiefe Skepsis gegenüber der Umweltverwaltung, ein spezifisches Vollzugsdefizit im Natur- und Umweltschutz, sowie – wegen der Bedeutung der tangierten Rechtsgüter nicht hinnehmbare – Lücken im System des Individualrechtsschutzes.[5] Man erkannte damit in den Natur- und Umweltschutzverbänden wirkungsvolle, geradezu prädestinierte Interessenvertreter, die künftig als (zusätzliche) Sachwalter der Gemeinwohlinteressen und „Anwälte der Natur" deren unverzichtbaren Rechte vertreten und gegebenenfalls einklagen sollten.

Im Jahre 1967 forderte der Deutsche Rat für Landespflege die Einführung der Verbandsklage im Naturschutzrecht. Die Natur- und Umweltschutzverbände forderten dies erstmalig 1974 massiv im Rahmen einer öffentlichen Anhörung[6], wobei sie sich insbesondere auf ein Gutachten[7] des Sachverständigenrates für Umweltfragen der Bundesregierung stützten. Spätestens durch die darin enthaltene Befürwortung der

---

[1] Die Novellierung des Bundesnaturschutzgesetzes 2002 hat den Begriff Verbands- durch Vereinsklage ersetzt. In den letzten 30 Jahren wurde die umweltpolitische und umweltrechtliche Diskussion jedoch immer unter dem Begriff Verbandsklage geführt. Da dieser Begriff nicht nur in der Fachöffentlichkeit bekannt und eingeführt ist, haben sich die Autoren entschlossen, so weit wie möglich an diesem Begriff festzuhalten und nur in Kapitel 2, wo die neuen Regelungen nach der Novellierung des Bundesnaturschutzgesetzes 2002 erläutert werden, den neuen Begriff Vereinsklage zu verwenden.
[2] Vgl. u.a. Carson (1981); Meadows/Randers (1982).
[3] Vgl. Hauber (1991), S. 313 ff.
[4] Z.B. durch Bürgerinitiativen; vgl. u.a. Mayer-Tasch (1985), insb. S. 35 ff.
[5] Vgl. Rehbinder (1976), S. 157 ff.
[6] Vgl. 40. Sitzung des Bundestagsausschusses für Ernährung, Landwirtschaft und Forsten vom 3. 10. 1974.
[7] Vgl. BT-Drs. 7/2802.

Verbandsklage ist diese zum Gegenstand (rechts-)politischer Kontroversen in Deutschland geworden.[8]

Bereits 1975 gab es einen entsprechenden gemeinsamen Entwurf der Bundesminister für Ernährung, Landwirtschaft und Forsten, des Innern und der Justiz.[9] 1976 bezeichnete dann der Umweltbericht der Bundesregierung Umweltverbände und Bürgerinitiativen als „Partner im gemeinsamen Bemühen um die Erhaltung gesunder Umweltbedingungen".[10] Im Zuge der Erarbeitung des Bundesnaturschutzgesetzes[11] wurde die Einführung einer Verbandsklage intensiv und kontrovers diskutiert, letztlich aber von sämtlichen beteiligten Bundestagsausschüssen abgelehnt.[12]

In der Regierungserklärung der Bundesregierung von 1976 wurde das Ziel der Einführung einer Verbandsklage weiterhin betont.[13] Danach kam es allerdings in der Literatur[14] und der interessierten Öffentlichkeit[15] zu einem erbitterten Streit, der den Gesetzgebungsprozess ins Stocken brachte.[16] Erneut wurde 1980 in der Regierungserklärung[17] der damaligen SPD/FDP-Koalition die Einführung einer Verbandsklage angekündigt. Unter Federführung des Bundesministers für Ernährung, Landwirtschaft und Forsten wurde ein § 29a BNatSchG entworfen.[18] Durch den Regierungswechsel 1982 wurde dessen Umsetzung allerdings verhindert. Aber auch eine Projektgruppe der neuen Bundesregierung sprach sich zunächst für eine Verbandsklage aus.[19]

Im Jahr 1984 kam es zu Vorstößen der Oppositionsparteien SPD und Die Grünen, die jeweils eigene Gesetzentwürfe[20] zur Einfügung der Verbandsklage einbrachten. Während Die Grünen eine auf das spezifische Naturschutzrecht begrenzte Verbandsklage vorsahen, wollte die SPD die Verbandsklage nicht auf das Naturschutzrecht im engeren Sinne beschränkt sehen. Einig waren sich beide Parteien allerdings bei der Einführung einer Normenkontrollklage als Verbandsklage. Die FDP hatte sich ebenfalls – wie schon vorher in den Ländern Baden-Württemberg, Bayern und Schleswig-Holstein – für die Einführung der Verbandsklage ausgesprochen[21], stimmte aus Koalitionsräson aber dann gegen die eingebrachten Gesetzentwürfe. Die Grünen legten dann 1987 einen neuen Gesetzentwurf zur Änderung der Verwaltungsgerichtsordnung vor, in die eine allgemeine Umweltverbandsklage eingefügt werden sollte.[22] Darüber hinaus sollten eine Normenkontrollklage eingeführt und die Befreiung der Umweltverbände von den

---

[8] Vgl. Kloepfer (1998), § 8 Rn. 29.
[9] Vgl. Schlichter (1982), 209 ff.
[10] Vgl. BT-Drs. 7/5684 S. 13 f.
[11] Bereits seit 1936 gab es in Deutschland ein Reichsnaturschutzgesetz, das zum Großteil nach 1945 als Landesrecht in den Bundesländern fortgalt; auch die DDR hatte ein „Gesetz zum Schutze der Landeskultur".
[12] Vgl. BT-Drs. 7/5251, S. 13.
[13] Der Bundesminister des Innern wollte die Verbandsklage auch im Bereich des Atomrechts ermöglichen; Informationen Nr. 56 vom 8. Juni 1977.
[14] Vgl. u. a. Weyreuther (1975).
[15] Vgl. u.a. Deutsche Bauern-Korrespondenz 12/1979.
[16] Vgl. Hammer (1978), 14 ff.
[17] Vgl. Regierungserklärung vom 24. 11. 1980, BT-Drs. 10/2653.
[18] Vgl. NuL (1980), 167 ff.
[19] Vgl. Balleis (1996), S. 187.
[20] Vgl. BT-Drs. 10/2653 (SPD) und BT-Drs. 10/1794 (GRÜNE).
[21] Vgl. Beschluss des FDP-Bundesparteitages.
[22] Vgl. BT-Drs. 11/1153.

Gerichtskosten beschlossen werden. Auch dieser Entwurf wurde von der christlich-liberalen CDU/CSU/FDP-Koalition abgelehnt. Der Referentenentwurf vom September 1988 aus dem Bundesministerium für Umwelt, Naturschutz und Reaktorsicherheit zur Novellierung des Bundesnaturschutzgesetzes enthielt die Verbandsklage nicht mehr. Bundesregierung und Koalitionsparteien hatten sich politisch auf eine starre Ablehnung festgelegt.[23]

Parallel zu den ersten Erfahrungen auf Landesebene zur altruistischen Verbandsklage in den achtziger Jahren wurde rechtspolitisch zunehmend ein neu ins Rechtssystem einzuführendes Treuhandmodell zugunsten der Natur diskutiert: Mit seiner aufsehenerregenden Streitschrift „Should trees have standing?" im Jahre 1972 erdachte der kalifornische Rechtsprofessor Christopher D. Stone erstmals die Rechtssubjektivität der Natur, um im Mineral-King-Fall[24] dem Problem der Klagebefugnis bei materiellen Rechtsverletzungen im Umweltrecht durch treuhänderische Klagevertretung (eines Umweltverbandes) zu begegnen.[25] Die hierdurch ausgelöste Debatte ist im deutschen Sprachraum unter dem Stichwort „Eigenrechte der Natur"[26] bekannt geworden, reicht aber wegen des beabsichtigten „Schutzes der Natur um ihrer selbst willen" in den philosophisch-ethischen Bereich hinein.[27] Auf Kritik stieß insbesondere die anthropozentrische Orientierung des Rechts, die den Menschen in den Mittelpunkt stellt und Ursache für die umfassenden Umweltzerstörungen sei.

Für die Beantwortung der Frage, wer als Treuhänder für die Natur im Rahmen von Beteiligungs- und Klagerechten in Frage kommt, gibt es verschiedene Modelle[28], wobei auch ausdrücklich die Beteiligung von Umweltschutzverbänden befürwortet wird.[29] Vor diesem Hintergrund beantragte anlässlich des dramatischen Seehundesterbens in der Nordsee im Jahre 1988 eine Allianz von acht Verbänden[30] im Eilverfahren[31] als Vertreter der „Seehunde in der Nordsee", dass die Dünnsäureverklappung und Giftmüllverbrennung auf der Nordsee gestoppt werden solle. Dieser symbolischen „Robbenklage", die sich gedanklich an den Mineral-King-Fall anlehnte, war kein Erfolg beschieden.[32] Es bleibt abzuwarten, ob aufgrund dieses Treuhandmodells – beruhend auf

---

[23] Vgl. Bizer/Ormond/Riedel (1990), S. 18; Balleis (1996), S. 187.
[24] Vgl. Winkelmann, Länderanalyse USA, B 1.1.
[25] Vgl. Stone (1988).
[26] Vgl. Stutzin (1980), 344 ff.; Boselmann (1985), S. 345 ff. (Teil 1); ders. (1986), 1 ff. (Teil 2); v. Lersner (1988), S. 988 ff.; Leimbacher (1989), 693 ff.; Kloepfer (1998), § 1, Rn 19 ff.; Heinz (1990), 415 ff.; Kuhlmann (1990), 162 ff.; Weber (1991), 81 ff.
[27] Vgl. u. a. Reiche/Füllgraf (1987), 230 ff.
[28] Vgl. v. Lersner (1988), 988 ff. (991 f.); ders. (1990), S. 55 ff, 64 f; B. Philipp (1998) S. 58 m. w. N.
[29] Vgl. dafür Weber (1991), 81 ff. (86); dagegen Gassner (1984), S. 48 ff.
[30] Greenpeace, Robin Wood, Aktionskonferenz Nordsee (AKN), Deutscher Bund für Vogelschutz (DBV), Deutscher Naturschutzring (DNR), Bundesverband Bürgerinitiativen Umweltschutz (BBU), World Wild Fund For Nature (WWF), Bund für Umwelt und Naturschutz Deutschland (BUND).
[31] Nach § 80 IV VwGO.
[32] Vgl. VG Hamburg, Beschl. v. 22.9.1988 - 7 VG 2499/88 - NVwZ 1988, 1058 ff., mit Anmerkung von Murswiek, (1989), 240 ff., bestätigend OVG Hamburg, Beschl. v. 24.11.1988 - OVG Bs VI 49/88 (unveröffentlicht); ein Hauptverfahren wurde deshalb nicht mehr durchgeführt, weil die Dünnsäureverklappung und Giftmüllverbrennung auf hoher See bald darauf (von deutscher Seite) beendet wurden.

der gedanklichen Fiktion der Rechtssubjektivität der Natur – die Verbände eines Tages eine solche Legitimation für eine Klagebefugnis erlangen werden.[33]

In den 90er Jahren tat sich von seiten des Gesetzgebers bezüglich eines neuerlichen Anlaufs zur Einführung der Verbandsklage zunächst wenig. Auch im Novellierungsentwurf der Bundesregierung zum Bundesnaturschutzgesetz von 1994 war die Verbandsklage nicht vorgesehen. Trotz einer entsprechenden Koalitionsvereinbarung verfolgte die Bundesregierung die Novellierung des Bundesnaturschutzgesetzes auch nicht weiter. Die von SPD[34] und Bündnis 90/DIE GRÜNEN[35] vorgelegten Entwürfe, die mit der Novellierung des Bundesnaturschutzgesetzes zugleich eine Verbandsklage einführen wollten, wurden im Juni 1994 im Bundestag abgelehnt.

Zu Beginn der 13. Legislaturperiode legten SPD[36] und Bündnis 90/DIE GRÜNEN[37] erneut Entwürfe zur Novellierung des Bundesnaturschutzgesetzes vor. Auch die Fraktionen der CDU/CSU und der FDP forderten die Bundesregierung zu einer Novellierung des Bundesnaturschutzgesetzes auf.[38] Im Februar 1996 legte dann auch die Bundesregierung einen Entwurf vor.[39] Obwohl die Regierung eingestand, dass die Verschlechterung des Zustandes von Natur und Landschaft ganz wesentlich auf die relativ geringe Durchsetzungskraft der Naturschutzbehörden zurückzuführen ist, enthielt der Entwurf aber wiederum keine Verbandsklageregelung. Dies führte zu deutlicher Kritik von Naturschutzverbänden[40] und Juristen[41]. Die FDP sprach sich für eine beschränkte Verbandsklage aus[42], konnte sich damit aber beim Koalitionspartner nicht durchsetzen. Der Bundesrat versagte dem Gesetz am 8. Juli 1997 die Zustimmung und sprach sich auch gegen die Anrufung des Vermittlungsausschusses aus.[43] Noch vor der Bundesratssitzung hatte das Land Schleswig-Holstein am 20. Juni 1997 einen neuen Gesetzentwurf vorgelegt, welcher in § 57 eine ausdrückliche Ermächtigung an die Länder zur Einführung der Verbandsklage vorsah.[44] Am 21. Juli 1997 rief die Bundesregierung den Vermittlungsausschuss an. Dieser Entwurf scheiterte dann jedoch endgültig Anfang Februar 1998 im Bundestag.

Nach dem Regierungswechsel 1998 gehörte die Einführung der Verbandsklage zu einem der wesentlichen Ziele im Programm der von SPD und Bündnis 90/DIE GRÜNEN geführten neuen Bundsregierung. Es sollten dann allerdings noch vier Jahre vergehen, bis im März 2002 die Novellierung des Bundesnaturschutzgesetzes

---

[33] Vgl. Gesetzentwurf zu einem Landesnaturschutzgesetz der Fraktion DIE GRÜNEN, Niedersachsen-LT Drs. 11/2919 (§§ 1 Abs. 2 u. 3, 60 Abs. 1 NR. 4, 60a Abs. 1, Begründung S. 21 ff); Kuhlmann, (1990), 162 ff., welcher eine Verfassungsänderung für notwendig erachtet.
[34] Vgl. BT-Drs. 12/3487.
[35] Vgl. BT-Drs. 12/4105.
[36] Vgl. BT-Drs. 13/1930.
[37] Vgl. BT-Drs. 13/3207.
[38] Vgl. Antrag zur Verbesserung des Naturschutzes in Deutschland, BT-Drs. 13/2743.
[39] Vgl. BT-Drs. 13/6441.
[40] Vgl. u.a. die Hintergrundinformation des Naturschutzbundes Deutschland.
[41] Vgl. die öffentliche Anhörung zu diesem Thema BT-Drs. 13/455.
[42] Vgl. Pressemitteilung MdB Birgit Homburger (FDP) vom 11. 4. 1997.
[43] Vgl. BT-Drs. 13/8180.
[44] Vgl. BR-Drs. 464/97; Eine Normenkontrollklage war nicht vorgesehen.

abgeschlossen war, mithin erstmalig eine Verbandsklageregelung auf Bundesebene eingeführt wurde. [45]

1.2 Überblick über die rechtswissenschaftliche Diskussion

Wissenschaftliche Begründungsversuche für ein Klagerecht von Verbänden in der Bundesrepublik gibt es seit den frühen 70er Jahren. Im Zivilrecht standen dabei die Verbraucherinteressen und der Schutz vor unlauterem Wettbewerb im Vordergrund.[46] Etwa gleichzeitig entstanden Überlegungen zur Verbandsklage im Verwaltungsrecht.[47] Vor dem Hintergrund des Strukturwandels von der eingreifenden hin zur leistenden und planenden Verwaltung begründete *Faber* die Notwendigkeit der Verbandsklage mit dem Verweis darauf, dass der Individualrechtsschutz sich grundsätzlich nicht zur Behandlung infrastruktureller Probleme eigne.[48] Ein anderer Begründungspfad rekurriert auf den Gedanken der Partizipation als Element direkter Demokratie.[49]

Die Studie von *Rehbinder/Burgbacher/Knieper*[50] aus dem Jahre 1972 untersuchte erstmals ausführlich die Möglichkeiten einer Verbands- und Bürgerklage im bundesdeutschen Natur- und Umweltschutzrecht. Schon davor gab es rechtswissenschaftliche Untersuchungen[51], welche sich am Rande mit dem Thema Verbandsklage beschäftigten. Zu nennen ist in diesem Zusammenhang die von *Mosler* herausgegebene Untersuchung aus dem Jahre 1969, die umfassend die Rechtsschutzmöglichkeiten des Bürgers gegen das Handeln der Exekutive darstellt. Mit der Studie von *Rehbinder/Burgbacher/Knieper* über die Bürgerklage im Umweltschutz begannen jedoch die Diskussionen um die Notwendigkeit und die Rechfertigung erweiterter Rechtsschutzmöglichkeiten im Umweltrecht. Dabei schwankten die ersten tastenden Orientierungsversuche zunächst noch zwischen einer gegenständlichen Ausweitung des Individualrechtsschutzes in Richtung auf ein Umweltgrundrecht[52], der Eröffnung der Popularklage[53] und der Einführung der Verbandsklage.

Mit der 1984 erschienenen Studie von *Gassner*[54] lag dann ein umfassender Versuch vor, diese nicht nur rechtspolitisch einzufordern und die einschlägigen verfassungs- und verwaltungsprozessrechtlichen Möglichkeiten für ihre Institutionalisierung auszuloten, sondern sie als Treuhandklage auch rechtssystematisch zu fundieren. Zu diesem Zeitpunkt hatte der Gesetzgeber die Möglichkeit zur Institutionalisierung der Verbandsklage auf Bundesebene nicht nur im Zivil- und Verbraucherschutzrecht,

---

[45] Art. 1 des Gesetzes zur Neuregelung des Rechts des Naturschutzes und der Landespflege und zur Anpassung anderer Rechtsvorschriften vom 25. 3. 2002, BGBl. I S. 1193 ff.
[46] Vgl. Wolf (1971).
[47] Vgl. W. Brohm (1972), S. 300 ff.
[48] Vgl. Faber (1972), S. 45 ff.
[49] Vgl. Faber (1972), S. 59 ff.
[50] Vgl. Rehbinder/Burgbacher/Knieper (1972).
[51] Vgl. die Nachweise bei Winkelmann (1992) S. 5 f.
[52] Vgl. OVG Berlin, NJW 1977, S. 2283.
[53] Vgl. Rupp (1972), S. 32.
[54] Vgl. Gassner (1984).

sondern auch in mehreren Teilbereichen des öffentlichen Rechts[55] bereits wahrgenommen.

Die Grundsatzdiskussion um die Verbandsklage im Umweltschutz auf dem 52. Deutschen Juristentag (DJT) in Wiesbaden 1978 war noch von einer generellen Ablehnung dieses Instruments geprägt. Die Ablehnung erstreckte sich nicht nur auf die „egoistische", sondern auch die „altruistische" Verbandsklage.[56] Nach dieser Niederlage der Befürworter einer Verbandsklageregelung blieb in der Folgezeit die rechtswissenschaftliche Diskussion durch die schrittweise Einführung der ersten landesrechtlichen Verbandsklagen lebendig. Vereinzelt wurde dabei noch immer die Vereinbarkeit der Länderregelungen mit Bundesrecht bestritten.[57] Dies wurde aber durch die überwiegende Literatur und von der Rechtsprechung zurückgewiesen.[58] Im Übrigen befürworteten auch Gegner einer landesrechtlichen Verbandsklage ihre Einführung durch den Bundesgesetzgeber.[59]

Während noch in den 70er Jahren die ablehnenden Stimmen in der Rechtswissenschaft klar überwogen, hat die Abteilung Umweltrecht des 56. Deutschen Juristentages in Berlin 1986 die Einführung der Verbandsklage nur mit dem denkbar knappsten Votum von 53:53:12 verworfen (bei Stimmengleichheit gilt ein Antrag als abgelehnt). Auch die ablehnende Einstellung der Verwaltungsrichterschaft hatte sich in den achtziger Jahren wesentlich gewandelt.[60] Mittlerweile kamen auch von dieser Seite Forderungen nach Einführung der Verbandsklage.[61] Ein Vorstandsbeschluss des Bundes Deutscher Verwaltungsrichter (BDVR) räumte 1986 einer bundesweiten Einführung der Verbandsklage im Naturschutzrecht den Vorzug gegenüber einer selbständigen Beteiligung staatlicher Naturschutzinstitutionen wie etwa der des Naturschutzbeauftragten oder des Ombudsmannes ein. Die Verwaltungsgerichtsbarkeit hatte sich mittlerweile bis in die höchste Instanz der Ansicht angeschlossen, dass einer gesetzlichen Verankerung der Verbandsklage keine verfassungsrechtlichen Bedenken entgegenstünden.[62] Die einzige anderslautende Entscheidung[63] beruhte auf landesrechtlichen Besonderheiten der Verbandsklage in Berlin und wurde vom Bundesverwaltungsgericht wieder aufgehoben.[64]

Auch die Betrachtung und Diskussion der bereits bestehenden landesrechtlichen Verbandsklagen im Naturschutzrecht und der Vergleich mit ihren Alternativmodellen führte zu Forderungen nach einer bundeseinheitlichen Regelung mit einer inhaltlich entsprechend weiten Klagebefugnis.[65] Es mehrten sich die Stimmen in der juristischen

---

[55] Vgl. z.B. §§ 8 IV, 12, 16 III HandwO und §§ 33, 35 WPflG.
[56] Vgl. Verh. des 52. Deutschen Juristentages, Bd. II 1978, S. K 217 f.; Titel der Veranstaltung: „Empfehlen sich unter dem Gesichtspunkt der Gewährleistung notwendigen Umweltschutzes ergänzende Regelungen im Verwaltungsverfahrens- und Verwaltungsprozeßrecht?"
[57] Vgl. Lässig (1989), S. 97 f.
[58] Vgl. Borchmann (1981), S. 125 f.; Skouris (1982), 233 ff.
[59] Vgl. Skouris (1982), S. 236.
[60] Vgl. Neumeyer (1987), S. 334; Verh. d. 56. DJT, Bd. II, S. C 269.
[61] Vgl. Vorstandsbeschluss des Bundes Deutscher Verwaltungsrichter (BDVR) am 2./3. 10. 1986.
[62] Vgl. BVerwG, NVwZ 1988, 364 und NVwZ 1988, 527; VGH Kassel NVwZ 1982, 263 und NuR 1985, 154; OVG Bremen NVwZ 1985, 55 f.
[63] Vgl. OVG Berlin NVwZ 1986, 318ff.
[64] Vgl. BVerwG NVwZ 1988, 527.
[65] Vgl. z.B. Balzer (1989) S. 28, Bizer/Ormond/Riedel (1990), S. 92 ff.

Literatur, welche die Einführung der Verbandsklage sogar über das Naturschutzrecht hinaus forderten. So wurde beispielsweise die Implementierung der Verbandsklage für das Bau-, Forst- und Wasserrecht[66], für das Immissionsschutzrecht[67] und im Zusammenhang mit der Umweltverträglichkeitsprüfung[68] befürwortet.[69] Bisher ist nur der weitreichende Katalog des § 60c II NNatSchG diesem Petitum zumindest insoweit entgegengekommen, als er die dort aufgeführten Fachrechtsmaterien der Verbandsklage öffnet.

Neben der Diskussion, die durch die Einführung der Verbandsklage in den Ländernaturschutzgesetzen immer wieder Nahrung fand, wurde die rechtswissenschaftliche Diskussion zur Verbandsklage Ende der 80er Jahre durch die Kodifikationen für ein zu schaffendes Umweltgesetzbuch weiter entfacht. Der „Professorenentwurf"[70] für ein einheitliches Umweltgesetzbuch (UGB-E) enthielt mit § 133 eine optionale Regelung für eine landesrechtliche Institutionalisierung der Verbandsklage.[71] Er enthielt zwar nicht das Maximum aller denkbaren Gegenstandsbereiche einer Verbandsklage, konzentrierte sich jedoch auf die wesentlichen Konfliktfelder des raumbedeutsamen Umweltrechts. Durch § 217 UGB-E wurde dagegen eine ausdrückliche Gesetzgebungspflicht der Länder für eine naturschutzrechtliche Verbandsklage vorgeschlagen. Danach erarbeitete eine vom Bundesumweltministerium berufene Unabhängige Sachverständigenkommission zum Umweltgesetzbuch einen weiteren Entwurf (UGB-KomE). In § 45 UGB-KomE ist wiederum die Einführung eines – recht weit reichenden – Verbandsklagerechts auf Bundesebene vorgesehen.[72] Weiter gehende Vorschriften der Länder sollten nach beiden Entwürfen zum UGB möglich bleiben.

---

[66] Vgl. Sening, NuR 1989, 325, 329.
[67] Vgl. Jarass, NJW 1983, 2844, 2848; Wagner, NuR 1988, 71, 77.
[68] Vgl. Steinberg, DVBL. 1988, 985, 1001; Winter, NuR 1989, 197, 204; § 14 UVPG-Entwurf der GRÜNEN, BT-Drucks. 11/844; Ziff. B9 des Entschließungsantrages der SPD-Fraktion zur UVP, BT-Drs. 11/1902.
[69] Vgl. allgemein dazu Frank (1989), S. 697.
[70] Vgl. Kloepfer/Rehbinder/Schmidt-Aßmann/Kunig (1990).
[71] Eine Verbandsklage kann sich nach § 133 UGB-E erstrecken auf:
- Zulassungsverfahren über Vorhaben, für die eine Umweltfolgenprüfung durchzuführen ist;
- Planfeststellungsverfahren über Vorhaben, die mit erheblichen oder nachhaltigen Veränderungen der Gestalt oder Nutzung von Grundflächen verbunden sind;
- die Aufstellung, Ergänzung oder Änderung von Bauleitplänen, für die eine Umweltfolgenprüfung durchzuführen ist;
- bundesrechtliche Verordnungen und andere im Range unter dem Gesetz stehenden Rechtsvorschriften zum Schutz der Umwelt in bestimmten Gebieten.
[72] Nach § 42 UGB-KomE sind anerkannte Verbände in der Bauleitplanung sowie der bereichsspezifischen Umweltfachplanung, bei Genehmigungsverfahren mit Öffentlichkeitsbeteiligung, bei Schutzgebietsfestsetzungen sowie der Erteilung von Ausnahmen und Befreiungen vom gesetzlichen Biotopschutz und von Regelungen in Naturschutzgebieten, Nationalparken und Biosphärenreservaten zu beteiligen. Hieran knüpft die Verbandsklagebefugnis nach § 45 UGB-KomE an, so dass diese Regelung u.a. auch Klagen gegen Bebauungspläne umfasst.

2 Die Verbandsklage im Bundesnaturschutzgesetz

Durch die Novellierung des Bundesnaturschutzgesetzes im Jahre 2002 ist die Verbandsklage auf Bundesebene geregelt worden (dazu 2.1). Diese Regelung geht beim Anwendungsbereich (dazu 2.2) und bei den weiteren Zulässigkeitsvoraussetzungen (dazu 2.3) teilweise über die bisher auf Länderebene geltenden Vorschriften hinaus. Trotzdem ist sie hinsichtlich ihrer Reichweite kritisch zu betrachten (dazu 2.4).

2.1 Die Novellierung des Bundesnaturschutzgesetzes 2002

Die Schaffung einer Verbandsklageregelung auf Bundesebene wurde durch den Regierungswechsel 1998 und die damit verbundene Änderung der Regierungskoalition möglich.[1] Bereits im Koalitionsvertrag war die Einführung dieses umweltpolitischen Instruments als wesentliches Ziel genannt worden.[2] Allerdings kam die als umfassende Novellierung geplante Änderung des Bundesnaturschutzgesetzes, das die Regelungen für die Verbandsklage aufnehmen sollte, zunächst nur sehr schleppend in Gang. Erst kurz vor Ende der Legislaturperiode konnte dieses Gesetzgebungsvorhaben unter Federführung der Abteilung Naturschutz im Bundesministerium für Umwelt, Naturschutz und Reaktorsicherheit abgeschlossen werden.

Der Entwurf des Bundesnaturschutzgesetzes hat sich im Laufe der Gesetzgebung in dem Abschnitt zur „Mitwirkung von Vereinen", der auch die sog. Vereinsklage enthält, nur wenig verändert. Die Regierung war bewusst mit einem engen Anwendungsbereich für die Vereins- bzw. Verbandsklage in das Gesetzgebungsverfahren gegangen. Im Verlaufe dieses Verfahrens mussten dann aber weitere Abstriche gemacht werden. Die ursprüngliche Absicht, wie in Niedersachsen auch alle Plangenehmigungsverfahren[3] in den Anwendungsbereich der Verbandsklage zu integrieren, scheiterte ebenso wie die vorgesehene Aufnahme einer Klagemöglichkeit gegen Bebauungspläne, die von den Gemeinden bei Verkehrsprojekten als Ersatz für ein Planfeststellungsverfahren aufgestellt werden.[4] Nachdem das Bundesnaturschutzgesetz im Bundestag im November 2001 mit der Mehrheit der Regierungskoalition beschlossen worden war, trat es nach Anrufung des Vermittlungsausschusses durch den Bundesrat und Ausräumung von Vorbehalten der Bundesländer Rheinland-Pfalz und Mecklenburg-Vorpommern mit dem Abschnitt zu den Beteiligungs- und Klagerechten der Verbände am 04.04. 2002 in Kraft.

Die in § 61 BNatSchG n.F. enthaltene Regelung der sog. Vereinsklage stützt sich auf die konkurrierende Gesetzgebungskompetenz des Bundes nach Art. 74 Abs. 1 Nr. 1 GG und ist somit unmittelbar geltendes Recht.[5] Sie kommt daher insbesondere dann als Grundlage für eine Klage in Betracht, wenn das Landesrecht bisher keine oder enger begrenzte Klagemöglichkeiten eröffnet hat. Das gilt aufgrund der Übergangsregelung in § 69 Abs. 5 Nr. 2 BNatSchG n.F. auch für nach dem 01.07.2000 aber noch vor In-Kraft-Treten der bundesrechtlichen Regelung erlassene Verwaltungsakte, die noch nicht

---
[1] Im Einzelnen zur rechtspolitischen Entwicklung in der Zeit davor siehe 1.1.
[2] Vgl. den Koalitionsvertrag von SPD und Bündnis 90/DIE GRÜNEN vom 20. Oktober 1998, Kapitel IV, S. 13.
[3] Vgl. Gesetzentwurf BT-Drs. 14/6378.
[4] Vgl. Gesetzentwurf BT-Drs. 14/7469.
[5] Vgl. Begründung zum Gesetzentwurf in BT-Drs. 14/6378, S. 61.

bestandskräftig geworden sind.[6] Die weiter gehenden Verbandsklageregelungen der Länder bleiben hingegen nach § 61 Abs. 5 BNatSchG n.F. unberührt. Das Bundesrecht gibt also nur einen „Mindeststandard" für die Klagerechte der Verbände vor und lässt ausdrücklich Raum für – schon bestehende oder noch zu schaffende – Erweiterungen dieser Rechte auf Landesebene.[7]

2.2 Anwendungsbereich der sog. Vereinsklage

Der Anwendungsbereich der sog. Vereinsklage ist auf den „aus Bundessicht bedeutsamen Kernbereich"[8] beschränkt worden. Daher lässt § 61 Abs. 1 BNatSchG n.F. eine Klage im Wesentlichen nur gegen Befreiungen von Verboten oder Geboten in bestimmten Schutzgebieten (Nr. 1) und gegen Planfeststellungsbeschlüsse (Nr. 2) zu, obwohl einige landesrechtliche Regelungen einen erheblich weiter gehenden Anwendungsbereich haben (siehe dazu noch 3.1.1 und 3.2). Diese Regelungen des Landesrechts bleiben von den bundesrechtlichen Vorgaben allerdings ebenso unberührt wie die anderen für Verbände bestehenden Klagemöglichkeiten.

Es können weiterhin Klagen nach der allgemeinen Zulässigkeitsregelung des § 42 Abs. 2 VwGO auch auf die Verletzung eigener (individueller) Rechte der Verbände gestützt werden. Das betrifft zum einen die Rechtsposition als Eigentümer eines durch ein Projekt betroffenen Grundstücks (sog. Sperrgrundstück) und zum anderen die Rechte zur Verbandsbeteiligung an bestimmten Verfahren. Der Gesetzgeber hat zwar die Partizipationserzwingungsklage, die in den Fällen einer mangelhaften oder gänzlich unterbliebenen Verbandsbeteiligung erhoben werden kann, nicht normiert. Diese Klagemöglichkeit ist jedoch nach ständiger Rechtsprechung anerkannt[9] und deswegen wird in den Materialien zur Novellierung des Bundesnaturschutzgesetzes eine bundesrechtliche Regelung für entbehrlich gehalten.[10]

In den folgenden Abschnitten werden die durch § 61 Abs. 1 BNatSchG n.F. eröffneten Klagemöglichkeiten gegen naturschutzrechtliche Befreiungen, Planfeststellungsbeschlüsse und Plangenehmigungen näher dargestellt.

2.2.1 Klagen gegen naturschutzrechtliche Befreiungen

Eine Befreiung von den in Schutzgebieten geltenden Verboten oder Geboten werden in der Praxis für die verschiedensten Projekte und Tätigkeiten beantragt. Der Gesetzgeber hat deshalb die Rechtsposition der Verbände in diesem Bereich mit der Novellierung des Bundesnaturschutzgesetzes gestärkt. Gemäß § 61 Abs. 1 Nr. 1 BNatSchG n.F. sind Klagen gegen Befreiungen in Naturschutzgebieten und Nationalparken sowie – durch den

---

[6] Siehe zur Zulässigkeit einer Klage nach Bundesrecht, die nach dem sächsischen Landesrecht noch unzulässig war: BVerwG, Zwischenurteil v. 28.06.2002 – 4 A 59.01 – NuR 2003, 93 f.
[7] So auch die Begründung zum Entwurf des Bundesnaturschutzgesetzes in BT-Drs. 14/6378, S. 61; nicht zutreffend ist daher das für die Streichung der in einigen Punkten weiter gehenden Regelung im hessischen Naturschutzgesetz vorgebrachte Argument, das Bundesrecht trete an die Stelle des Landesrechts, so die Begründung; vgl. auch das Gesetz zur Änderung des hessischen Naturschutzrechts vom 18.06.2002, GVBl. I, S. 364 ff., ausführlich hierzu Teßmer, NuR 12/2002 S.714 ff.
[8] Siehe BT-Drs. 14/6378, S. 109.
[9] Siehe u.a. BVerwGE 87, 62 ff., OVG Lüneburg v. 27. 1. 1992 – 3 A 221/88 in NVwZ 1992, 903ff.
[10] Siehe BT-Drs. 14/6378, S. 110.

Verweis auf § 33 Abs. 2 BNatSchG n.F. – darüber hinaus auch in Gebieten möglich, die von den Bundesländern gemäß der FFH-Richtlinie und der Europäischen Vogelschutzrichtlinie unter Schutz zu stellen sind.

Die Klagemöglichkeit erstreckt sich demnach zwar vor allem auf Gebiete mit einem hohen Schutzstatus (Naturschutzgebiete und Nationalparks). Sofern die Länder FFH-Gebiete oder Vogelschutzgebiete als Landschaftsschutzgebiete oder Biosphärenreservate ausweisen sollten, könnten sich Klagen aber auch gegen die in diesen Gebieten erteilten Befreiungen richten. Die Frage, ob auf Grund der verspäteten Umsetzung der FFH-Richtlinie auch die sog. potentiellen FFH-Gebiete bereits wie Schutzgebiete zu behandeln sind, hat die höchstrichterliche Rechtsprechung inzwischen bejaht.[11]

Bei den einzulegenden Klagen ist es in der Regel notwendig, dass die beabsichtigte Befreiung den Schutzzielen des geschützten Gebietes zuwiderläuft. Die Befreiungstatbestände in den Landesgesetzen sind allerdings so eng gefasst, dass es von gerichtlicher Seite selten zu schwierigen Abwägungsfragen bei der Überprüfung der Verwaltungsentscheidungen kommt. Nach diesen Regelungen muss für eine Befreiung

- eine nicht beabsichtigte Härte vorliegen und die Abweichung von den Schutzzielen im betreffenden Gebiet muss mit den Belangen des Naturschutzes und der Landschaftspflege vereinbar sein oder
- die Durchführung der Vorschriften muss zu einer nicht gewollten Beeinträchtigung von Natur und Landschaft führen oder
- es müssen überwiegende Gründe des Gemeinwohls die Befreiung erfordern.

2.2.2 Klagen gegen Planfeststellungsbeschlüsse

Nach § 61 Abs. 1 Nr. 2 BNatSchG n.F. sind Klagen gegen Planfeststellungsbeschlüsse zulässig. Dies ist der in der Praxis bisher am häufigsten vorkommende Fall. Durch die bundesrechtliche Regelung werden nunmehr alle Vorhabenplanungen erfasst, in denen das Planfeststellungsverfahren zur Anwendung kommt. Zwar sehen auch die Ländernaturschutzgesetze – soweit sie eine Verbandsklageregelung enthalten – bereits ein Klagerecht gegen Planfeststellungen vor. Diese landesrechtlichen Regelungen gelten auf Grund der Kompetenzverteilung zwischen Bund und Ländern aber nur für die von den Landesbehörden durchgeführten Planfeststellungsverfahren. Deshalb ändert die neue bundesrechtliche Regelung für die Fälle etwas, in denen Bundesbehörden als Planfeststellungsbehörden tätig sind. Das ist der Fall beim Bau von Eisenbahnanlagen, beim Aus- und Neubau von Bundeswasserstraßen sowie beim Bau oder der Änderung von Anlagen einer Magnetschwebebahn. Bedeutung kann die Klagemöglichkeit darüber hinaus für Anlagen zur Endlagerung radioaktiver Abfälle erlangen, sobald die Aufgabe, solche Anlagen einzurichten, auf eine Körperschaft öffentlichen Rechts übertragen wird.[12] Insofern ist der Anwendungsbereich der Verbandsklage also über die landesrechtlichen Regelungen hinaus erweitert worden.

---

[11] Vgl. BVerwGE 4 A 9.97 v. 19.05.1998 ; BVerwGE 4 A 18.99 v. 27.10.2000; zuletzt BVerwGE 4 A 28.01 v. 16.05.2002.
[12] Siehe BT-Drs. 14/6378, S. 111.

Folgende Zulassungsverfahren werden potentiell von der Klagemöglichkeit erfasst:

- Bau und wesentliche Änderung von Straßen (§ 17 FStrG i.V.m. § 73 VwVfG und den entsprechenden Vorschriften der Landesgesetze)
- Vorhaben der Deutschen Bahn AG, insbesondere Schienenwegebau (§ 18 AEG i.V.m. § 73 VwVfG und den entsprechenden Vorschriften der Landesgesetze)
- Bau von Straßenbahngleisen (§ 28 Abs. 1 PBefG i.V.m. § 73 VwVfG und den entsprechenden Vorschriften der Landesgesetze)
- Bau von Flugplätzen (§ 10 Abs. 3 LuftVG)
- Ortsfeste Abfallbeseitigungsanlagen (§ 31 KrW-/AbfG i.V.m. § 73 VwVfG und den entsprechenden Vorschriften der Landesgesetze)
- Bau von Telegrafenwegen (§ 7 Abs. 3 Satz 2 TWG i.V.m. § 73 VwVfG)
- Gewässerausbau (§ 31 Abs. 1 Satz 1 WHG i.V.m. § 73 VwVfG und den entsprechenden Vorschriften der Landesgesetze)
- Bau von Bundeswasserstraßen (§ 17 WaStrG i.V.m. § 73 VwVfG und den entsprechenden Vorschriften der Landesgesetze)
- Flurbereinigungsverfahren (§ 41 Abs. 2 Satz 2 FlurbG)
- Aufstellung von Rahmenbetriebsplänen (§ 52 Abs. 2a BBergG)

2.2.3 Klagen gegen Plangenehmigungsverfahren mit Öffentlichkeitsbeteiligung

Der zweite Halbsatz des § 61 Abs. 1 Nr. 2 BNatSchG n. F. sieht Klagemöglichkeiten gegen Plangenehmigungsverfahren vor, soweit diese mit Öffentlichkeitsbeteiligung stattfinden. Damit geht die bundesrechtliche Regelung über die bisher nach Landesrecht bestehenden Klagemöglichkeiten gegen Planfeststellungsbeschlüsse hinaus. Dagegen lässt sich einwenden, dass Plangenehmigungsverfahren gerade dann das reguläre Planfeststellungsverfahren ersetzen sollen, wenn eine Öffentlichkeitsbeteiligung entfällt. Deswegen ist fraglich, ob dieser Anwendungsfall überhaupt praktisch relevant ist.

Die vom Gesetzgeber statuierte Einbeziehung der Plangenehmigungsverfahren ist nur verständlich vor dem Hintergrund europarechtlicher Anforderungen (UVP-II-Richtlinie, IVU-Richtlinie), die tendenziell eine Ausweitung der Fälle zur Folge haben, in denen eine Öffentlichkeitsbeteiligung durchzuführen ist. Sie laufen damit der deutschen Gesetzgebung zuwider, die in den letzten 12 Jahren durch die sog. Beschleunigungsgesetzgebung die Beteiligungs- und Klagerechte verringert und speziell bei Plangenehmigungen die Beteiligungsrechte der Naturschutzverbände weitgehend ausgeschlossen hat.[13]

Wie die Bundesregierung dann auch in einer kleinen Anfrage[14] deutlich gemacht hat, beziehen sich die in das BNatSchG n.F. aufgenommenen Regelungen zur Plangenehmigung auf das Bundesfernstraßengesetz. Dieses sieht durch die verlängerte

---
[13] Siehe Gesetz zur Beschleunigung der Planungen für Verkehrswege in den neuen Ländern sowie im Land Berlin (Verkehrswegeplanungsbeschleunigungsgesetz) v. 16.12.1991 (BGBl. S. 2174); Investitionsmaßnahmegesetz über den Bau der „Südumfahrung Stendal" v. 29.10.1993 (BGBl. I S. 1906); Gesetz zur Beschleunigung der Planungsverfahren für Verkehrswege (Planungsvereinfachungsgesetz – PlVereinfG) v. 17.12 .1993 (BGBl. I 2123); Gesetz zur Beschleunigung von Genehmigungsverfahren (Genehmigungsverfahrensbeschleunigungsgesetz – GenBeschlG) v. 12.09.1996 (BGBl. I S. 1354) Sechstes Gesetz zur Änderung der Verwaltungsgerichtsordnung und anderer Gesetze (6. VwGO-ÄndG) v. 01.11.1996 (BGBl. I S. 1626) und Ländergesetze.
[14] Vgl. BT-Drs. 14/9493 v. 18.06.2002.

Geltung des Verkehrswegeplanungsbeschleunigungsgesetzes bis zum 31.12.2006 in den neuen Ländern und Berlin weiterhin vereinfachte Zulassungsverfahren vor. Deshalb sollen mit diesem „Kunstgriff", der ein vereinfachtes Verfahren der Öffentlichkeitsbeteiligung ohne Erörterungstermin in Form einer Plangenehmigung vorsieht, die europarechtlichen Anforderungen seitens der Bundesregierung beachtet werden. In den neuen Ländern und Berlin, in denen bislang Plangenehmigungsverfahren nicht im Anwendungsbereich der Verbandsklage der Landesnaturschutzgesetze enthalten waren, eröffnet dies den Verbänden neue Klagemöglichkeiten. Dies setzt natürlich voraus, dass sich die Zulassungsbehörden streng an den neuen erweiterten Katalog der zwingend mit UVP und Öffentlichkeitsbeteiligung durchzuführenden Vorhaben auch im Plangenehmigungsverfahren halten.

2.3 Allgemeine Zulässigkeitsvoraussetzungen für die sog. Vereinsklage

2.3.1 Die Anerkennung von Naturschutzverbänden

Bevor Umweltschutzverbände vor Gericht Klagen einlegen können, müssen sie eine Reihe allgemeiner Anforderungen und Zulässigkeitsvoraussetzungen erfüllen. Zunächst können nur die Umweltschutzverbände klagen, die eine staatliche Anerkennung erfahren haben. Diese können sie nunmehr entweder direkt vom Bundesministerium für Umwelt, Naturschutz und Reaktorsicherheit gemäß § 58 BNatSchG n.F. erlangen oder die Umweltschutzverbände können sich in den Ländern in einem Anerkennungsverfahren registrieren lassen. Die Kriterien der Anerkennung sind in § 59 Abs.1 BNatSchG n.F. für die Bundesebene dargelegt, die Länder haben gemäß § 60 Abs. 3 BNatSchG n.F. die wesentlichen Kriterien entsprechend anzuwenden.

Die bisherige Anerkennungspraxis in den Ländern ist durchgehend von einer sehr großzügigen Interpretation der Kriterien gekennzeichnet. Da die Novellierung den Kreis der Umweltschutzverbände gern auch auf Sportverbände ausgedehnt sehen möchte, ist auch künftig von einer sehr großzügigen Praxis zumindest auf Bundesebene auszugehen.[15]

Den Umweltschutzverbänden ist es freigestellt, sich auf Landes- oder Bundesebene anerkennen zu lassen. Die neuen Regelungen sind gegenüber § 29 Abs. 2 BNatSchG a.F. nur in einigen Punkten modifiziert worden. Für Umweltschutzverbände, die sich auf Bundesebene anerkennen lassen wollen, gelten nach § 59 Abs. 1 BNatSchG n.F. die bereits bekannten Kriterien:

- die Satzung muss vorwiegend auf Ziele des Naturschutzes und der Landschaftspflege verpflichtet sein (Nr. 1),
- der Umweltschutzverband muss die Gewähr dafür bieten, die Aufgaben sachgerecht zu erfüllen (Nr. 4) und
- er muss wegen der Verfolgung gemeinnütziger Zwecke von der Körperschaftssteuer befreit sein (Nr. 5).

Das Kriterium in § 59 Abs. 1 Nr. 2 BNatSchG n.F., wonach der Tätigkeitsbereich für die Anerkennung auf Bundesebene über das Gebiet eines Bundeslandes hinausgehen muss, gilt nur für die Anerkennung auf Bundesebene. Danach dürfte es genügen, in zwei

---
[15] Siehe BT-Drs. 14/6378 S. 59 ff.

Bundesländern zu arbeiten, um dieses Kriterium zu erfüllen. Neu sind außerdem zwei weitere Kriterien in § 59 Abs. 1 Nrn. 3 und 6 BNatSchG n. F.

Bei § 59 Abs. 1 Nr. 3 BNatSchG n.F. handelt es sich um eine Anforderung, die sich anhand des Vergleichs der realen Tätigkeit mit den Zielen der Satzung im Zeitraum der letzten drei Jahre leicht beurteilen lässt. Wenn ein Umweltschutzverband drei Jahre existiert und in dieser Zeit bereits die Ziele des Naturschutzes und der Landschaftspflege erfüllt hat, muss er das belegen können. Dies soll offenkundig Umweltschutzverbände ausschließen, die sich im Aufbau befinden und in dieser Phase mit innerorganisatorischen Fragen beschäftigt sind, so dass sie keine ausreichende Gewähr zur Erfüllung der Sachaufgaben bieten. Die Länderregelungen können von diesem Kriterium jedoch gemäß § 60 Abs. 3 BNatSchG n.F. abweichen.

In § 59 Abs. 1 Nr. 6 BNatSchG n.F. wird darüber hinaus gefordert, jedem Mitglied des Vereins auch volles Stimmrecht in der Mitgliederversammlung zu gewähren. Genau genommen war auch in der bisherigen Regelung in § 29 Abs. 2 Satz 2 Nr. 5 BNatSchG a.F. eine entsprechende Voraussetzung genannt worden. § 59 Abs. 1 Nr. 6 Satz 1 BNatSchG n.F. geht aber weiter, indem die Erfüllung des Kriteriums nur dann angenommen wird, wenn der Umweltschutzverband Mitgliedern auch in der Organisation volles Stimmrecht zubilligt. Hier soll offenkundig verhindert werden, dass in den Umweltschutzverbänden die Mitglieder von den Entscheidungsprozessen der Verbände ausgeschlossen sind. Dies dürfte laut Gesetzgeber immer dann vorliegen, wenn die Umweltschutzverbände lediglich über viele tausend Fördermitglieder verfügen, diese aber keine Möglichkeit haben, auf die Politik der Organisation über die entsprechenden Gremien direkten Einfluss auszuüben.[16]

Dieses Kriterium könnte für einige Verbände bei strenger Anwendung eine Reihe von Fragen aufwerfen im Zusammenhang mit der Ausgestaltung von verbandsinternen Organisationsstrukturen, der Erlangung der staatlichen Gemeinnützigkeit, des Tätigseins im Sinne des Gemeinwohls sowie der Souveränität der Umweltschutzverbände usw. Große Umweltschutzverbände, die bislang keine Anerkennung besitzen und die über kleine operative Stäbe geführt werden, dürften es bei dieser Regelung schwer haben, künftig eine Anerkennung zu erlangen. § 59 Abs. 1 Nr. 6 Satz 2 BNatSchG n.F. stellt darüber hinaus klar, dass Umweltschutzverbände, die über Dachverbände verfügen, von dem in § 59 Abs. 1 Nr. 6 Satz 1 BNatSchG n.F. genannten Kriterium befreit werden können, um auf Bundesebene die Anerkennung zu erlangen.[17]

Die Kriterien besagen auch, dass die Anerkennung nicht auf Zeit verliehen werden soll. Sie ist ein einmaliger Akt. Allerdings kann die Anerkennung auch aberkannt werden. Hierfür müssten jedoch evidente und zwingende Gründe seitens der Ministerien vorgebracht werden. Dies könnte nur dann bejaht werden, wenn dauerhaft und in mehreren Fällen die in § 59 BNatSchG n.F. oder den in den Länderregelungen enthaltenen Kriterien durch einen Verband verletzt werden und keine Gewähr dafür besteht, dass er künftig die Kriterien wieder erfüllen wird. Der Bundesgesetzgeber hat es

---

[16] Dieses Kriterium könnte namentlich für zwei große bundesweit tätige Umweltverbände (WWF Deutschland, Greenpeace) Probleme für eine künftige Anerkennung schaffen.
[17] siehe auch Gesetzesbegründung zu § 58 BNatSchG , BT-Drs. 6378 S. 59 ff.

allerdings offen gelassen, ob die Länder zeitliche Befristungen für die Anerkennungspraxis normieren dürfen. Da aber in den meisten Bundesländern bereits die Umweltverbände, die anerkannt werden wollen, anerkannt sind und zudem nicht davon auszugehen ist, dass es eine große Zahl neuer Bewerber gibt, ist diese Frage in der Praxis eher zu vernachlässigen.

2.3.2 Das Vorliegen eines Verstoßes gegen Naturschutzrecht

Eine weitere Voraussetzung für die Zulässigkeit der Klage ist gemäß § 61 Abs. 2 Nr. 1 BNatSchG n.F., dass der Verein geltend macht, dass der angegriffene Verwaltungsakt gegen Vorschriften der Naturschutzgesetze oder daraus abgeleiteter Rechtsnormen oder gegen andere Vorschriften, die auch den Belangen des Naturschutzes und der Landschaftspflege zu dienen bestimmt sind, verstößt. Damit ist diese allgemeine Zulässigkeitsvoraussetzung weiter gefasst als in einigen landesrechtlichen Regelungen, nach denen nur die Verletzung der naturschutzrechtlichen Vorschriften gerügt werden konnte (siehe 3.1.3). Die „anderen" Rechtsvorschriften, die „auch den Belangen des Naturschutzes und der Landschaftspflege zu dienen bestimmt sind", lassen sich theoretisch in allen Umweltschutzgesetzen finden. Denkbar ist also z.B. die gerichtliche Überprüfung der Einhaltung von Regelungen des Immissionsschutzrechts oder des Wasserrechts, soweit diese (auch) auf den Naturschutz zielen.

Welche Rechtsvorschriften außerhalb des Naturschutzrechts konkret von der Rügebefugnis erfasst werden, ist allerdings erst teilweise geklärt. Anerkannt ist, dass Verstöße gegen Vorschriften gerügt werden können, in denen das fachplanerische Abwägungsgebot verankert ist (siehe z.B. § 17 Abs. 1 Satz 2 FStrG für die Straßenplanung).[18] Das Gleiche gilt für Regelungen, die eine Berücksichtigung des Wohls der Allgemeinheit vorsehen.[19] Denn sowohl das Abwägungsgebot als auch der Begriff „Wohl der Allgemeinheit" umfassen – neben anderen Belangen – immer auch die Belange des Naturschutzes und der Landschaftspflege.

2.3.3 Die Berührung des satzungsmäßigen Aufgabenbereichs

Weiterhin muss der Verein gemäß § 61 Abs. 2 Nr. 2 BNatSchG n.F. geltend machen können, dass er in seinem satzungsmäßigen Aufgabenbereich berührt wird. Gemeint ist damit, dass die angegriffene Verwaltungsentscheidung und der darin enthaltene Verstoß gegen das Naturschutzrecht diesen Aufgabenbereich betreffen. Dies ist nach den landesrechtlichen Regelungen auch bisher schon Bestandteil der gerichtlichen Zulässigkeitsprüfung. Die Erfüllung dieser Voraussetzung müsste theoretisch immer möglich sein, da bereits bei der Anerkennung eines Vereins verlangt wird, dass er nach seiner Satzung vorwiegend den Umwelt- und Naturschutz fördert (§ 59 Abs. 1 Nr. 1 BNatSchG n.F.). Sofern dieses Kriterium in der Praxis zu sehr vernachlässigt wird, könnte es allerdings für Verbände, die z.B. eher auf sportliche Aktivitäten ausgerichtet sind, im Einzelfall zu Schwierigkeiten kommen.

---

[18] Siehe BVerwG, Urt. v. 19.05.1998 – 4 A 9.97 – BVerwGE 107, 1 ff. = NuR 1998, 544, 545; Balleis (1996), S. 202 ff.
[19] So die Begründung zur Verbandsklageregelung in § 60c NNatSchG, Nds. LT-Drs. 12/4371, S. 34.

2.3.4 Die Mitwirkung im vorangegangenen Verwaltungsverfahren

Die Klage setzt weiterhin die Mitwirkung des anerkannten Umweltverbandes in dem der Verwaltungsentscheidung vorangehenden Verwaltungsverfahren voraus. Der Gesetzgeber knüpft damit die Klageberechtigung an die Erhebung von Einwendungen und macht sie für die Verbandsklage zur notwendigen Bedingung. Allerdings besteht nicht bei allen Tatbeständen, die eine Mitwirkung der Verbände erlauben, auch eine Klagemöglichkeit. Bundes- und Landesgesetzgeber geben den Verbänden in einer Vielzahl von Fällen ein Mitwirkungs- aber gerade kein Klagerecht. Dies zeigt schon der Vergleich der in § 58 Abs. 1 und § 60 Abs. 2 BNatSchG n.F. enthaltenen Mitwirkungsrechte mit dem Anwendungsbereich der Vereinsklage nach § 61 Abs. 1 BNatSchG n.F. Bei den landesrechtlichen Regelungen wird dies noch deutlicher.[20]

Soweit der Verband die Gelegenheit zur Mitwirkung erhält, aber nicht davon Gebrauch macht, ist er im Folgenden Verfahren und auch bei einer Klage mit (weiteren) Einwendungen ausgeschlossen. Die Mitwirkung erfordert also die Äußerung aller klagerelevanten Einwendungen, denn die spätere Klage ist auf das Vorbringen der Argumente beschränkt, die der Verein bereits im Verwaltungsverfahren geltend gemacht hat (sog. materielle Präklusion).[21] Diese Regelung entspricht dem auch sonst im Umwelt- und Planungsrecht bei Verfahren mit Öffentlichkeitsbeteiligung üblichen Ausschluss von verspätet vorgebrachten Einwendungen.[22] Den Behörden soll damit eine vollständige Berücksichtigung aller betroffenen Belange bei der Entscheidungsfindung ermöglicht werden. Die Beweislast dafür, dass ein Argument im Verwaltungsverfahren nicht rechtzeitig vorgebracht werden konnte und deswegen noch „nachgeschoben" werden darf, trägt der Verband.

Die Mitwirkung gemäß § 58 Abs. 1 Nr. 2 und 3 BNatSchG n.F. betrifft nur Vorhaben des Bundes. Der Verband kann sich danach in einem Planfeststellungsverfahren des Bundes, das Eingriffe in Natur und Landschaft vorbereiten soll, in der Sache äußern. Möglich ist auch die Mitwirkung in einem Plangenehmigungsverfahren, welches an die Stelle der Planfeststellung tritt und bei dem (ausnahmsweise) eine Öffentlichkeitsbeteiligung vorgesehen ist. Diese Verfahren könnten in den Ländern Berlin, Brandenburg, Mecklenburg-Vorpommern, Sachsen, Sachsen-Anhalt und Thüringen bei Straßenbauvorhaben bis zum 31.12.2006 relevant werden.

Darüber hinaus gibt § 60 BNatSchG n.F. den Ländern einen Mindestkatalog an Mitwirkungsrechten vor. Neben den Planfeststellungsverfahren ist hierbei auch die für die Verbandsklage bedeutsame Mitwirkung bei Befreiungen von Verboten und Geboten zum Schutz von Naturschutzgebieten, Nationalparken, und sonstigen Schutzgebieten im Rahmen des § 33 Abs. 2 BNatSchG n.F. enthalten. In den einzelnen Bundesländern existieren ergänzend dazu eine Reihe von weiteren Mitwirkungsmöglichkeiten sowie daran anknüpfend auch weiter gehende Klagebefugnisse.[23]

---

[20] Siehe dazu unter 3.2.1 insbesondere zur Situation in Niedersachsen.
[21] Vgl. Gesetzesbegründung, zu § 61 Abs. 2 und 3 BNatSchG S. 61.
[22] Siehe § 73 Abs. 4 Satz 3 VwVfG sowie z.B. § 10 Abs. 3 Satz 3 BImSchG.
[23] Siehe im Einzelnen dazu unter 3.2, ausführlich im Anhang.

Eine weitere Möglichkeit zur Klage räumt der Gesetzgeber den Verbänden dann ein, wenn sie entgegen § 58 Abs. 1 BNatSchG n.F. oder der im Rahmen des § 60 Abs. 2 BNatSchG n.F. erlassenen landesrechtlichen Regelungen keine Gelegenheit zur Äußerung erhalten haben. Hier kann die Klage ohne vorherige Beteiligung am Verwaltungsverfahren eingelegt werden. Maßgebend für die Klageeinlegung ist der Zeitpunkt, zu dem die Verbände Kenntnis von dem Verwaltungsverfahren erlangen.[24] Die Verbände müssen binnen eines Jahres nach Kenntniserlangung zunächst Widerspruch gegen die Nichtbeteiligung einlegen. Wird dem Widerspruch nicht abgeholfen, kann ein Monat nach Erhalt des Widerspruchsbescheids Klage erhoben werden. Allerdings ist es in der Praxis selten, dass Verbände erst so spät von einem solchen Verfahren Kenntnis erlangen. Vielmehr dürfte für die Verbände regelmäßig die Frage entstehen, ob sie während eines noch laufenden Verfahrens eine Partizipationserzwingungsklage erheben, um die nicht erfolgte Beteiligung gerichtlich doch noch durchzusetzen. Darüber hinaus könnten bei einem solch frühen Zeitpunkt der Kenntnis der Nichtbeteiligung Zweifel daran aufkommen, ob die Gelegenheit zur Äußerung tatsächlich nicht bestanden hat.

2.4 Kritische Würdigung der bundesrechtlichen Regelung

Das neue Bundesnaturschutzgesetz beschränkt die Klagemöglichkeiten der anerkannten Verbände auf einen „Kernbereich" von Verstößen gegen das Naturschutzrecht, nämlich auf das Planfeststellungsrecht und auf die Erteilung von Befreiungen in Schutzgebieten. Es handelt sich allerdings aus der Sicht des Naturschutzes um wichtige Bereiche, in denen es durch staatliche Aktivitäten zu Vollzugsdefiziten bei Eingriffen in die Natur kommt. Außerdem fehlte bisher eine Klagemöglichkeit gegen die von Bundesbehörden durchgeführten Planfeststellungsverfahren bei Schienenwegen und Wasserstraßen. Darüber hinaus gibt es nach wie vor in Bayern und Baden-Württemberg keine landesrechtlichen Regelungen für eine Verbandsklage, so dass dort nur auf der Grundlage des Bundesrechts geklagt werden kann. Der Gesetzgeber hat also die Möglichkeiten zur Kontrolle des Vollzugs im Naturschutzrecht durchaus erweitert und gestärkt.

Obwohl das Bundesrecht weiter gehende Länderregelungen ausdrücklich zulässt (siehe 2.1), stellt sich bei einer kritischen Betrachtung des Anwendungsbereichs der sog. Vereinsklageregelung die Frage, ob der damit vorgegebene „Mindeststandard" zu eng gefasst worden ist. Vergleicht man diese neue Regelung mit weiter reichenden Forderungen in der Literatur[25], mit vorangegangenen Gesetzesinitiativen der Regierungsparteien[26] sowie mit den seit 1998 erlassenen Regelungen in den Ländern Nordrhein-Westfalen und Hamburg, so fällt auf, dass sie hinter bereits vorgeschlagenen und auf der Landesebene normierten Regelungen deutlich zurück bleibt.

So fehlen z.B. Klagemöglichkeiten gegen die Erteilung von Ausnahmen vom gesetzlichen Biotopschutz. In der Praxis kann das dazu führen, dass eine Verbandsklage

---

[24] Vgl. § 61 Abs. 4 BNatSchG.
[25] Siehe insbesondere: Sondergutachten des Rates von Sachverständigen für Umweltfragen (2002), Rehbinder, Wege zu einem wirksamen Naturschutz – Aufgaben, Ziele und Instrumente des Naturschutzes – unter besonderer Berücksichtigung des Entwurfs zur Neuregelung des Naturschutzrechts, NuR, 2001, S. 361; vergleiche auch Kap. 4 und 5.
[26] Siehe SPD, BT-Drs.10/2653, 13/1930, Bündnis 90 - DIE GRÜNEN, BT-Drs. 10/1794, 11/1153, 13/3207.

gegen eine solche Ausnahme sogar in Fällen abgelehnt wird, in denen eine parallel dazu erforderliche Befreiung – gegen die eine Klage möglich gewesen wäre – nicht erteilt worden war. Wenn in einer solchen Konstellation die Klage mangels Zulässigkeit mit der (formalen) Begründung abgewiesen wird, dass das einschlägige (Landes-)Gesetz eine Klagemöglichkeit gegen Ausnahmen vom Biotopschutz nicht vorsieht, ist das vom Zweck der Verbandsklage her gesehen nicht verständlich.[27] Vielmehr drängt sich schon angesichts der Vergleichbarkeit mit den Befreiungen auch für die Ausnahmen vom Biotopschutz die Einbeziehung in den Anwendungsbereich der Verbandsklage auf.[28]

Ähnlich ist es mit den Klagen gegen Plangenehmigungen. Dabei geht es um die gleichen raumbedeutsamen Vorhaben wie bei den Planfeststellungen, so dass im Hinblick auf den mit der Verbandsklage angestrebten Abbau von Vollzugsdefiziten an sich auch die Plangenehmigungen vollständig in den Anwendungsbereich einbezogen werden müssten. Stattdessen erfasst die bundesrechtliche Regelung aber nur einen kleinen Teil der Plangenehmigungen. Auch der noch im Gesetzentwurf enthaltenen Absatz[29], wonach als Ersatz für Planfeststellungsverfahren aufgestellte Bebauungspläne beklagbar sein sollten, ist im Vermittlungsverfahren auf Grund von Einwänden der Länder gestrichen worden (siehe schon 2.1). Damit bleibt ein Teil der Zulassungsverfahren für die regelmäßig mit Eingriffen in Natur und Landschaft verbundenen Infrastrukturvorhaben ebenso von der Verbandsklage ausgeschlossen wie die Bauleitplanung, die ebenfalls die Grundlage für solche Eingriffe schafft und dabei einige Vollzugsdefizite aufzuweisen hat.

Eine größere Reichweite könnte die Verbandsklage außerdem durch eine Öffnung der allgemeinen Zulässigkeitsanforderungen erhalten. Auch insoweit orientiert sich das Bundesrecht jedoch im Wesentlichen an den bestehenden landesrechtlichen Regelungen und belässt es somit weitgehend bei dem bisherigen Standard (siehe 2.3). Problematisch ist insbesondere die in § 61 Abs. 2 Nr. 1 BNatSchG n.F. enthaltene Beschränkung der Rügebefugnis auf die Verletzung von naturschutzbezogenen Rechtsvorschriften. Dies führt vor allem bei Klagen gegen Planfeststellungen dazu, dass die Gerichte ihre Kontrolle beschränken und nur einen Teil der für die Berücksichtigung des Naturschutzes relevanten Fehler in der planerischen Abwägung überprüfen (siehe dazu noch 5.2.1 und 5.2.5.2). Es gibt zwar schon Vorschläge für eine erweiterte Rügebefugnis bei Verbandsklagen, die sich auf alle bei einer Verwaltungsentscheidung möglicherweise verletzten umweltrechtlichen Vorschriften erstrecken soll.[30] Bisher waren solche Vorschläge, die darauf gerichtet sind, die Klagemöglichkeiten der Verbände deutlich über den Bereich des Naturschutzes hinaus auszuweiten, aber offenbar nicht durchzusetzen.

---

[27] So im Fall der Verbreiterung einer Straße in Berlin Müggelheim, siehe VG Berlin – 1 A 472.98 / OVG Berlin 2 SN 30.98; vgl. außerdem OVG Oldenburg 1 M 4466/98; VG Osnabrück 2 B 59/98; OVG Schleswig 1 K 15/95; VG Dresden 13 K 236/99 später unter 5 K 3056/96; OVG Saarland 8 M 2/95; alle ausführlicher im Anhang.
[28] Deswegen beziehen neuere Regelungen wie z.B. das Landschaftsgesetz Nordrhein-Westfalen auch die Ausnahmen vom Biotopschutz in den Anwendungsbereich der Verbandsklage ein (siehe auch noch 3.1.2).
[29] Siehe die Fassung von § 61 Abs. 1 Nr. 2 BNatSchG in BT-Drucks. 14/7469.
[30] Vgl. die Vorschläge des BUND Arbeitskreises Recht für einen § 42a VwGO, abgedruckt in: UfU (Hrsg.) „Die Verbandsklage kommt, Erfahrungen und Perspektiven zur Verbandsklage im Umwelt- und Naturschutzrecht in Deutschland", Berlin 1999, S. 34; daran angelehnt ist ein Gesetzentwurf der PDS, BT-Drs. 14/5766; nicht so weitgehend aber bei Planfeststellungen im Ergebnis ähnlich der Vorschlag der Unabhängigen Sachverständigenkommission zum Umweltgesetzbuch in § 45 Abs. 1 Satz 3 Nr. 3 UGB-KomE.

Mit dem gegenwärtigen Stand der Gesetzgebung auf Bundes- und Landesebene ist die Diskussion über die vorstehend angesprochenen Schwachpunkte der Verbandsklage allerdings keineswegs abgeschlossen. Schon bei der anstehenden Umsetzung der Aarhus-Konvention und im Rahmen der damit verbundenen Harmonisierungsbestrebungen beim Rechtsschutz innerhalb der EU stellt sich erneut die Frage, ob der Anwendungsbereich und die Rügebefugnis ausgedehnt werden müssen (siehe im Einzelnen dazu Kap. 6.).

3 Die Regelungen zur Verbandsklage auf der Ebene der Länder

3.1 Überblick über die Länderregelungen

Die meisten Bundesländer hatten – beginnend 1979[1] – schon vor der Novellierung des Bundes-Naturschutzgesetzes im Jahr 2002 eine Verbandsklage eingeführt. Lediglich in Bayern, Baden-Württemberg und Mecklenburg-Vorpommern fehlte bis dahin eine solche Klagemöglichkeit. Inzwischen hat aber auch Mecklenburg-Vorpommern eine eigene Regelung der Verbandsklage erlassen, die sich weitgehend an § 61 BNatSchG n.F. orientiert.[2] Da das Bundesrecht unmittelbar gilt und nach § 61 Abs. 5 BNatSchG n.F. weiter gehende Regelungen der Länder unberührt lässt (siehe 2.1), besteht Novellierungsbedarf an sich nur bei landesrechtlichen Bestimmungen, die hinter den bundesrechtlichen Vorgaben zurückbleiben. Es ist allerdings nicht auszuschließen, dass weiter gehende Klagemöglichkeiten auf der Landesebene zurückgenommen werden. Das bisher einzige Negativbeispiel dafür ist die Aufhebung der Verbandsklageregelung in Hessen[3], die dazu führt, dass sich die Klagemöglichkeiten dort nunmehr auf den vom Bundesrecht vorgegebenen „Mindeststandard" beschränken.

In den folgenden Abschnitten wird ein vergleichender Überblick über den Anwendungsbereich (dazu 3.1.1) und die übrigen Zulässigkeitsanforderungen (dazu 3.1.2) in den geltenden landesrechtlichen Regelungen[4] gegeben.

3.1.1 Anwendungsbereiche der Länderregelungen im Vergleich

Nach den geltenden Bestimmungen des Landesrechts kann eine Verbandsklage immer nur gegen die Verwaltungsentscheidungen gerichtet werden, die im Einzelnen genannt sind. Diese Regelungstechnik ist auch bei § 61 Abs. 1 BNatSchG n.F. gewählt worden (siehe 2.2). Auf Landesebene wird der Kreis der angreifbaren Entscheidungen allerdings unterschiedlich weit gezogen. Die landesrechtlichen Regelungen lassen sich deshalb nach „engen" und „weiten" Anwendungsbereichen unterscheiden:

Einen „engen" Anwendungsbereich, der sich im Wesentlichen auf Planfeststellungen und Befreiungen in Naturschutzgebieten und Nationalparks beschränkt, haben die Regelungen der Naturschutzgesetze in Bremen (§ 44), in Rheinland-Pfalz (§ 37b), im Saarland (§ 33), in Schleswig-Holstein (§ 51c) in Mecklenburg-Vorpommern (§ 65a) und in Thüringen (§ 46). In Sachsen war allerdings eine Klage gegen Planfeststellungsbeschlüsse bisher nur zulässig, wenn diese mit Eingriffen in bestimmte Schutzgebiete verbunden wurde (§ 58). Ferner sind teilweise Klagen gegen bestimmte Vorhaben ausgeschlossen worden, so z.B. in Thüringen bei den unter das Verkehrswegeplanungsbeschleunigungsgesetz fallenden Verkehrsprojekten.

---

[1] Siehe Überblick in der Einführung S. 2.
[2] Siehe Gesetz zur Änderung des Naturschutzgesetztes vom 14.05.2002, GVBl. M.-V. S.184 - der neu eingefügte § 65a lässt allerdings auch Klagen gegen Ausnahmen vom Allen- und Horstschutz zu und geht damit etwas über das Bundesrecht hinaus.
[3] Siehe die Änderung zu § 36 HeNatSchG durch Gesetz vom 18.06.2002, GVBl. I S. 364 ff.
[4] Eine Übersicht über alle derzeit geltenden Landesvorschriften ist im Anhang, ebenfalls eine Übersicht, wo landesregelungen über bundesrechtliche Regelungen hinaus gehen (Anhang I).

Einen „weiten" Anwendungsbereich haben die Regelungen der Landesgesetze in Berlin (§ 39b), in Brandenburg (§ 65), in Hamburg (§ 41), in Niedersachsen (§ 60c), in Sachsen-Anhalt (§ 52) und in Nordrhein-Westfalen (§ 12b). Die in diesen Vorschriften enthaltenen Klagemöglichkeiten sind allerdings verschieden ausgestaltet – je nach Landesgesetz werden über Befreiungen und Planfeststellungsbeschlüsse hinaus z.B. auch erfasst: Plangenehmigungen, Ausnahmen vom gesetzlichen Biotopschutz (§ 30 BNatSchG n.F.), Befreiungen in Wasserschutzgebieten, Erlaubnisse und Bewilligungen nach dem Wasserrecht sowie Genehmigungen für Bauvorhaben im Außenbereich.

In einigen Landesgesetzen ist zudem ausdrücklich vorgesehen, dass eine Verbandsklage auch dann erhoben werden kann, wenn an Stelle eines vom Klagerecht erfassten Verwaltungsaktes zu Unrecht ein anderer Verwaltungsakt erlassen worden ist, für den ein Beteiligungs- und Klagerecht nicht besteht (Berlin, Saarland, Sachsen, Schleswig-Holstein, Thüringen sowie Hamburg speziell für Planfeststellungsverfahren). Damit soll den Versuchen, durch die Wahl eines anderen Verfahrens die Beteiligungs- und Klagerechte zu umgehen, begegnet werden.

Zusammenfassend ergibt sich demnach, dass die Verbandsklage schon vor der Novellierung des Bundesnaturschutzgesetzes fast in allen Bundesländern zumindest gegen Planfeststellungen sowie gegen Befreiungen in Naturschutzgebieten und Nationalparken zulässig war. Dabei besteht ein enger Zusammenhang mit den früher durch § 29 Abs. 1 Nrn. 3 und 4 BNatSchG a.F. (jetzt § 58 BNatSchG n.F.) eröffneten Beteiligungsrechten der Verbände, auf die einige landesrechtliche Regelungen sogar ausdrücklich Bezug nehmen. Die wenigen Regelungen mit einem „weiten" Anwendungsbereich knüpfen demgegenüber an weiter gehende Beteiligungsrechte an, die im Zusammenhang mit der Verbandsklage im jeweiligen Landesgesetz – ergänzend zu den bundesrechtlichen Vorschriften – normiert sind.

Auch die landesrechtlichen Regelungen mit einem „weiten" Anwendungsbereich eröffnen eine Verbandsklage allerdings nur für einen Teil der Fälle, für die unter dem Gesichtspunkt eines Abbaus von Vollzugsdefiziten eine solche Klagemöglichkeit in Betracht gezogen werden könnte. So ist z.B. die Verbandsklage gegen die Genehmigung von Bauvorhaben im Außenbereich nur in Berlin und Niedersachsen zulässig. Ein Klagerecht bei der Erteilung einer Ausnahme vom gesetzlichen Biotopschutz besteht nur in Hamburg, Nordrhein-Westfalen und Brandenburg sowie z. T. in Mecklenburg-Vorpommern. Bei der Aufstellung von Bebauungsplänen gibt es bisher überhaupt keine Klagemöglichkeit, obwohl diese Pläne vielfach die Grundlage für Eingriffe in Natur und Landschaft schaffen, so dass auch hier Vollzugsdefizite z.B. bei der gemäß § 1a Abs. 2 Nr. 2 BauGB anzuwendenden Eingriffsregelung auftreten können.

3.1.2 Anforderungen an die Zulässigkeit der Verbandsklagen

Bei den weiteren Anforderungen, die an die Zulässigkeit von Verbandsklagen gestellt werden, stimmen die landesrechtlichen Regelungen in den wesentlichen Punkten überein. Es wird in allen Landesgesetzen vorausgesetzt, dass der Verband im Verwaltungsverfahren seine Mitwirkungsrechte wahrgenommen und eine Stellungnahme abgegeben hat oder – wenn er dies nicht getan hat – ihm keine Gelegenheit zur Mitwirkung gegeben worden ist, und dass er durch den Erlass oder die Ablehnung des angegriffenen Verwaltungsaktes in seinem satzungsgemäßen Aufgabenbereich berührt ist. Hinzu kommt noch, dass nur eine Verletzung von naturschutzbezogenen Vorschriften geltend gemacht werden kann. Insoweit bestanden bisher allerdings Unterschiede bei den landesrechtlichen Regelungen.

In den Ländern Berlin, Niedersachsen, Nordrhein-Westfalen, Sachsen-Anhalt, im Saarland und in Schleswig-Holstein war es schon vor der Novellierung des Bundesnaturschutzgesetzes möglich, nicht nur die Verletzung von Vorschriften der Naturschutzgesetze, sondern auch von „anderen Rechtsvorschriften", die *auch* den Belangen des Naturschutzes und der Landschaftspflege zu dienen bestimmt sind, geltend zu machen. Die Verbandsklageregelungen in den genannten Ländern entsprechen damit den Anforderungen des § 61 Abs. 2 Nr. 1 BNatSchG n.F., der ebenfalls eine Rüge der Verletzung solcher „anderen Rechtsvorschriften" zulässt (siehe schon 2.3.2). Die Regelungen in den übrigen Bundesländern sehen hingegen nur eine Rügemöglichkeit bei Verstößen gegen die Naturschutzgesetze oder darauf beruhender Rechtsvorschriften vor und sind somit zu eng gefasst.

Ausgeschlossen wird eine Klage allgemein in den Fällen, in denen bereits in einem verwaltungsgerichtlichen Verfahren über den angegriffenen Verwaltungsakt entschieden worden ist. In Thüringen ist darüber hinaus noch verlangt worden, dass keine anderweitige Klage nach § 42 VwGO gegen denselben Verwaltungsakt erhoben worden ist (§ 46 Abs. 2 Nr. 4 VorlThürNatSchG). Derartige Einschränkungen haben allerdings dazu geführt, dass eine Verbandsklage nur noch in Ausnahmefällen zulässig war.[5] Sie sind jetzt durch die Vorgaben des § 61 BNatSchG n.F. überholt.

3.2 Die Regelungen in Niedersachsen, Brandenburg und Sachsen-Anhalt

Die in Niedersachsen, Brandenburg und Sachsen-Anhalt geltenden Regelungen werden hier im Einzelnen näher vorgestellt, da im folgenden Kapitel Beispiele für Klagen aus diesen Bundesländern vertiefend untersucht werden. Die Darstellung der Vorschriften dient hierzu als Grundlage.

3.2.1 Niedersachsen

Die Verbandsklage wurde Ende 1993 mit dem zweiten Gesetz zur Änderung des Niedersächsischen Naturschutzgesetzes eingeführt. Sie soll der Stärkung der Belange von Naturschutz und Landschaftspflege im Verwaltungsverfahren dienen, da die Abwägung dieser Belange durch die Klage einer verwaltungsgerichtlichen Kontrolle unterzogen werden kann.[6] Mit der Einführung der Verbandsklage wurde auch der schon bestehende Mitwirkungskatalog erweitert. Das niedersächsische Naturschutzgesetz enthält seitdem im bundesweiten Vergleich eine der umfangreichsten Regelungen der Verbandsrechte. Die aus Verbandssicht wenig bewährten Regelungen einiger anderer Bundesländer, die nur sehr

---

[5] Vgl. BVerwG v. 06.11.1997 – 4 A 16/97 – NVwZ 1998, 398, zu einer noch restriktiveren Regelung in § 52 Abs. 2 NatSchG LSA, die aber 1998 aufgehoben worden ist – siehe dazu Wilrich, LKV 2000, 469 ff.
[6] Gesetzesbegründung, Nds. LT-Drs. 12/4371, S. 31.

begrenzte Klagerechte enthalten, haben den Gesetzgeber in Niedersachsen bewogen, die Rechte weiter gehend zu gestalten.[7]

Die Verbandsbeteiligung erstreckt sich gemäß § 60a Nr. 1 NNatSchG über die bundesgesetzlichen Vorgaben hinaus auf alle Verordnungen, deren Durchführung erhebliche Beeinträchtigungen der Belange von Naturschutz und Landschaftspflege erwarten lässt. Damit sind auch Verordnungen erfasst, die nicht von Naturschutzbehörden erlassen werden. Zudem sind Programme und Pläne, die dem Einzelnen gegenüber nicht verbindlich sind, nach niedersächsischem Recht Gegenstand der Verbandsbeteiligung (§ 60a Nr. 2 NNatSchG). Weiterhin müssen die Verbände gemäß § 60a Nr. 3 NNatSchG in Raumordnungsverfahren nach Bundes- und Landesrecht gehört werden.

Unter §§ 60a Nr. 4 Buchst. a) und b) NNatSchG sind alle für Verkehrswege – mit Ausnahme bundesrechtlicher Vorhaben – sowie abfall- und wasserrechtliche Vorhaben relevanten Plangenehmigungsverfahren in die Verbandsbeteiligung einbezogen worden. Begründet wird dies damit, dass viele für den Naturschutz sehr bedeutsame Verfahren aufgrund des Planungsvereinfachungsgesetzes des Bundes von Planfeststellungsverfahren in Plangenehmigungsverfahren verlagert worden sind.[8] Auch bei einem Verzicht auf eine Planfeststellung nach dem Bundesfernstraßengesetz oder dem Niedersächsischen Straßengesetz sind die Verbände zu beteiligen (§ 60a Nr. 5 NNatSchG).

Ferner werden durch § 60a Nr. 4 Buchst. c) bis e) NNatSchG wasserrechtliche Erlaubnisse und Bewilligungen sowie verschiedene weitere Genehmigungsverfahren nach dem Landeswassergesetz, dem Landeswaldgesetz und dem Baurecht (Bauvorhaben im Außenbereich im Sinne des § 35 BauGB) der Beteiligung unterworfen. Zu nennen sind schließlich noch die Beteiligungsrechte nach § 60a Nr. 7 NNatSchG, die sich auch auf Befreiungen von Verboten in Landschaftsschutzgebieten und auf die Erteilung von Ausnahmen vom gesetzlichen Biotopschutz erstrecken und somit über die Regelung in § 60 Abs. 2 Nr. 5 BNatSchG n.F. hinausgehen. Das Bundesrecht sieht nämlich nur eine Beteiligung bei Befreiungen in Naturschutzgebieten, Nationalparken, Biosphärenreservaten und NATURA-2000-Schutzgebieten vor.

Die Festlegung des Anwendungsbereichs der Verbandsklage knüpft an dieses weit reichende Beteiligungsrecht an. Möglich sind nach § 60c Abs. 1 NNatSchG allerdings nur Klagen gegen Verwaltungsakte, also vor allem gegen die in § 60a Nrn. 4, 5 und 7 aufgezählten Erlaubnisse und Genehmigungen sowie gegen Befreiungen oder Ausnahmen. Bei den unter § 60a Nr. 4 Buchst. e) NNatSchG genannten Genehmigungen – insbesondere für Bauvorhaben im Außenbereich – setzt dies allerdings voraus, dass damit Eingriffe in Natur und Landschaft verbunden sind.

Von der Klagemöglichkeit nicht erfasst werden hingegen Verordnungen sowie auch Maßnahmen aufgrund des Niedersächsischen Deichgesetzes.

Erwähnenswert im Zusammenhang ist die in § 60c Abs. 2 Nr. 2 NNatSchG geregelte Einbeziehung von Verwaltungsentscheidungen, bei denen „aufgrund anderer Rechtsvorschriften" Beteiligungsrechte bestehen, in die Klagebefugnis. Im Gegensatz zu den konkret an bestimmte Verwaltungsverfahren gekoppelten Klagerechten gemäß § 60c Abs. 2

---

[7] Gesetzesbegründung, Nds. LT-Drs. 12/4371, S. 34.
[8] Gesetzesbegründung, Nds. LT-Drs. 12/4371, S. 24.

Nr. 1 NNatSchG bleibt die Klagebefugnis hier unbestimmt. Es werden Rechtsbehelfe dann zugelassen, wenn dem Verband im Verwaltungsverfahren aufgrund anderer Rechtsvorschriften, die auch den Belangen des Naturschutzes zu dienen bestimmt sind, eine Beteiligung offen steht, sofern er diese auch wahrgenommen hat oder ihm keine Gelegenheit dazu gegeben wurde. Mit dieser „Öffnungsklausel" [9] werden also auch Beteiligungsregelungen außerhalb des Naturschutzrechts erfasst.[10]

Hinsichtlich des Umfangs der gerichtlichen Kontrolle entspricht die niedersächsische Regelung dem § 61 Abs. 2 Nr. 1 BNatSchG n.F. (siehe 2.3.2), denn es ist ausdrücklich vorgesehen, dass über das Naturschutzrecht hinaus ein Verstoß gegen andere Rechtsvorschriften, die *auch* den Belangen des Naturschutzes und der Landschaftspflege zu dienen bestimmt sind, gerügt werden kann (§ 60c Abs. 1 NNatSchG).

3.2.2 Brandenburg

Neben Sachsen ist Brandenburg das einzige Bundesland, welches das Klagerecht der Verbände in die Landesverfassung aufgenommen hat. Die Vorschrift zur Klagebefugnis ist in Artikel 39 eingefügt, welcher den Schutz der natürlichen Lebensgrundlagen regelt.[11]

Die Mitwirkungsfälle des § 29 BNatSchG a.F. sind auf die Erteilung von Befreiungen von Vorschriften des BbgNatSchG, des BNatSchG oder aufgrund dieser Gesetze erlassenen Rechtsvorschriften erweitert worden. Durch diese Regelung steht den Verbänden eine Beteiligung bei Befreiungsverfahren von allen Schutzkategorien zu, die im Bundes- oder Landesnaturschutzrecht normiert sind. Damit geht die brandenburgische Vorschrift deutlich weiter als die Bundes- und viele Länderregelungen (inklusive der niedersächsischen), in denen die Mitwirkungsrechte nur auf bestimmte Schutzgebietskategorien beschränkt sind.

Erfasst werden auch Ausnahmegenehmigungen von den Verboten, die das BbgNatSchG in den §§ 31 bis 35 zum Schutz von Alleen, bestimmten Biotopen, Horststandorten, Nist-, Brut- und Lebensstätten und Gewässern erlassen hat. Für beide Mitwirkungsfälle besteht Klagerecht.

Das Brandenburgische Gesetz über Naturschutz und Landschaftspflege (BbgNatSchG), welches die Regelungen zur Verbandsklage enthält und damit den Verfassungsauftrag ausführt, ist 1992 verabschiedet worden. Die in § 65 BbgNatSchG verankerte Klagemöglichkeit soll die gerichtliche Kontrolle von Verwaltungsakten sicherstellen, bei denen dies sonst in Ermangelung privater Rechtsbetroffenheit nicht möglich wäre.[12] Sie wird von der Landesregierung als Weiterentwicklung des damals geltenden § 36 des hessischen Naturschutzgesetzes betrachtet.[13] Die damit im Zusammenhang stehende Regelung zur Verbandsbeteiligung in § 63 Abs. 2 BbgNatSchG geht etwas weiter als das Bundesrecht und erfasst Befreiungen von Verboten in allen Schutzgebietskategorien sowie die Erteilung von Ausnahmen vom gesetzlichen Biotopschutz, wobei für diese Erwei-

---

[9] Begriff angelehnt an Rettberg, Nds.VBl. 1996, Heft 12, S. 274-279.
[10] Siehe Rettberg (1996), a.a.O.
[11] Eine unmittelbare Ableitung von Klagebefugnissen aus der Verfassung wird von der Rechtsprechung jedoch abgelehnt, siehe 5.1.1 (Erläuterung zu OVG Frankfurt/Oder, Urt. v. 27. 08.1997, 3 A 37/96).
[12] Gesetzesbegründung, Bbg. LT-Drs. 1/830, S.112.
[13] Gesetzesbegründung, Bbg. LT-Drs. 1/830, S.112.

terungen auch eine Klagebefugnis besteht. Damit geht die Regelung weiter als die Ländervorschriften, die die bundesrechtlichen Vorgaben für die Mitwirkungsrechte nur übernommen und bei den Klagerechten daran angeknüpft haben. Die Erweiterung der Klagemöglichkeiten ist allerdings im Vergleich zu einigen anderen Bundesländern, insbesondere im Vergleich zu Niedersachsen, sehr gering.

Im Gegensatz zu Niedersachsen bleiben die Rügemöglichkeiten auf die Verletzung von Vorschriften des Naturschutzrechts begrenzt. Der Prüfungsmaßstab ist also nicht erweitert worden.[14] Auch eine „Öffnungsklausel" wie in Niedersachsen, welche die Mitwirkung an nicht naturschutzrechtlichen Verfahren betrifft, ist im brandenburgischen Gesetz nicht zu finden. Klagerechte aufgrund einer vorangegangenen Mitwirkung z.B. in einem immissionsschutzrechtlichen Genehmigungsverfahren werden somit nicht gewährt.

3.2.3   Sachsen-Anhalt

Mit der Verabschiedung des Naturschutzgesetzes des Landes Sachsen-Anhalt am 11. Februar 1992 wurde in § 52 NatSchG LSA eine Verbandsklageregelung aufgenommen[15], die Rechtsbehelfe für zulässig erklärte, wenn der Verein zur Mitwirkung nach § 29 Abs. 1 Nrn. 3, 4 BNatSchG a.F. berechtigt war. Der Anwendungsbereich war räumlich auf Naturschutzgebiete und Nationalparks begrenzt und unterlag auch gegenständlichen Einschränkungen, indem er auf Befreiungen von Verboten und Geboten, die zum Schutz dieser Gebiete erlassen worden sind, sowie auf Planfeststellungsverfahren, die mit Eingriffen nach § 8 BNatSchG a.F. verbunden sind, reduziert wurde. Auch die Beteiligungsrechte richteten sich dementsprechend ausschließlich nach § 29 BNatSchG a.F.

Mit dem 2. Änderungsgesetz zum Naturschutzgesetz des Landes Sachsen-Anhalt vom 27. Januar 1998[16] wurde nicht nur die Verbandsklageregelung sondern auch der Mitwirkungskatalog erheblich erweitert. Die bis dahin bestehende Rechtsunsicherheit, in welchen Verfahren die anerkannten Vereine zu beteiligen waren, ist mit der neuen Regelung beseitigt worden.[17] Gemäß § 51a Nr. 1 NatSchG LSA sind die nach dem Naturschutzgesetz anerkannten Vereine bei der Vorbereitung von Verordnungen, die die Belange von Naturschutz und Landschaftspflege wesentlich berühren, zu beteiligen. Über die Regelung des § 29 Abs. 1 Nr. 1 BNatSchG a.F. hinaus werden damit auch Verordnungen erfasst, die nicht ausschließlich in den Zuständigkeitsbereich der für Naturschutz und Landschaftspflege zuständigen Behörden fallen.

Bei der Durchführung von Raumordnungsverfahren auf der Grundlage des Raumordnungsgesetzes i.V.m. dem Landesplanungsgesetz ist ebenfalls ein vereinsrechtliches Mitwirkungsrecht nach § 51a Nr. 2 NatSchG LSA vorgesehen. Außerdem besteht ein Recht der Vereine auf Verfahrensbeteiligung bei der Vorbereitung des Landschaftsprogramms und von Landschaftsrahmenplänen sowie Landschaftsplänen und Grünordnungsplänen

---

[14] Im Gesetzesentwurf der Landesregierung war diese Erweiterung vorgesehen, ließ sich aber im Gesetzgebungsverfahren nicht halten (siehe u.a. Beschlussempfehlung und Bericht des Ausschusses für Landesentwicklung und Umweltschutz, Bbg. LT-Drs. 1/978).
[15] Vgl. GVBl. S. 108.
[16] Vgl. GVBl. S. 28.
[17] Gesetzesbegründung, LT-Drs. LSA 2/3680, S. 9.

im Sinne des NatSchG LSA.[18] Auch bei der Vorbereitung des Landesentwicklungsplans nach dem Landesplanungsgesetz besteht ein Mitwirkungsrecht der Verbände.[19] Nicht erfasst ist hingegen der dem Einzelnen gegenüber verbindliche Bebauungsplan. Diesbezüglich sind die Naturschutzvereine auf die Mitwirkung nach § 3 BauGB verwiesen.

Während die vorstehend aufgezählten Mitwirkungsrechte den Vereinen ausschließlich die Erhebung einer sog. Partizipationserzwingungsklage ermöglichen, wird für die nachfolgend dargestellten Mitwirkungsfälle durch § 52 NatSchG LSA auch die Erhebung einer altruistischen Verbandklage eröffnet.

Das Beteiligungs- und Klagerecht besteht gemäß § 51a Nr. 5 NatSchG LSA bei allen Planfeststellungsverfahren nach Bundes- und Landesrecht, bei Flurbereinigungsverfahren jedoch nur, soweit sie mit Eingriffen in Natur und Landschaft nach § 8 NatSchG LSA verbunden sind. In der Begründung zum Gesetzentwurf wird diese Einschränkung damit gerechtfertigt, dass bestimmte bundes- und landesrechtlich abschließend geregelten Verfahren[20] Beteiligungen „verfahrensfremder Dritter" nicht zwingend, sondern nur als Sollvorschrift vorsehen, so dass das Naturschutzgesetz des Landes Sachsen-Anhalt dies nicht uneingeschränkt anders regeln kann.[21]

Weiterhin besteht ein zur Klagebefugnis führendes Mitwirkungsrecht auch bei Plangenehmigungsverfahren, wenn diese mit Eingriffen in Natur und Landschaft nach § 8 NatSchG LSA verbunden sind. Naturschutzfachlich hat diese neue Regelung den Vorteil, dass entsprechende Aspekte frühzeitig und sachgerecht in die betreffenden Verfahren eingebracht werden können. Wenn somit im Vorfeld, also vor Bekanntgabe des Verfahrens, Einwände ausgeräumt bzw. berücksichtigt werden können, verhindert dies eine Verlängerung des Genehmigungsverfahrens, da nunmehr der Weg für das Plangenehmigungsverfahren weiter frei ist.[22] Ferner ist ein Beteiligungsrecht der Naturschutzverbände, welches zur Erhebung einer Verbandklage berechtigt, bei der Zulassung von Rahmenbetriebsplänen nach dem Bundesberggesetz vorgesehen.

Vor einer Befreiung von Verboten und Geboten, die zum Schutz von Naturschutzgebieten, Nationalparks, Biosphärenreservaten, Landschaftsschutzgebieten, Naturparken, Naturdenkmalen und geschützten Landschaftsbestandteilen erlassen wurde sowie bei der Erteilung von Ausnahmen im Hinblick auf besonders geschützte Biotope resultiert aus dem den Verbänden zur Verfügung stehenden Mitwirkungsrecht nach § 51a Nr. 8 NatSchG LSA ebenfalls ein altruistisches Klagerecht.

Hinsichtlich der Rügemöglichkeit von Rechtsverstößen und der damit verbundenen Reichweite einer gerichtlichen Überprüfung sieht die Verbandsklageregelung in Sachsen-Anhalt gemäß § 52 Abs. 2 Nr. 2 NatSchG LSA einen dem § 61 Abs. 2 Nr. 1 BNatSchG n.F. entsprechenden (weiten) Prüfungsmaßstab vor, so dass neben Vorschriften des Naturschutzrechts die Einhaltung anderer Regelungen, die *auch* dem Naturschutz dienen, mit der Verbandsklage überprüfbar sind.

---

[18] Vgl. § 51a Nr. 3 NatSchG LSA.
[19] Vgl. § 51a Nr. 4 NatSchG LSA.
[20] Z.B. § 17 LPlG LSA und § 5 Abs. 2 FlurbG.
[21] Gesetzesbegründung, LT-Drs. LSA 2/3680, S. 9.

4 Praktische Erfahrungen mit der Verbandsklage in den Bundesländern

Wissenschaftliche Untersuchungen zur Praxis der Verbandsklage[1] wurden in Deutschland bislang selten durchgeführt. Bis auf die erste umfangreiche Studie von *Bizer, Ormond* und *Riedel* aus dem Jahre 1990[2] sowie Untersuchungen im Rahmen einer Seminararbeit an einer Universität[3] bzw. einer außeruniversitären Einrichtung[4], ist den Autoren keine systematische und deutschlandweit übergreifende Untersuchung bekannt geworden. Dies mag überraschen, denn immerhin ist mit den Erfahrungen in den Bundesländern seit 1979 ein Fundus an empirischen Daten vorhanden, der manche Argumente aus der rechts- und umweltpolitischen Diskussion anhand der Praxis überprüfbar macht.

4.1 Bundesweite Erhebungen

Im Folgenden werden die Ergebnisse von zwei neueren empirischen Untersuchungen zur Praxis der Verbandsklage in den Bundesländern vorgestellt.[5] Beide Untersuchungen beruhen auf Befragungen anerkannter Naturschutzverbände[6], auf Recherchen der Autoren sowie auf weiteren fachwissenschaftlichen Quellen.[7] Sie zielen vor allem darauf, die Zahl der Klagefälle (dazu 4.1.1) sowie deren Erfolgsbilanz zu klären.

4.1.1 Zahl der Klagefälle und Instanzenweg

Für die Untersuchung im Zeitraum 1997-1999 wurden 67 Fälle erfasst.[8] Hierbei wurden 94 Entscheidungen berücksichtigt.[9] Die neuere Untersuchung berücksichtigt im Zeitraum von 1996–2001 115 Fälle und 183 Entscheidungen. Die 67 Fälle der ersten Untersuchung sind auch in der erweiterten Studie des Zeitraumes 1996-2001 enthalten, so dass im Folgenden vor allem auf Daten der erweiterten Studie zurückgegriffen wird.

Aufgrund dieser Zahlen kann als Ergebnis der Erhebungen festgehalten werden, dass das jahrzehntelang gegen die Einführung der Verbandsklage vorgebrachte Argument, die-

---

[1] Unter Verbandsklage wird im Folgenden die altruistische Vereins- bzw. Verbandsklage verstanden, die im Einzelfall auch überwiegend oder teilweise auf die Verletzung von Mitwirkungsrechten gestützt sein kann. Nicht erfasst sind unter der Bezeichnung Verbandsklage sog. Sperrgrundstücksklagen, die die Verletzung von Eigentümerrechten zum Inhalt haben.
[2] Vgl. Bizer, Ormond, Riedel (1990).
[3] Vgl. Alexander Schmidt (1998).
[4] Vgl. Burkhard Philipp (1998).
[5] Vgl. Teilstudie, Naturschutzrechtliche Verbandsklage in Deutschland im Zeitraum 1996- 2001 (2003), sowie Blume, Schmidt, Zschiesche (2001).
[6] Im Zeitraum vom August 2000 bis Februar 2001 wurde bei den anerkannten Verbänden angefragt, Material zu den eingelegten Verbandsklagen zur Verfügung zu stellen, häufig halfen dabei auch die Anwälte.
[7] Weitere Quellen waren veröffentlichte Entscheidungen in Zeitschriften, insbesondere in „Natur und Recht" (NuR), und Kommentarliteratur, insbesondere Meßerschmidt (2000).
[8] Damit sind nur die altruistischen Verbandsklagen (siehe dazu schon unter 2) sowie die Partizipationserzwingungsklagen auf der Grundlage des § 29 BNatSchG a.F. gemeint (siehe auch unter 1).
[9] Die Autoren haben sich bemüht, alle in den Ländern geführten Klagen innerhalb des Untersuchungszeitraumes zu erfassen. Trotzdem muss davon ausgegangen werden, dass vereinzelt Klagen fehlen. Diese konnten u.a. deshalb nicht erhoben werden, weil befragte Verbände Akten nicht zentral erfasst haben – darüber hinausgehende Recherchen hätten einen erheblichen zusätzlichen Aufwand erfordert.

se werde zu einer Überlastung der Gerichte führen[10], empirisch widerlegt ist. In Deutschland werden gegenwärtig im Durchschnitt max. etwa 30 Verbandsklagen pro Jahr beendet.[11] Im Vergleich hierzu sind:

- 1998 = 218 272 Verfahren
- 1999 = 211 479 Verfahren
- 2000 = 215 490 Verfahren und
- 2001 = 192 645 Verfahren

von den Verwaltungsgerichten entschieden worden.[12] Selbst im Vergleich mit den abgeschlossenen Verfahren (Rechtsmittelverfahren) der Oberverwaltungsgerichte bzw. Verwaltungsgerichtshöfe ist die Zahl von Verbandsklagen verschwindend gering. Hier wurden:

- 1998 = 35 682 Verfahren
- 1999 = 31 692 Verfahren
- 2000 = 30 678 Verfahren
- 2001 = 24 528 Verfahren

in Deutschland entschieden.[13]

Die Verteilung der Verbandsklageverfahren auf die Bundesländer in Deutschland ist ungleichmäßig: über 50 % der Verbandsklagen sind in Berlin, Brandenburg, Schleswig-Holstein und Niedersachsen geführt worden, während es in den übrigen Ländern wesentlich weniger Fälle gab.

Tabelle 1: Zahl der Klagen in den einzelnen Ländern

Länder mit Verbandsklageregelung	Klagen im Zeitraum 1996-2001	Entscheidungen im Zeitraum 1996-2001	Klagen im Zeitraum 1997-1999
Baden-Württemberg[14]	4	6	1
Bayern[15]	7	9	-
Berlin	17	24	12
Brandenburg	14	26	7
Bremen	4	5	3
Hamburg	5	13	4

---

[10] Siehe Philipp, B. (1998), vgl. dazu und zu weiteren Gegenargumenten auch Bizer, Ormond, Riedel (Fn. 2), S. 55 ff., m.w.N.

[11] Die Zahl aller gerichtlichen Entscheidungen sowie außergerichtlichen Vergleiche im Bereich der Verbandsklage im Naturschutz dürfte demgemäss bei max. etwa 40-50 Entscheidungen pro Jahr in Deutschland anzusetzen sein.

[12] Siehe Statistisches Bundesamt, Verwaltungsgerichte der Länder, 1998-2001, schriftliche Auskunft.

[13] Vgl. a.a.O.

[14] In Baden-Württemberg handelt es sich um Partizipationserzwingungsklagen.

[15] In Bayern handelt es sich um Partizipationserzwingungsklagen.

Länder mit Verbandsklageregelung	Klagen im Zeitraum 1996-2001	Entscheidungen im Zeitraum 1996-2001	Klagen im Zeitraum 1997-1999
Hessen	6	9	5
Mecklenburg-Vorpommern[16]	1	1	-
Niedersachsen	15	29	12
Nordrhein-Westfalen	2	3	1
Rheinland-Pfalz	4	6	-
Saarland	6	7	4
Sachsen	7	9	4
Sachsen-Anhalt	6	9	5
Schleswig-Holstein	13	21	5
Thüringen	4	6	4
Gesamt	115	183	67

In beiden Untersuchungen sind auch Verfahren des einstweiligen Rechtsschutzes sowie Berufungs- und Revisionsverfahren erfasst worden. Danach wurden im Zeitraum 1997-1999 von den 67 Fällen 55 bereits in der ersten Instanz abschließend entschieden, in der Untersuchung im Zeitraum 1996-2001 wurden von insgesamt 115 Fällen 87 erstinstanzlich abgeschlossen und 28 zogen sich über mehrere Instanzen hin. Außerdem sind bei dieser Untersuchung in 37 Fällen (etwa 55 %) Verfahren des einstweiligen Rechtsschutzes durchgeführt worden, auf die allerdings nur teilweise eine Entscheidung in der Hauptsache folgte.[17] Für die Untersuchung des längeren Zeitraumes ergibt sich insgesamt folgendes Bild:

Tabelle 2: Verhältnis von Klagen, die im Zeitraum 01.01.1996-31.12.2001 in der ersten Instanz abgeschlossen wurden, zu Klagen, die sich über mehrere Instanzen hinzogen

Länder mit Verbandsklageregelung	Klagen im Zeitraum 1996-2001	Davon in der ersten Instanz abgeschlossen 1996-2001	Klagen, die sich über mehrere Instanzen hinzogen[18]
Baden-Württemberg	4	2	2
Bayern	7	5	2
Berlin	17	13	4
Brandenburg	14	9	5
Bremen	4	4	0
Hamburg	5	3	2

---

[16] In Mecklenburg-Vorpommern handelt es sich um eine Partizipationserzwingungsklage.

[17] Auch diese Fälle, die nach der Eilentscheidung nicht weiter geführt wurden, sind in der Statistik erfasst.

[18] Hierbei gilt zu berücksichtigen, dass durch das Verkehrswegeplanungsbeschleunigungsgesetz bei Klagen zum Verkehrswegeausbau der Projekte „Deutsche Einheit" das Bundesverwaltungsgericht die erste und einzige Instanz darstellt. Klagen, die zusätzlich beim Bundesverfassungsgericht eingereicht wurden, sind als eine Instanz gewertet worden.

Länder mit Verbandsklageregelung	Klagen im Zeitraum 1996-2001	Davon in der ersten Instanz abgeschlossen 1996-2001	Klagen, die sich über mehrere Instanzen hinzogen[19]
Hessen	6	4	2
Mecklenburg-Vorpommern	1	1	0
Niedersachsen	15	12	3
Nordrhein-Westfalen	2	1	1
Rheinland-Pfalz	4	3	1
Saarland	6	6	0
Sachsen	7	6	1
Sachsen-Anhalt	6	5	1
Schleswig-Holstein	13	10	3
Thüringen	4	3	1
Gesamt = Klagen im Bundesgebiet	115	87	28

Von den 115 Fällen hat also bereits in 75,7 % die erste verwaltungsgerichtliche Instanz abschließend entschieden. In 24,3 % der Fälle führte der Rechtsweg über mehrere Instanzen. Die durchschnittliche Dauer der erstinstanzlichen Entscheidungen war nicht Gegenstand der Untersuchungen. Jedoch ist bemerkenswert das bereits in drei Viertel der Fälle die erste Instanz die Streitigkeit rechtskräftig entschied. Dies dürfte insbesondere dem Argument widersprechen, durch die Verbandsklagen würden Verwaltungsverfahren in die Länge gezogen.

4.1.2 Erfolgsbilanz und Klagegegenstände

Die folgende Tabelle gibt eine Übersicht über die „Erfolgsquote" aus Sicht der Verbände bei den Fällen, in denen Verbandsklagen im Untersuchungszeitraum 1996-2001 abgeschlossen worden sind:

---

[19] Siehe Fn. 18.

[21] Die Differenz zu 115 ergibt sich daraus, dass in zwei Fällen, die im Untersuchungszeitraum eingeleitet wurden (siehe Tabelle: Übersicht Verbandsklagen in Deutschland 1996-2001, Fälle Nrn. 38 und 39), noch gar keine Entscheidung vorliegt. Drei Verfahren wurden gerichtlicherseits eingestellt, die Gründe wurden hier nicht bewertet, sondern nur, ob eine gerichtliche Entscheidung vorlag. Alle anderen Verfahren - auch wenn eine Hauptsache-Entscheidung noch ausstand - wurden mit dem letzten Ergebnis gewertet, dass zum 30.01.2003 vorlag, so dass hier lediglich eine Tendenz aufgezeigt wird (z.B. nach gewonnenem oder verlorenem Eilverfahren bei noch ausstehender Hauptsacheentscheidung).

Tabelle 3: Letztinstanzliche gerichtliche Ergebnisse der Klagen im Zeitraum 01.01.1996-31. 12. 2001

Gesamtzahl der geführten Klagen im Zeitraum[21]	Davon gewonnen	Teilerfolg[22]	Verloren
110	9	20	81
100 %	8,2 %	18,2 %	73,6 %

Aus der Tabelle ergibt sich, dass die Klagen der anerkannten Naturschutzverbände in der Bundesrepublik Deutschland zu etwa einem Viertel erfolgreich oder teilerfolgreich für die Verbände beendet werden konnten. Das ist im Vergleich zur Erfolgsquote im gesamten Bereich der Verwaltungsgerichtsbarkeit in Deutschland ein knapp über dem Durchschnitt liegendes Ergebnis.[23]

Ein differenzierteres Ergebnisbild ergibt sich, wenn man die Gesamtzahl der Entscheidungen innerhalb der Verfahren betrachtet:

Tabelle 4: Gerichtliche Ergebnisse zu den Einzelentscheidungen der Klagen im Zeitraum 01.01.1996-31.12.2001

Gesamtzahl der gefällten Entscheidungen[25]	Davon gewonnen	Teilerfolg[26]	Verloren
163	26	23	114
100%	16,0	14,1	69,9

Aus der Tabelle ergibt sich, dass im Vergleich zur Betrachtung mit den letztinstanzlichen gerichtlichen Ergebnissen der Klagen (vgl. Tabelle 3) bei den einzeln zu betrachtenden Entscheidungen Verbandsklagen wesentlich häufiger erfolgreich oder teilerfolgreich waren. Insgesamt kann hier eine Erfolgsquote von etwa 30% der Entscheidungen, die erfolgreich oder teilerfolgreich waren, festgestellt werden. Ein wesentlicher Grund dafür dürfte sein, dass die von den Verbänden vorgebrachten Sachverhalte häufig gravierende Verstöße gegen das Umwelt- und Naturschutzrecht aufgreifen und nicht selten in einer ersten summarischen Prüfung während der Eilverfahren sowie teilweise auch in erster

---

[22] Als Teilerfolg wurden auch alle mit einem Vergleich beendeten Fälle gewertet, siehe zu einer differenzierenden Betrachtung aber noch 4.2.2.

[23] So wurden in Deutschland 1998 von den 91 527 verwaltungsgerichtlichen Fällen (ohne Asylfälle), 73 693 von den Behörden gewonnen, was etwa 80 % der Fälle entspricht, siehe Statistisches Bundesamt (1998) S. 14 ff. Da bei Verbandsklagen immer eine Behörde der Gegner ist, kann hier ein Vergleich vorgenommen werden.

[25] Es handelt sich hier um die Summe der Entscheidungen mit aussagekräftigem Ergebnis. Die Differenz von 20 Entscheidungen (zur Gesamtsumme von 183) ergibt sich aus sieben offenen und sieben eingestellten Verfahren sowie zwei Verweisungen an andere Gerichte und drei Entscheidungen, bei denen das Ergebnis nicht ermittelt werden konnte. In einem Fall wurden Eil- und Hauptverfahren mit einem Vergleich abgeschlossen, so dass für zwei einzelne Verfahren nur ein Gesamtergebnis vorliegt.

[26] Siehe Fn. 21.

Instanz häufiger Recht bekommen, als in den abschließenden Hauptsache-Entscheidungen.

Sofern bei der Erfolgsquote danach differenziert wird, gegen welche Art von Verwaltungsentscheidung gerichtet war, zeigen sich interessante Unterschiede zur Gesamtbilanz. Diese Differenzierung stößt allerdings an Grenzen, weil die Anwendungsbereiche der Verbandsklageregelungen in den Bundesländern sehr verschieden sind (siehe 3.1). Die folgende Tabelle erfasst deshalb vor allem die in allen Bundesländern möglichen Klagen gegen Planfeststellungsbeschlüsse und gegen Befreiungen im Zeitraum 1997-1999. Außerdem werden die ebenfalls relativ häufigen Klagen gegen Rechtsverordnungen gesondert berücksichtigt. Die Fälle mit anderen Klagegegenständen sind unter „Sonstige" eingeordnet.

Tabelle 5: Bilanz nach Klagegegenständen der Verbandsklage 1997-1999

	Planfeststellungsverfahren	Befreiungen	Verordnungen	Sonstige	Gesamt
Gesamt	30	12	5	20	67
In Prozent	44,8 %	17,9 %	7,5 %	29,8 %	100 %
Davon gewonnen	2	2	1	0	5
In Prozent	6,7 %	16,7 %	20 %	-	7,5 %
Davon teilerfolgreich	5	5	0	4	14
In Prozent	16,7 %	41,7 %	-	20,0 %	20,9 %
Davon verloren	23	5	4	16	48
In Prozent	76,6 %	41,7 %	80	80,0 %	71,6 %

Nach dieser Aufstellung endeten etwa ein Drittel aller Fälle mit einem Erfolg bzw. Teilerfolg. Für alle Fälle zusammen ist die Erfolgsquote also etwas besser als bei der Untersuchung für den längeren Zeitraum von 1996-2001 (vgl. Tabelle 3) und liegt deutlich höher als sonst bei verwaltungsgerichtlichen Klagen.

Bei den einzelnen Klagegegenständen ist das Bild uneinheitlich. Während die Erfolgsquote bei den Verfahren gegen Befreiungen in Schutzgebieten mit knapp 60 % recht hoch ist, liegt sie bei den anderen Verfahren zwischen 20 und 23 %, und entspricht somit der allgemein üblichen Erfolgsquote bei Verwaltungsverfahren.

Als erfolgreich sind dabei die Klagen und Anträge gewertet worden, bei denen die Rechtswidrigkeit der angegriffenen Verwaltungsentscheidung festgestellt wurde. Das gilt insbesondere auch für Planfeststellungsbeschlüsse, bei denen diese Feststellung allerdings unter Umständen nicht zur vollständigen Aufhebung führte.[29] Als Teilerfolg wurde ange-

---

[29] Die Gerichte stellen bei einem Planfeststellungsbeschluss nur die Rechtswidrigkeit fest, sofern die planerische Abwägung unter einem Mangel – z.B. bei der Berücksichtigung des Naturschutzes – leidet, der durch ein ergän-

sehen, wenn Verwaltungsentscheidungen teilweise aufgehoben worden sind (so z.B. die teilweise Aufhebung der Befreiung von den Verboten einer Schutzgebietsverordnung). Die in insgesamt 10 Fällen abgeschlossenen Vergleiche[30] sind, unabhängig von den im Einzelfall erzielten Ergebnissen, ebenfalls als Teilerfolge eingeordnet worden.

Die meisten Verbandsklagen richteten sich im Zeitraum 1997-1999 gegen Planfeststellungsbeschlüsse. Dies überrascht keineswegs, weil es dabei um die Zulassung besonders umwelt- und raumbeanspruchender Großvorhaben geht. Hier wirken sich Vollzugsdefizite regelmäßig besonders negativ auf Natur und Landschaft aus. Außerdem werden häufig Gebiete berührt, die nach dem Gemeinschaftsrecht der EU schutzwürdig sein können (Vogelschutz und FFH-Gebiete), so dass in vielen Fällen eine ganze Reihe von Gründen für eine Anfechtung der Planung sprechen. Neben Klagen gegen den Straßenbau waren auch Verbandsklagen gegen bergrechtliche Verfahren mit insgesamt 5 Fällen im Zeitraum 1997-1999 relativ häufig.

Die ebenfalls recht große Zahl von Klagen gegen Befreiungen erklärt sich möglicherweise dadurch, dass es hier immer wieder Fälle mit erheblichen Vollzugsdefiziten gibt, in denen eine Klage aus Sicht des Naturschutzes geboten und auch von vornherein relativ erfolgversprechend erscheint.

Hinter „sonstigen" Verfahren verbergen sich nicht selten Klagen, die bei mangelnder Beteiligung an Verwaltungsverfahren oder als umweltpolitische „Experimentierklagen" eingelegt wurden, um zu versuchen, durch die Rechtsprechung das „Fenster" zulässiger Klagegegenstände zu erweitern. Das ist insbesondere bei Klagen im Bereich des Baurechts festzustellen, weil hier das Vollzugsdefizit sehr groß ist und die Verbände z.T. mit rechtswidrigen Vorgängen beschäftigt sind, ohne eine Klagemöglichkeit zu besitzen. Im Untersuchungszeitraum 1997-1999 wurden von den Verbänden fünf Klagen im Bereich des Baurechts geführt, die aber alle verloren wurden.

4.1.3 Bewertung der Erfolgsbilanz

Bei nüchterner Betrachtung offenbaren die Erfolgsstatistiken, insbesondere wenn man den Untersuchungszeitraum 1996-2001 zugrunde legt, dass auf dem Klageweg Verstößen gegen das Naturschutzrecht in der Bundesrepublik Deutschland derzeit nur unzureichend abgeholfen werden kann. Die Gründe hierfür sind vielfältig.

Ein wesentlicher Grund besteht darin, dass der Gesetzgeber den Anwendungsbereich der Beteiligungs- und Klagerechte von Umweltvereinen überwiegend recht stark beschränkt hat, so dass eine Vielzahl von Vollzugsdefiziten im Umweltrecht nicht

---

zendes Verfahren behoben werden kann (vgl. § 75 Abs. 1a Satz 2 VwVfG oder auch § 17 Abs. 6c Satz 2 FStrG); siehe dazu auch 3.3.

[30] Der Abschluss eines Vergleichs wird aus Sicht der Verbände teilweise kritisch beurteilt, weil damit regelmäßig auf die gerichtliche Kontrolle einer Beachtung des Naturschutzrechts durch die Behörden sowie auf die damit einhergehende Klärung umstrittener Rechtsfragen verzichtet wird. Zu Vergleichen kam es – unter anderem wegen dieser Vorbehalte – bisher in den Bundesländern Berlin, Brandenburg, Bremen, Niedersachsen, Sachsen-Anhalt, Sachsen und Thüringen.

[32] siehe Tabelle „Übersicht Verbandsklagen in Deutschland 1996-2001", Anhang II, Entscheidung Nr. 162.

sanktionierbar ist. Die Verbandsklagen konzentrieren sich daher meist auf wenige Fälle, die zudem noch exemplarisch ausgewählt wurden.

Zum anderen kontrollieren die Gerichte planerische Abwägungsentscheidungen zum Teil nur begrenzt, weil den dafür zuständigen Behörden ein Entscheidungsspielraum zugestanden wird. Da den Belangen des Umwelt- und Naturschutzes im Rahmen der Abwägungsentscheidungen häufig eine Vielzahl anderer Belange gegenüber stehen, finden die Behörden oft Argumente dafür, Belangen ohne Natur- und Umweltschutzbezug ein höheres Gewicht beizumessen. Solange die Gerichte davon ausgehen, dass eine solche Gewichtung von den Umweltverbänden im Rahmen ihrer (beschränkten) Rügebefugnis nicht angegriffen werden kann, bleibt die gerichtliche Kontrolle bei Klagen gegen Planfeststellungsbeschlüsse lückenhaft (im Einzelnen dazu noch 5.2).

Allerdings müssen bei Planfeststellungsbeschlüssen, die immerhin über die Hälfte der Verbandsklagen ausmachen, auch die Klagen als erfolgreich angesehen werden, die (nur) dazu geführt haben, dass nach der gerichtlichen Feststellung von Mängeln bei der Anwendung der Eingriffsregelung oder der Berücksichtigung des Naturschutzes in der Abwägung ein ergänzendes Verfahren durchgeführt worden ist. Durch ein solches Verfahren kann die Planungsbehörde die festgestellten Mängel beheben und die Rechtswirksamkeit des Plans wiederherstellen. Diese nach § 75 Abs. 1a Satz 2 VwVfG bestehende Möglichkeit der Planerhaltung hat zwar zur Folge, dass die klagenden Verbände ihr – bei vielen Großprojekten sicher im Vordergrund stehendes – Ziel einer Aufhebung des Planfeststellungsbeschlusses kaum erreichen können. Aber auch mit einer Feststellung der Rechtswidrigkeit einer Verwaltungsentscheidung und der anschließenden Beseitigung von Fehlern bei der Anwendung des Naturschutzrechts erfüllt die Verbandsklage ihre Funktion, die Defizite im Vollzug zu beseitigen. Das gilt nicht nur für den konkreten Fall, sondern kann sich auch bei anderen Planungen positiv auswirken, weil sich die Planungsbehörden dort um einen besseren Vollzug bemühen, um Verzögerungen des Projekts durch eine erfolgreiche Verbandsklage zu vermeiden.

Außerdem ist bei der Bewertung der Statistik zu berücksichtigen, dass Verbandsklagen auch in Fällen, in denen sie zwar zulässig, aber unbegründet sind, zu einem Abbau des Vollzugsdefizits im Naturschutzrecht beitragen und somit ihre Funktion erfüllen. Das gilt vor allem für Grundsatzentscheidungen, mit denen umstrittene Rechtsfragen geklärt werden. Ein Beispiel ist die Entscheidung des Bundesverwaltungsgerichts zur Ostseeautobahn A-20[32]. Darin finden sich zum einen grundsätzliche Überlegungen zur Reichweite der gerichtlichen Kontrollbefugnisse bei Verbandsklagen, zum anderen wird erstmals festgestellt, dass die sog. FFH-Richtlinie – trotz der noch fehlenden Umsetzungsschritte – eine „Vorwirkung" entfaltet und insoweit bei Planfeststellungsverfahren zu berücksichtigen ist. Vor allem die grundlegenden Ausführungen zur „Vorwirkung" der FFH-Richtlinie, die bis dahin vielfach verneint worden war, hatte große Bedeutung für die Verwaltungspraxis und dürfte zusammen mit weiteren Entscheidungen einiges zu einer besseren Berücksichtigung der FFH-Richtlinie im Verwaltungshandeln beigetragen haben (siehe auch 5.2.2.3).

Schließlich ist davon auszugehen, dass bei Verbandsklagen nicht nur der prozessuale Erfolg oder Misserfolg für die Akteure von Interesse ist. Es gab nicht wenige Fälle, in denen eine Klage aus umweltpolitischen Gründen seitens der Verbände erhoben wurde, obwohl die Erfolgsaussichten von vornherein gering waren. Dies wird damit begründet, dass auch abgewiesene Klagen im Hinblick auf bestimmte umweltpolitische Ziele einen Erfolg darstellen können. Hierzu zählen aus der Sicht des Verbandes Ziele wie die Sensibilisierung der Öffentlichkeit für Defizite im Bereich des Naturschutzes oder auch verbandsinterne Mobilisierungseffekte. Einige der erfassten Klagen sind offenbar ganz bewusst in Fällen erhoben worden, bei denen schon die Zulässigkeit der Klage aufgrund ihres beschränkten Anwendungsbereichs sehr fraglich war, weil gerade in diesen Fällen auf die Defizite bei der Berücksichtigung des Naturschutzes und auf die fehlende Möglichkeit einer gerichtlichen Kontrolle aufmerksam gemacht werden sollte. Ob und inwieweit sich diese umweltpolitisch motivierten Klagen auf die Gesetzgebung ausgewirkt haben, weil sie Anregungen zu einer Erweiterung der Klagemöglichkeiten geben, ist allerdings bisher nicht nachgewiesen.[33]

4.1.4 Zur Frage, welche Verbände als Kläger auftraten

Nicht alle Umwelt- und Naturschutzverbände in Deutschland besitzen den Status eines anerkannten Verbandes.[34] Greenpeace als einer der profiliertesten Umweltverbände arbeitet beispielsweise nicht als anerkannter Verband, ebenso wenig der WWF Deutschland, der als Stiftung bereits eine andere als die geforderte Rechtsform aufweist. Die Zahl der anerkannten Naturschutzverbände schwankt von Bundesland zu Bundesland. Die folgende Tabelle gibt eine Übersicht über die Anzahl der Verbände, die potenziell berechtigt sind, eine Verbandsklage im Naturschutz in Deutschland zu führen.

Tabelle 6: Anzahl der in den Ländern nach Naturschutzrecht anerkannten Verbände[35]

Bundesland	Anzahl der nach Naturschutzrecht anerkannten Verbände
Baden-Württemberg	9
Bayern	8
Berlin	11
Brandenburg	6
Bremen[36]	1
Hamburg	9
Hessen	8
Mecklenburg-Vorpommern	5

---

[33] So ist z.B. kein Zusammenhang zwischen der in Berlin abgewiesenen Klage gegen die Erteilung einer Ausnahme bei einem gesetzlich geschützten Biotop und der erstmaligen Eröffnung einer Klagemöglichkeit (auch) in solchen Fällen durch die in Nordrhein-Westfalen neu eingefügten Regelungen feststellbar.
[34] Siehe hierzu im Einzelnen: Umweltgutachten des Rates von Sachverständigen für Umweltfragen 1996, BT-Drs. 13/4108, S. 220 ff.
[35] Nach eigenen Recherchen, Stand 01.07.2003.
[36] In Bremen ist nur der Dachverband GNUU anerkannt.

Bundesland	Anzahl der nach Naturschutzrecht anerkannten Verbände
Niedersachsen	13
Nordrhein-Westfalen	3
Rheinland-Pfalz	10
Saarland	5
Sachsen	7
Sachsen-Anhalt	9
Schleswig-Holstein	9
Thüringen	8
Gesamt	**121**

Nach dieser Tabelle schwankt die Zahl anerkannter Verbände in den Bundesländern etwa zwischen 7 bis 9 und markiert damit bereits eine Begrenzung bezüglich der Zahl potenzieller Kläger und möglicher Klagen. Durch die großzügige Anerkennungspraxis der Landesumweltministerien sind viele Verbände mit Partikularinteressen ebenfalls anerkannt (Waldbesitzer, Angler, Fischer) Diese Verbände führen jedoch selten eine Verbandsklage durch. Zumindest in den genannten Untersuchungen sind keine solcher Klagen verzeichnet. Über die Verteilung der eingelegten Verbandsklagen auf die Umweltverbände gibt die folgende Tabelle eine Übersicht für den Zeitraum 1997-1999.

Tabelle 7: Verteilung der Klagen 1997-99 auf die anerkannten Umweltverbände in Deutschland[37]

Anerkannter Verband	Zahl der Klagen
Bund für Umwelt und Natur Deutschland BUND	20
Naturschutzbund NABU	20
Grüne Liga	6
Landesverband Bürgerinitiative Umweltschutz (Niedersachsen) LBU	5
Berliner Landesarbeitsgemeinschaft Naturschutz BLN	4
Gesamtverband Natur- und Umweltschutz Unterweser e.V. Bremen - GNUU-	3
Schutzgemeinschaft Deutscher Wald	2
Landesnaturschutzverband Schleswig-Holstein LNV	2
Naturschutzverband Niedersachsen NVN	1
AG Geobotanik Schleswig-Holstein	1
Landesverband Sächsischer Heimatschutz	1
Botanischer Verein Hamburg	1

---

[37] Bei sieben Verfahren lagen keine Angaben über den klageführenden Verband vor.

Die meisten Klagen werden von den beiden größten Naturschutzverbänden, dem Bund für Umwelt- und Naturschutz Deutschland (BUND) und dem Naturschutzbund Deutschland (NABU), geführt.

Eher selten ist es, dass Verbände Streitgenossenschaften bilden und sich für Klagen zusammenschließen. Dies scheint vor allem bei großen und umweltpolitisch brisanten Projekten der Fall zu sein (z.B. Emssperrwerk in Niedersachsen, Mühlenberger Loch in Hamburg), da zum einen das Kostenrisiko bei solchen Projekten sehr hoch ist und zum anderen die Verbände jeweils ihre Stellvertreterfunktion wahrnehmen wollen und sich aus verbandsinternen Gründen gegenüber der Öffentlichkeit verpflichtet sehen.

4.1.5   Kosten und Streitwerte

Das finanzielle Risiko, welches die Verbände durch ein Gerichtsverfahren auf sich nehmen, ist ein nicht zu unterschätzender Faktor bei der Anwendung des Klageinstruments. Die möglichen Kosten sind vorab aus der Sicht der Naturschutzverbände äußerst schwer einschätzbar und kalkulierbar, da sie von vielen Faktoren abhängen, die bei Klageeinlegung noch nicht feststehen. Grundsätzlich lassen sich die Kosten nach Kosten aus Gerichtsentscheidungen sowie internen Kosten der Verbände unterteilen.

4.1.5.1   Interne Kosten der Verbände

Als interne Kosten können unter Umständen nicht unbeträchtliche Summen anfallen, die verbandsinterne Aufwendungen betreffen. Hierzu zählen u. a. begleitende Gutachten an Externe, Personalkosten für die Klagebegleitung, die Recherche und Aufbereitung von Informationen, Büro- und Sachkosten sowie Kosten für Öffentlichkeits- und Pressearbeit. Untersuchungen über Kosten, die den Verbänden in diesem Bereich entstehen, liegen bislang nicht vor, dürften aber starken Schwankungen unterliegen. So ist davon auszugehen, dass bei einer Klage mit einer Gerichtsinstanz in der Regel die verbandsinternen Kosten durch ehrenamtliche Aufwendungen und die Abwicklung über die allgemeinen Bürotätigkeiten aufgefangen werden können. Bei Verfahren, die große Öffentlichkeitswirksamkeit entfalten und unter Umständen über mehrere Instanzen geführt werden, ist hingegen eine äußerst personal- und damit auch kostenintensive Begleitung verbunden.

4.1.5.2   Kosten aufgrund der Gerichte

Für die Kosten, die durch Entscheidungen eines Gerichts entstehen, bildet die Grundlage für den zu erstattenden Betrag aus dem Kostenfestsetzungsbeschluss der Streitwert, dessen Bemessung im Gerichtskostengesetz (GKG) geregelt ist. Der Streitwert beziffert den Wert der Streitsache und bildet die Basis für die Erhebung der Gerichts- und Anwaltsgebühren. Er stellt damit den zentralen Faktor für die Berechnung der Kosten eines Verfahrens dar. Die Festsetzung seiner Höhe richtet sich nach § 13 GKG (Wertberechnung in Verfahren vor Gerichten der Verwaltungsgerichtsbarkeit und Finanzgerichtsbarkeit). Nähere Bestimmungen für das Führen von Beschwerden gegen den Kostenfestsetzungsbeschluss finden sich in § 25 Abs. 3 GKG.

Maßgeblich bei der Bestimmung des Betrages soll nach § 13 Abs. 1 GKG die sich aus dem Antrag des Klägers für ihn ergebende Bedeutung der Sache sein. Lässt sich diese Bedeutung nicht ermitteln, so ist ein sogenannter Auffangwert von derzeit 4 000 Euro anzunehmen. Nicht zur Bedeutung der Sache zu zählen sind Faktoren wie der Umfang der Sache oder die wirtschaftlichen Verhältnisse des Beteiligten.[38] Entscheidend für die Bestimmung der Bedeutung ist der „Wert, den die Sache bei objektiver Beurteilung für den Kläger hat". Für die Beurteilung hinzuzuziehen sind Fragen der rechtlichen Tragweite der Entscheidung und die Auswirkungen, die ein Erfolg des Begehrens auf die Lage des Klägers hat. Dabei ist auch eine Bewertung ideeller Interessen rechtmäßig. Die Schwierigkeiten der Bewertung beim Eintreten für öffentliche Belange (wie im Falle von naturschutzrechtlichen Verbandsklagen), zieht aber nicht automatisch immer die Verwendung des Auffangwerts nach sich, sondern es können auch höhere Beträge festgesetzt werden.[39]

Ist der Streitwert einmal festgelegt, werden die Gerichts- und Anwaltsgebühren auf dieser Grundlage berechnet. § 11 GKG regelt die Höhe der Gebühren für das gerichtliche Verfahren, das Kostenverzeichnis (KV) in der Anlage zu § 11 GKG den Gebührensatz (für welche gerichtlichen Vorgänge wie viele Gebühren anfallen). Die Höhe der Anwaltsgebühren schreibt § 11 BRAGO (Bundesgebührenordnung für Rechtsanwälte) vor, während § 31 BRAGO die Anzahl möglicher Gebühren festlegt. Basis der Gebührenberechnung ist dabei die Gebührentabelle in der Anlage zum GKG. Die Gerichts- und Anwaltskosten eines Verfahrens für ein Urteil in 1. Instanz nach mündlicher Verhandlung könnten sich z. B. bei einem Streitwert von 10 000 € folgendermaßen ergeben:[40]

    3,5 x 196 €   Gerichtsgebühren nach § 11 GKG
1 Gebühr für das Betreiben eines Verfahrens, Ziffer 2110 KV,
2,5 Gebühren für das Endurteil, Ziffer 2115 KV,

+   2 x 486 € Anwaltsgebühren nach §§ 11 und 31 BRAGO (Klägeranwalt),
je eine Prozessgebühr gemäß § 31 Abs.1 Nr.1 BRAGO
und eine Verhandlungsgebühr gemäß § 31 Abs.1 Nr.2 BRAGO

+   2 x 486 € Anwaltsgebühren nach §§ 11 und 31 BRAGO
          Anwalt des Beklagten

2630 €
Gesamtkosten des Verfahrens, vom Verlierer zu tragen

(Je nach Kostenentscheidung des Gerichts können noch außergerichtliche Kosten der Beigeladenen hinzukommen.)
Bei einem Streitwert von 25 000 € lägen die Gesamtkosten bei 3 832,50 €.

---

[38] Siehe Kurzkommentar Hartmann (2000).
[39] BVerwG, Beschluss v. 22.03.95 - 11 A 1/95; siehe NVwZ-RR 1996, S. 237.
[40] Diese Rechnung ist beispielhaft und kann im Einzelfall ganz anders aussehen. Eventuelle Anwaltskosten, die z.B. für eine Beratung des Klienten entstehen, sind nicht berücksichtigt. Sollte es im Gerichtsverfahren eine Beweisaufnahme oder einen Erörterungstermin geben, erhält der Anwalt weitere Gebühren.

4.1.5.3 Anwendung des Streitwertkatalogs

Zur Orientierung und Vereinheitlichung der Streitwertpraxis wurde von Richtern der Verwaltungsgerichtsbarkeit 1991 ein „Streitwertkatalog für die Verwaltungsgerichtsbarkeit"[41] entworfen und 1996 überarbeitet, der den Gerichten Empfehlungen für die Praxis geben soll. Die Vorgaben stellen keine normativen (verbindlichen) Festsetzungen dar, da die Gerichte sich nach § 13 Abs.1 Satz 1 GKG einzig an der Bedeutung der Sache zu orientieren haben und bei Abweichungen dieser Bedeutung vom vorgeschlagenen Richtwert eine Anpassung an den Einzelfall möglich sein muss.[42] Zur Vereinheitlichung der Streitwertbemessung sollte den Richtwerten in der Regel jedoch gefolgt werden.

Im allgemeinen Teil des Streitwertkatalogs wird für Verbandsklagen unter Abschnitt I Nr. 4 Satz 2 StwK ein Mindeststreitwert von 10 000 € vorgesehen. Bei Verfahren des vorläufigen Rechtsschutzes beträgt der Streitwert in der Regel die Hälfte des für die Hauptsache anzunehmenden Wertes (Abschnitt I Nr. 7 Satz 1).

Zur Bemessung des Streitwertes im Einzelfall ist auch die Entscheidung des BVerwG vom 22.3.95[43] relevant. Erwähnt wird dabei die Bewertung einer Verbandsklage gegen einen Planfeststellungsbeschluss mit 100.000 DM[44] und gegen einen Planfeststellungsbeschluss wegen nicht ordnungsgemäßer Beteiligung mit 50.000 DM[45]. Weiterhin wurde das Kollektivinteresse eines Betriebsrates, der gegen eine atomrechtliche Genehmigung klagte, mit 60.000 DM bemessen.[46] In Anknüpfung an diese Rechtsprechung setzte das BVerwG in seiner Entscheidung vom 22.03.95 einen Streitwert von 40.000 DM fest. In diesem Verfahren stand die Mitwirkung des Naturschutzverbandes an der Zulassung eines Vorhabens in einem Naturpark im Streit.

4.1.5.4 Zu den Streitwerten in der Praxis

Die Streitwerte bei den Eilverfahren liegen in der Regel bei den Mindeststreitwerten, also niedriger als 10 000 €, wie im Streitwertkatalog vorgeschlagen. Bei den Hauptsacheverfahren gibt es allerdings erhebliche Unterschiede. Die höchsten Streitwertfestsetzungen lagen bei jeweils 100.000 DM. Dies betraf je eine Klage in Thüringen, Sachsen sowie eine Klage im Saarland. In Thüringen wurde nach einer Streitwertbeschwerde seitens des Verbandes der Streitwert noch auf 40.000 DM herabgesetzt. Der durchschnittliche Streitwert der 36 Verfahren, in der in der Hauptsache die Streitwerte ermittelt werden konnten, lag im Zeitraum 1996-2001 bei 29 000 DM (etwa 14.827 €).

Dieser durchschnittliche Streitwert liegt deutlich über der Empfehlung von 10.000 € als Streitwert für Verbandsklagen.[47] Aber selbst die an dieser Empfehlung orientierten Streitwerte sind aus Sicht der Naturschutzverbände zu hoch, weil auch bei 10.000 € ein

---

[41] Siehe NVwZ 1996, 563.
[42] Siehe StwK I Nr.1.
[43] BVerwG v. 22.03.95, AZ 11 A 1/95; siehe NVwZ-RR 1996, S. 237.
[44] BVerwG, Beschl. v. 29.4.93 – 7 A 3/92.
[45] BVerwG, Beschl. v. 25.1.95 – 4 A 9/93.
[46] BVerwG, Beschl. v. 9.7.92 – 7 C 32/91.
[47] Siehe den Streitwertekatalog mit empfehlendem Charakter in NVwZ 1996, 563 ff.

hohes Kostenrisiko besteht, dass praktisch zu einer (zusätzlichen) Einschränkung der Klagemöglichkeiten führt. Vor allem kleinere Verbände verfügen in der Regel nicht über ausreichende finanzielle und personelle Ressourcen, Klagen mit hohen Streitwerten führen zu können. Deshalb ist aus Sicht der Verbände eine gesetzliche Begrenzung der Streitwerte, wie sie beispielsweise im Entwurf der Sachverständigenkommission zum UGB[48] vorgeschlagen wird, von großer Bedeutung für die Wirksamkeit des Instrumentes Verbandsklage in der Praxis. Die darin vorgeschlagene Grenze von 20.000 DM wird allerdings – wie dargelegt – als zu hoch eingeschätzt.

4.2 Vertiefende Untersuchungen zu Verbandsklagen in den Ländern

Im Folgenden werden vertiefende und z.T. vergleichende Untersuchungen von Verfahren in Niedersachsen, Brandenburg und Sachsen-Anhalt unter Berücksichtigung der landesrechtlichen Regelungen vorgenommen. Vorab steht eine Betrachtung zur Erfolgsbewertung von Verfahren anhand von spezifischen Kriterien.

4.2.1 Differenzierende Kriterien der Erfolgsbewertung am Beispiel von Erledigungen und Vergleichen

In erster Linie wird bei der Analyse der Verfahrensergebnisse betrachtet, ob der Klage stattgegeben wurde oder sie abgewiesen wurde. Bezogen auf den Verband ist also entscheidend, ob das Verfahren gewonnen oder verloren wurde. Dabei müssen oft gerichtliches Ergebnis des Verfahrens, Klageziel des Verbandes, Folgen für das konkrete Schutzobjekt und eventuelle „goldene Worte" in der Urteilsbegründung bei der Bewertung einbezogen werden, um zu einer umfassenden Aussage über den Erfolg zu kommen und allen Aspekten sowohl aus juristischer als auch aus Verbandssicht gerecht zu werden.

Wenn sich diese Bewertungsprobleme schon bei letztinstanzlich entschiedenen Verfahren ergeben, sind sie bei Verfahren, welche durch Erledigungserklärung und Vergleich beendet wurden, ungleich größer. Für die meisten dieser Verfahren ergeben sich erst aus der Analyse der Hintergründe des Falles Ansatzpunkte zur Beurteilung des Erfolges der Klage. Um diese Hintergrundinformationen systematisch einordnen zu können, wird im Folgenden versucht, Kriterien für eine Bewertung der oben genannten verfahrensbeendenden Maßnahmen zu entwickeln. Es wird dabei eine Aussage zu den erreichten naturschutzfachlichen und -rechtlichen Erfolgen angestrebt, wobei der Erfolg für den Verband dabei maßgeblich ist. Die Kriterien werden in 4.2.2 an Fallbeispielen aus Niedersachsen und Brandenburg angewendet.

Für beide Ergebnisarten gilt, dass der Einschätzung der Ergebnisse das Hauptanliegen bzw. die wichtigsten Rügepunkte des Verbandes zugrundegelegt worden sind. Dabei wurde analysiert, welche Argumente der Verband gegen die Verwaltungsentscheidung vorbrachte, d.h. in welchen Bereichen die Belange des Naturschutzes aus Verbandssicht verletzt wurden. Es muss erwähnt werden, dass sich die vor Gericht vorgebrachten Argumente nicht zwangsläufig mit den wirklichen Anliegen der Verbände decken müssen, da

---

[48] Vgl. BMU (Hrsg.) Umweltgesetzbuch, UGB-KomE (1998).

für viele Bedenken gegen ein Projekt keine Klagebefugnis besteht und sie daher nicht vorgebracht werden können. Im Rahmen dieser Rechtssprechungs- bzw. Verfahrensanalyse kann sich deshalb nur mit den Punkten auseinandergesetzt werden, die auch in das Verfahren eingebracht wurden.

Legt man die „Null-Variante" zugrunde, d.h. vergleicht man das Erreichte mit dem Zustand, der eingetreten wäre, wenn es keine Verbandsklage gegeben hätte, kann man zumindest bei Vergleichen und Teilerfolgen immer von einem Erfolg ausgehen. Eine pauschale Bewertung im Sinne von „besser als nichts" ist zwar ausreichend, um die Existenz des Klagerechts zu rechtfertigen. Hier soll es aber um einen tieferen Einblick auch hinsichtlich der Ausgestaltung der Rechte in den Ländern gehen. Somit ergibt sich als Grundlage der Bewertung nicht die Frage, ob *irgendetwas* erreicht worden ist, sondern *was* erreicht werden konnte und ob die Durchsetzung von konkreten, durch die Verwaltungsentscheidung verletzten Naturschutzbelangen gelungen ist.

Vergleichsvereinbarungen enthalten immer eine Einigung von Kläger und Beklagtem und stellen für beide Seiten eine Kompromisslösung dar. Sie sind durch gegenseitiges Nachgeben gekennzeichnet und beenden in der Regel den Rechtsstreit.[49] Dies gilt für gerichtliche Vergleiche nach § 106 VwGO grundsätzlich, während es bei außergerichtlichen Vergleichen einer verfahrensbeendenden Erklärung der Beteiligten bedarf.[50] Von einer Abgabe dieser Erklärungen ist in den vorliegenden Fällen auszugehen.

Eine pauschale Einordnung von Vergleichen in die Erfolgsbetrachtung ist nicht einfach, denn dem Entgegenkommen des Gegners steht auch immer ein Verzicht auf bestimmte Forderungen seitens des Verbandes gegenüber. Jene Ursprungsforderungen bilden einen guten Ansatzpunkt für eine Bewertung des Vergleichs, denn die erreichte Einigung kann an den vorherigen Forderungen gemessen werden. Die Vergleichsvereinbarung sollte die wichtigsten Kritikpunkte des Verbandes aufgreifen und eine Annäherung an diese erkennen lassen. Würde z.B. ein bestimmtes Bauprojekt hauptsächlich wegen der Vernichtung eines prioritären Lebensraumes gemäß der FFH-Richtlinie angegriffen, könnte eine Vergleichsvereinbarung, in der eine Nutzung von Solarenergie für das Gebäude das einzige Zugeständnis an den Verband darstellt, hier nicht positiv bewertet werden. Zentral ist also die Frage, ob der konkret gerügten Verletzung von Naturschutzbelangen durch die Vereinbarung Rechnung getragen wurde und ob bezogen auf die Rügen ein Ausgleich oder eine Abänderung des ursprünglichen Vorhabens vereinbart worden ist.

Die Untersuchung von Erledigungserklärungen stellt hauptsächlich auf den Grund für die Abgabe einer solchen Erklärung ab. Ein Klagebegehren hat sich dann erledigt, wenn nach Rechtshängigkeit der Klage ein Ereignis eintritt, welches ein Weiterführen des Verfahrens nicht mehr sinnvoll erscheinen lässt.[51] Dies kann z.B. bei Fristablauf eines zeitlich begrenzten Genehmigungsbescheides der Fall sein, was im Bereich von naturschutzrechtlichen Verbandsklagen eher seltener vorkommt. Eine solche Sachlage wäre dann jeden-

---

[49] Siehe Hufen (1998), § 37, Rn. 25.
[50] Siehe Schenke (1997), Rn. 1102 ff.
[51] Siehe Schenke (1997), Rn. 1111 ff.

falls als Erfolg für den Naturschutz einzuschätzen, da das genehmigte Vorhaben nicht mehr umgesetzt werden kann. Meist ist jedoch durch Tätigwerden der Beklagten eine Änderung der Situation eingetreten, so dass ein Weiterverfolgen der Klage in der gegenwärtigen Sachlage nicht mehr nötig oder möglich ist. Als Beispiel kann das Verfahren gegen eine Befreiung für die Durchführung von Motorsportrennen in einem Landschaftsschutzgebiet angeführt werden:[53] die Änderung der Schutzgebietsverordnung wirkt sich dahingehend negativ auf Naturschutzbelange aus, dass die Motorsportrennen künftig ohne Befreiungserfordernis durchgeführt werden dürfen.

Unter 4.2.2 werden nur jene Verfahren näher erläutert, deren Ergebnis bzw. Hintergrund nicht so eindeutig als Erfolg oder Misserfolg zu werten ist wie im gerade erwähnten Beispiel. Maßgeblich für die Bewertung ist somit, ob die Änderung der Sachlage dem Verband und seinen Naturschutzinteressen entgegenkommt oder nicht.

Tabelle 8: Kriterien zur Erfolgsbewertung

Vergleich	Wurde der konkret gerügten Verletzung von Naturschutzbelangen durch die Vereinbarung Rechnung getragen und bezogen auf die Rügen ein Ausgleich oder eine Abänderung des ursprünglichen Vorhabens vereinbart?
Erledigungserklärung	Kommt die Änderung der Sachlage dem Verband und seinen Naturschutzinteressen entgegen oder nicht?

4.2.2 Vergleichende Untersuchung Niedersachsen und Brandenburg[54]

In den Jahren 1997-2000 sind in Niedersachsen 11 und in Brandenburg 15 Verfahren zu verschiedenen administrativen Maßnahmen entschieden bzw. eingeleitet worden. Insgesamt können in dieser Untersuchung also 26 Fälle betrachtet werden. Davon waren 20 zum Untersuchungszeitpunkt vollständig abgeschlossen und sechs noch ohne endgültiges Ergebnis.

Die Auswahl gerade dieser Länder gründete sich auf verschiedene Erwägungen. Zum einen existieren die Regelungen in beiden Ländern seit Anfang der neunziger Jahre, so dass für den hier zu Grunde gelegten Zeitraum schon von einer gewissen Vertrautheit der Verbände und der Gerichte mit dem Instrument ausgegangen werden kann. Zum anderen lagen für die genannten Länder im betrachteten Zeitraum im Vergleich zu anderen Ländern erheblich mehr Klagen vor, wodurch die Repräsentativität der Ergebnisse besser gewährleistet ist. Zusätzlich boten die jeweiligen Landesregelungen einen guten Ansatzpunkt, da sie sich in ihrer Ausgestaltung deutlich unterscheiden und Aussagen im Hin-

---

[53] VG Osnabrück, 2 A 12/96.

[54] Aufbauend auf den Materialien der Fallsammlung wurde im Rahmen der Diplomarbeit von Marion Rosenbaum(geb.Lüdke) an der Universität Lüneburg eine detaillierte Untersuchung der für die Länder Niedersachsen und Brandenburg vorliegenden Fälle vorgenommen. Dabei wurde der Untersuchungszeitraum auf die Jahre 1997-2000 bezogen.

blick auf die Auswirkungen der gesetzlichen Regelungen auf den Erfolg für den Naturschutz ermöglichen.

4.2.2.1 Klagegegenstände[55]

Die Klagegegenstände bzw. die Mitwirkungsfälle wurden getrennt danach erfasst, ob sie auf Bundes- oder Landesregelungen basierten.[56] Durch die separate Auswertung wurde eine Aussage darüber ermöglicht, inwieweit die landesrechtlichen Erweiterungen von den Verbänden in Anspruch genommen wurden.[57]

Abbildung 1: Gesamtbetrachtung der Klagegegenstände in Niedersachsen und Brandenburg im Zeitraum 1997-2000

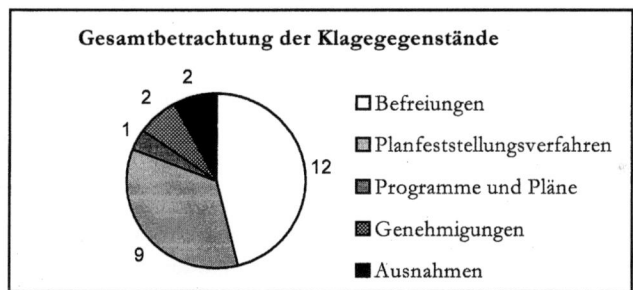

Es zeigt sich ein deutlicher Schwerpunkt bei Klagen, die sich gegen Befreiungen jeglicher Art und gegen Planfeststellungsverfahren richten. Diese beiden Klagegegenstände nehmen also die wichtigste Position im Mitwirkungs- und Klagekatalog im Untersuchungszeitraum ein.[58]

Ein Gesamtvergleich der Verfahren nach Bundes- oder Landesrecht zeigt auf, dass sich die Mehrheit der Fälle (16 von 26) auf Klagegegenstände stützt, die auf Landesrecht basieren. Dieses Übergewicht der Verfahren gemäß Landesrecht beruht jedoch hauptsächlich auf der Auswertung der brandenburgischen Verfahren. Dort liegt der Anteil der „Landesrecht-Verfahren" bei 73 %. In Niedersachsen ist die Verteilung deutlich ausgewogener. Etwa die Hälfte der Klagen stützt sich auf Bundes-, die andere auf Landesrecht. Nichtsdestotrotz wird der Stellenwert der Länderregelungen offensichtlich.

---

[55] Detailaufstellung mit Zuordnung der einzelnen Verfahren zu den Klagegegenständen und Bundesländern, siehe Anhang.

[56] Da die untersuchten Klagen auf der Grundlage des BNatSchG a.F. (vor Inkrafttreten des BNatschG n.F.) geführt wurden, werden auch die damals geltenden Vorschriften für die Analyse zugrundegelegt. Verweise auf das Bundesrecht beziehen sich daher immer auf die Regelungen des BNatSchG a.F. Eine Darstellung dieser Vorschriften findet sich im Anhang zu Bundesregelungen.

[57] Dabei sollen die „Klagegegenstände nach Bundesrecht" nicht dahingehend verstanden werden, dass es hier nur Beteiligungsklagen geben kann. Befreiungen und Planfeststellungsverfahren wurden von den Ländern in ihre Klageregelungen übernommen. Da die Länder jedoch in ihren Vorschriften auf die Bundesregelung verweisen, indem sie für die dort genannten Punkte eine Klagebefugnis erteilen, gelten diese Punkte hier als „auf Bundesrecht basierend".

[58] Vgl. 4.1.2.

Das brandenburgische Ergebnis hinsichtlich des Überwiegens der „Landesrecht-Klagen" ist erstaunlich, da durch die sehr weitgehenden Regelungen in Niedersachsen eher hier eine verstärkte Inanspruchnahme des Landesrechts zu vermuten gewesen wäre.[59] Dies bestätigte sich jedoch nicht. Die brandenburgische Landesregelung wurde vielmehr als eher unzureichend bewertet. Dennoch liegen für Brandenburg wesentlich mehr „Landesrecht-Klagen" vor. Eine Erklärung für diese Ergebnisse kann die Beschränkung des Untersuchungszeitraumes auf 4 Jahre sein. In diesem doch recht kurzen Zeitraum können aufgrund der begrenzten Kapazitäten der Verbände gar nicht alle einzelnen Klagemöglichkeiten ausgeschöpft werden. Es werden zudem nicht jedes Jahr alle Arten der Genehmigungen von den Behörden in gleichem Umfang erteilt, so dass auch nicht regelmäßig alle Einzelbestandteile des Klagekatalogs zur naturschutzfachlichen Diskussion stehen. Möglich wäre außerdem auch, dass die Genehmigungsverfahren ordnungsgemäß abgelaufen sind und die Verbände keine Veranlassung zur Klage gehabt haben.

Bei der Betrachtung der Verfahren nach Bundesrecht wird deutlich, dass sich sowohl in Niedersachsen als auch in Brandenburg die Klagen fast ausschließlich gegen Planfeststellungsbeschlüsse richten. Es muss jedoch hinzugefügt werden, dass die Mehrheit der im Untersuchungszeitraum in Niedersachsen anhängigen Planfeststellungsverfahren ohne Verbandsintervention abgeschlossen werden konnten. Lediglich fünf von 73 Planfeststellungsverfahren wurden Gegenstand eines Gerichtsverfahrens.

Es fällt weiterhin auf, dass die niedersächsischen Planfeststellungsverfahren anscheinend ohne nennenswerte formelle Fehler ablaufen (keine Beteiligungsklagen). Die Mängel liegen vielmehr in der nicht fehlerfreien Abwägung bzw. rechtsfehlerhaften Gewichtung der Naturschutzbelange. In Brandenburg hingegen haben in drei von vier Fällen die - aus Verbandssicht - erforderlichen Planfeststellungsverfahren nicht einmal stattgefunden. Hier scheint also auch ein Defizit im Bereich der ordnungsgemäßen Anwendung des Verfahrensrechts vorzuliegen.

Für den Klagegegenstand Befreiungen lässt sich feststellen, dass gar keine Klagen gegen Befreiungen von Schutzbestimmungen für Nationalparks erhoben wurden, obwohl in Niedersachsen der Anteil an Stellungnahmen dazu deutlich höher ist als der Anteil bzgl. Befreiungen für Naturschutzgebiete. Im Untersuchungszeitraum wurden beim BUND Niedersachsen immerhin 124 Befreiungsverfahren für Nationalparke zur Stellungnahme eingereicht, während für Befreiungen von Naturschutzgebietsverordnungen in nur 33 Fällen eine Beurteilung des Verbandes gefragt war. Umso erstaunlicher ist ein Fehlen von Klagen gegen die Nationalpark-Befreiungen, da man annehmen könnte, die Bewahrung des hohen Schutzstatus dieser Gebiete würde zu einem besonderen Engagement der Verbände führen.. Für Brandenburg lagen hierzu keine Daten vor.

4.2.2.2 Streitwerte

Die Datenauswertung bezogen auf den Mindeststreitwert des Streitwertkatalogs führte zu interessanten Ergebnissen. In einer Gesamtbetrachtung beider Länder wurden nur in neun von 24 Verfahren Werte angesetzt, die dem Mindeststreitwert entsprachen oder ü-

---

[59] Vgl. 3.2.1.

ber ihn hinausgingen. Der Streitwertkatalog als Mittel zur Vereinheitlichung der Streitwertpraxis hat für Verbandsklagen damit nur untergeordnete Bedeutung, da sich keine gleichartige Bemessungspraxis für Verbandsklagen aller Art erkennen lässt. Die Gerichte scheinen in den meisten Fällen ausschließlich dem Grundsatz zu folgen, den Streitwert an der Bedeutung der Sache zu messen, und fällen daher Einzelentscheidungen. Die Nichtbeachtung des Mindeststreitwerts ist in Brandenburg ausgeprägter als in Niedersachsen, da der Wert hier in nur vier von 13 Fällen erreicht wird.

Es fällt auf, dass die Verfahren, deren Streitwert den Mindestwert erreicht oder überschreitet, in sieben von neun Fällen Klagen gegen Planfeststellungsbeschlüsse darstellen. Diese Form von Verwaltungsentscheidung wird bis auf eine Ausnahme („Deicherhöhung am Jadebusen") am höchsten bewertet. Selbst in diesen Fällen lässt sich aber keine einheitliche Kostenfestsetzung bzw. Orientierung an höchstrichterlicher Rechtsprechung erkennen. Lediglich die Werte der Klagen, welche in Brandenburg vor dem VG Cottbus verhandelt wurden, weisen eine Überstimmung mit einer Entscheidung des BVerwG auf[60], in der eine Klage gegen ein Planfeststellungsverfahren wegen nicht ordnungsgemäßer Beteiligung mit 50.000 DM (etwa 25 565 €) bemessen wurde. Damit orientiert sich nur das VG Cottbus an der Rechtsprechung des Bundesverwaltungsgerichts. Das OVG Frankfurt/Oder schließt sich im Rahmen einer (abgelehnten) Streitwertbeschwerde der Einschätzung des VG Cottbus an.[61]

Die niedersächsischen Kostenentscheidungen bei Klagen gegen Planfeststellungsverfahren liegen zum Teil deutlich niedriger und verzeichnen Werte zwischen 20.000 und 40.000 DM (etwa 10.226 und 20452 €). Im Verfahren gegen die „Deicherhöhung am Jadebusen" wurde sogar nur der Auffangstreitwert verhängt.

In keinem der untersuchten Verfahren wurde der allgemeine Richtwert des Streitwertkatalogs von 100.000 DM (etwa 51.129 €) für Klagen drittbetroffener Gemeinden angesetzt, der nach der Entscheidung des BVerwG[62] auch für Verbandsklagen gegen Planfeststellungsbeschlüsse angenommen werden kann.

Zu erwähnen ist außerdem das häufige Verwenden des Auffangstreitwerts bei Befreiungen. Möglicherweise sind die zugrundeliegenden Sachverhalte vom Gericht in ihrer Bedeutung für den Kläger wesentlich schwerer einzuschätzen als bei Planfeststellungsverfahren, so dass wegen fehlender Anhaltspunkte auf den Auffangwert zurückgegriffen wird. Wahrscheinlicher ist jedoch, dass die Auswirkungen der in der Regel eher kleineren Vorhaben, die durch Befreiungen genehmigt werden, als nicht so gravierend angesehen werden, und daher die Bedeutung der Sache für den Verband vom Gericht verhältnismäßig niedrig eingestuft wird.

Die Analyse der letztinstanzlichen Gesamtbelastung der Verbände zeigt, dass immerhin acht von 24 Verfahren ohne Kostenbelastung seitens der Verbände abgeschlossen werden konnten. In einem Drittel der Fälle hatte der jeweilige Verband also keine finanziellen Aufwendungen durch Gerichtsentscheidungen zu tragen. Allerdings sind in Nie-

---

[60] Vgl. BVerwG, Beschluss v. 25.01.95 – 4 A 9/93.
[61] OVG Frankfurt/Oder, Beschwerdebeschluss vom 15.11.00, 4 E 67/00.
[62] BVerwG v. 29.04.93, 7 A 3/92.

dersachsen in jedem dieser Verfahren auch nur Streitwerte von 4.000 € zu verzeichnen gewesen. Bei den Verfahren mit deutlich höheren Werten lässt sich auch eine hohe Kostenbelastung der Verbände nach Verfahrensabschluss nachweisen.

In Brandenburg ergibt sich ein ähnliches Bild. Einzig im Fall „Wohnbebauung im Naturpark Märkische Schweiz"[63] wurden hohe Streitwerte verhängt, wobei der Verband die daraus resultierenden Gebühren aber nicht zu tragen hatte. Ansonsten weisen die Verfahren mit „Null-Belastung"[64] der Verbände niedrige Streitwerte auf. Bezüglich der Verfahren mit „Null-Belastung" soll noch darauf hingewiesen werden, dass in drei Fällen die für den Verband sehr positive Kostenregelung im Rahmen eines Vergleichs von den Beteiligten selbst festgesetzt wurde. Daraus lässt sich in der Regel eine günstige Verfahrensposition des jeweiligen Verbandes ableiten, ohne die der Verbandsgegner die Kostenzugeständnisse vermutlich nicht eingeräumt hätte – sei es wegen guter Erfolgsaussichten der Klage oder wegen der durch die Klage befürchteten weiteren zeitlichen Verzögerung des Projekts.

4.2.2.3 Analyse der Verfahrensergebnisse

Die in 4.2.1 entwickelten Kriterien werden nun an Fallbeispielen aus Niedersachsen und Brandenburg konkret angewandt.

Kriterium zur Erfolgsbewertung von Vergleichen
Wurde der konkret gerügten Verletzung von Naturschutzbelangen durch die Vereinbarung Rechnung getragen und bezogen auf die Rügen ein Ausgleich oder eine Abänderung des ursprünglichen Vorhabens vereinbart?

Fallbeispiel „Wendig-Wäldchen"[65]
Im Biosphärenreservat Spreewald sollte die Auslagerung von Gewerbe aus einer Ortschaft und die Errichtung eines neuen Gewerbegebietes umgesetzt werden. Der klagende Verband wendet sich gegen die erteilte Befreiung mit den Argumenten: Es hätte nicht „nur" eine Befreiung von Verboten der Biosphärenreservatsverordnung, sondern eine Ausgliederung der Fläche aus dem Schutzgebiet erfolgen müssen. Weiterhin werde keine Notwendigkeit zur Auslagerung des Gewerbes gesehen und eine Beeinträchtigung des Landschaftsbildes an der geplanten Stelle befürchtet. Dies sei insbesondere deswegen abzulehnen, weil das betroffene Gebiet das „Einfallstor" zum Spreewald darstelle und die Mehrheit der Touristen es passiere. Durch die Bebauung würde außerdem eine Schädigung des Naturhaushaltes eintreten und bisher vernetzte Biotope würden getrennt. Über 30 auf Roten Listen stehende Arten seien dadurch gefährdet.

Das Verfahren endete mit einem Vergleich. Dieser sieht die Errichtung des Gewerbegebietes an der geplanten Stelle unter Auflagen vor. In den Auflagen enthalten sind Vorgaben zur Bauart und Bauformen der Gebäude (spreewaldtypische Fassaden und Verblendungen), Maßnahmen zur Aufwertung der vorhandenen Landschaft (Aufforstungen,

---

[63] OVG Frankfurt/Oder, 3 A 161/97.
[64] Vgl. 4.1.3.
[65] VG Cottbus, 5 K 2140/97, Fall Nr. 37 der Tabelle in Anhang II.

Schaffung von Brutplätzen etc.) sowie Auflagen für energieeffiziente Heizungsanlagen und die Nutzung regenerativer Energien zur Warmwasserversorgung. Für den Fall der Nicht-Erfüllung der Auflagen sind umfangreiche Renaturierungsmaßnahmen an anderer Stelle vorgesehen.

Mit den Auflagen zu Bauart und -form wird dem Kritikpunkt der Beeinträchtigung des Landschaftsbildes Rechnung getragen, denn diese kann dadurch gemildert werden. Es wird versucht, der Zerstörung der Biotope bzw. ihrer Vernetzung durch Schaffung von Brutplätzen und Anpflanzung verschiedener Baumarten entgegenzuwirken. Diese Anpflanzungen dienen auch der Verbesserung des Landschaftsbildes nach dem Bau. Bemerkenswert sind die Vereinbarungen im Falle der Nicht-Einhaltung der Auflagen, so dass eine Beachtung von Naturschutzbelangen grundsätzlich sichergestellt ist.

Aufgrund der erheblichen Einflussnahme auf Bauweise, Anlage und Erscheinungsbild des Gewerbegebietes durch den Vergleich findet hier eine positive Zuordnung statt. Die Bestimmungen zur Energienutzung können zwar zusätzlich positiv bewertet werden, spielen aber für die Anwendung des Kriteriums keine Rolle, da sie sich nicht auf die vorgebrachten Rügen beziehen.

Diese Bewertung deckt sich vollständig mit der Einschätzung des Verbandes.

Fallbeispiel „Deicherhöhung am Jadebusen"[66]
Der Verband wendet sich gegen einen Planfeststellungsbeschluss zur Erhöhung und Verstärkung eines Deichteilstückes am Jadebusen. In das zugehörige Planfeststellungsverfahren wurden zwei Bauvarianten eingebracht. Variante A sieht eine Verstärkung des Deiches im Deichvorland vor, während Variante B hauptsächlich binnenseitige Baumaßnahmen umfasst. Gerügt wird die fehlerhafte Entscheidung der Behörde für Variante A, da bei dieser Bauweise wertvolle Flächen der u.a. durch § 28a NdsNatSchG geschützten Salzwiesen vernichtet würden. Die andere Variante stelle eine umweltverträglichere Lösung dar, die den Anforderungen der Deichsicherheit genüge.

Im Eilverfahren wird dem Antrag des Verbandes stattgegeben und die aufschiebende Wirkung der Klage wiederhergestellt. Das Gericht sieht es als wahrscheinlich an, dass im Hauptverfahren ein Verstoß des Planfeststellungsbeschlusses gegen § 28a NdsNatSchG und gegen europäisches Recht im Hinblick auf die EU-Vogelschutzrichtlinie und die FFH-Richtlinie festgestellt werden könnte. Insbesondere wird die unzureichende Auseinandersetzung mit einer eventuellen Alternativlösung vom Gericht beanstandet. Da die Baumaßnahmen aber schon begonnen haben und bei Abbruch der Arbeiten ein instabiler Deich zurückgelassen würde, werden weitere Bauarbeiten zur Wintersicherung des Deiches genehmigt, die den in Variante A vorgesehenen ähneln. Das Gericht weist den Bauherrn aber auf einen drohenden Rückbau hin, der bei Obsiegen des Verbandes im Hauptverfahren angeordnet werden könnte.

Der abgeschlossene außergerichtliche Vergleich sieht eine Änderung des Planfeststellungsbeschlusses dahingehend vor, dass die vorgesehenen Kompensationsmaßnahmen für die Inanspruchnahme von Salzwiesen abgeändert werden. Es sollen nun bestimmte

---
[66] VG Oldenburg, 1 A 1855/96, Fall Nr. 68 der Tabelle in Anhang II.

Flächen zu Salzwiesen entwickelt werden. Bei dauerhafter Vernichtung der Flächen wird ein Ausgleich im Verhältnis 1:1 bestimmt. Für die vorübergehende Beeinträchtigung der Salzwiesen durch Bauarbeiten und Kleiabbau wird ein geringeres Verhältnis von gestörter zu neu zu schaffender Fläche festgesetzt.

Die Vergleichsvereinbarung hat den zentralen Kritikpunkt des Verbandes, den Verlust von Salzwiesen durch die Baumaßnahmen, zum Gegenstand. In ihr werden Ausgleichsmaßnahmen beschlossen, die diesen Lebensraum in gleichem Umfang an anderer Stelle neu entstehen lassen. Zwar wäre ein komplettes Verhindern der Baumaßnahme in der gerügten Variante der größte Erfolg für den Naturschutz gewesen, aber durch die begonnenen Bauarbeiten war eine Beeinträchtigung schon eingetreten. Eine Störung des Lebensraums war also nicht mehr zu vermeiden. Selbst bei gerichtlich angeordnetem Rückbau des Deiches nach Beendigung des Hauptverfahrens wäre (im Idealfall) nur der ursprüngliche Zustand wiederhergestellt worden.

Durch die im Vergleich vereinbarte Schaffung von zusätzlichen Ausgleichsflächen für die vorübergehende Störung des Lebensraumes wird insgesamt ein größeres Gebiet als Salzwiese neu geschaffen als zerstört worden ist. Demnach wird durch den Vergleich bezogen auf die Fläche ein besseres Ergebnis erzielt, als das Hauptverfahren es vermocht hätte. Die Vergleichsvereinbarung regelt zwar keine Abänderung des ursprünglichen Vorhabens, garantiert aber einen Ausgleich der vom Verband gerügten Beeinträchtigung, so dass die gefundene Lösung in der vorliegenden Situation positiv gewertet werden kann.

Der Verband schätzt das Ergebnis ähnlich ein.

Fallbeispiel „Kanalbrücke Seehausen"[67]

Der Verband wendet sich hier gegen Brückenbauarbeiten zur Erneuerung einer Kanalbrücke im Biosphärenreservat Schorfheide-Chorin. Die alte Holzbrücke, die in die Landschaft eingepasst ist und nicht über den Schilfgürtel am Kanal hinausragt, soll durch eine neue, deutlich höhere Betonbrücke ersetzt werden. Neben der Absicherung des Verkehrs auf der die Brücke kreuzenden Kreisstraße dient die Maßnahme vor allem dem Ausbau der touristischen Infrastruktur, da die Anhebung der Brücke eine Schiffbarmachung des Kanals für die Fahrgastschifffahrt bedeutet. Insbesondere die Anhebung der Brücke und die damit einhergehende Schiffbarmachung ist Gegenstand der Rüge des Verbandes. Es wird eine Zerstörung des Landschaftsbildes durch das Bauwerk und eine Beeinträchtigung der am Kanal lebenden Vogelwelt durch den Schiffsverkehr befürchtet.

Laut Vergleichsvereinbarung kann die Brücke in der vorgesehenen Weise errichtet werden. Der Landkreis als Beklagter verpflichtet sich aber zur strengen Regulierung des Schiffsverkehrs auf dem Kanal (nur gewerbliche Nutzung, keine Durchfahrt für private Motorboote oder Segelboote mit Motor) und zu sonstigen Auflagen, die auch die Nutzung der an den Kanal angrenzenden Seen durch Motorboote beschränken und eine Naturverträglichkeit der Nutzung vorschreiben.

---

[67] VG Potsdam, 5 K 237/00, Fall Nr. 42 der Tabelle in Anhang II.

Es haben sich durch die Vereinbarungen keinerlei Zugeständnisse an die ursprünglich vom Verband gerügten Punkte ergeben. Die Brücke wird genauso gebaut, wie von der Behörde beabsichtigt. Damit wird neben der Beeinträchtigung des Landschaftsbildes durch die Anhebung des Bauwerks auch die Schiffbarmachung durchgesetzt. Vorkehrungen zur Entschärfung der Zerstörung des Landschaftsbildes sind nicht vorgesehen. Die vereinbarten Beschränkungen des Schiffsverkehrs können hier nicht als angemessener Ausgleich für die Beeinträchtigungen gewertet werden. Es werden keine Regelungen zur Beschränkung der Häufigkeit der Befahrung vereinbart, sondern nur die Nutzung auf gewerbliche Zwecke begrenzt. Die Störung der Vogelwelt lässt sich durch die Nutzungsbeschränkung nicht vermeiden, auch wenn die Häufigkeit der Befahrung reduziert wird, da ein vorher ungestörtes Gebiet jetzt vom Menschen genutzt werden soll. Das Ergebnis wird daher negativ bewertet.

Dem durch die Anwendung der Kriterien auf den Schriftsatz der Vergleichsvereinbarung negativen Bild steht die Auskunft des Geschäftsführers des klageführenden Verbandes gegenüber.[68] Demnach sei der Vergleich ein großer Erfolg, da hierin Problempunkte geregelt werden konnten, die im Rahmen einer Klage niemals rügefähig gewesen wären. Der bisher starke Motorbootverkehr auf dem Kanal (Anm. der Verf.: diese Tatsache ließ sich den Verfahrensunterlagen nicht entnehmen) und auf den angrenzenden Seen sei dem Verband schon lange ein Ärgernis gewesen. Die Anhebung der Brücke diene lediglich dem Schiffbarmachen für die gewerbliche Nutzung, da die Fahrgastschiffe deutlich größer seien als die bislang dort verkehrenden Motorboote. Es sei also eine deutliche Verbesserung gegenüber dem Ursprungszustand erreicht worden, da Motorboote jetzt nicht mehr fahren dürften. Ein ein- oder zweimal am Tag fahrender Dampfer wäre bei weitem nicht so naturbeeinträchtigend wie die Motorboote, die dort in viel größerer Zahl und Geschwindigkeit gefahren seien. Es habe sich aber bisher nicht einmal ein Betreiber für die Seerundfahrten gefunden, so dass den Kanal momentan gar kein Schiffsverkehr passiere.

Fallbeispiel „Radwegeausbau Amt Storkow"[69]
Der Verband kritisiert eine Befreiung von der gesetzlichen Veränderungssperre in zwei Gebieten. Betroffen sind ein geplantes Naturschutzgebiet und ein geplantes Landschaftsschutzgebiet. Durch den Ausbau von Radwegen soll hier eine touristische Erschließung erfolgen. Gerügt wird die Beeinträchtigung der Naturschutzbelange durch die geplante Aufbringung einer zwei Meter breiten Bitumendecke, die das Wurzelwerk der am Wege stehenden alten Bäume dauerhaft versiegelt würde. Der landschaftsuntypisch versiegelte Weg verursache außerdem eine Störung des Landschaftsbildes und eine so starke Befestigung sei weiterhin nicht erforderlich, da die Befahrung durch landwirtschaftlichen Verkehr sehr gering sei und kaum Schäden an den Wegen verursache.

Die Beteiligten einigen sich auf den Ausbau der Wege mithilfe von zwei gepflasterten Fahrstreifen von je 80 Zentimeter Breite. Zwischen den Fahrstreifen soll ein mindestens 80 Zentimeter breiter begrünter Mittelstreifen aus Schotterrasen errichtet werden. Ein

---

[68] Telefonische Auskunft vom Geschäftsführer des NABU Brandenburg, vom 02.07.01.
[69] VG Frankfurt/Oder, 7 L 644/99, 7 K 1224/99, 7 K 3223/99, Fall Nr. 29 der Tabelle in Anhang II.

Teil des Weges war bis zur Einigung der Beteiligten schon asphaltiert worden. In der Vereinbarung wird die Verwendung von farblich angepasstem hellen Belag festgesetzt, der den Ausführungen im landschaftspflegerischen Begleitplan entspreche. Alle Beteiligten stimmen darin überein, dass diese Form des Ausbaus als eine die Natur weniger beeinträchtigende Variante anzusehen sei.

Hauptargumente des Verbandes in der Klageschrift war die Beeinträchtigung der am Wege stehenden Bäume und des Landschaftsbildes. Durch die vereinbarte Ausbauform wird beiden Gesichtspunkten Rechnung getragen. Durch die Reduzierung der Versiegelung auf insgesamt 1,6 Meter und die Verwendung von Pflastersteinen statt einer geschlossenen Bitumendecke werden die Baumwurzeln weniger beeinträchtigt. Auch der Mittelstreifen trägt dazu bei. Er dient gleichzeitig auch der Verringerung der Störung des Landschaftsbildes. Den gleichen Zweck erfüllt die Wahl des Asphaltbelags. Der Vergleich wird demzufolge als Erfolg gewertet.

Kriterium zur Bewertung einer Erledigungserklärung
Kommt die Änderung der Sachlage dem Verband und seinen Naturschutzinteressen entgegen oder nicht?

Fallbeispiel „Parkplatz im NSG Emmerthal"[70]
In einem Naturschutzgebiet wurde zur Errichtung von Parkplätzen für die Teilnehmer eines Reitturniers eine Befreiung erteilt. Gegen diese Befreiung wendet sich der Verband mit der Begründung, aufgrund der vorhandenen Standortalternativen der Parkplätze sei keine Härte im Sinne des Befreiungstatbestandes gegeben. Die Befreiung hätte demzufolge nicht erteilt werden dürfen.

In der mündlichen Verhandlung erklärte die Beklagte, die Erteilung einer erneuten Befreiung zu überdenken und die Alternativen detailliert zu prüfen. Sollte es trotzdem zu einer Genehmigung der Parkplätze kommen, würde diese so rechtzeitig ergehen, dass der Verband gegebenenfalls Rechtsschutz in Anspruch nehmen könne. Daraufhin erklärten die Beteiligten das Verfahren für erledigt. In der Kostenentscheidung weist das Gericht auf den wahrscheinlichen Erfolg der Klage hin und überträgt daher der Beklagten die Kostenlast.

Die Anlage von Parkplätzen konnte kurzfristig verhindert werden. Ob die Befreiung nach erneuter Prüfung dennoch erfolgen wird, steht zum Zeitpunkt der Erledigung zwar noch nicht fest, aber nach gerichtlichem Hinweis auf die wahrscheinliche Rechtswidrigkeit der ursprünglichen Befreiung ist mit einer ernsthaften Auseinandersetzung mit den Alternativen zu rechnen. Falls dies nicht zur Zufriedenheit der Verbände geschieht, ist wiederholter Rechtsschutz möglich. Das Ergebnis wird somit positiv eingestuft, da sich die Sachlage zugunsten des Verbandes geändert hat.

Die grundsätzlich positive Bewertung der Einigung teilt der Verband zwar.[71] Jedoch sind die Umstände, unter denen diese Einigung zustande kam, recht interessant für die

---

[70] VG Hannover, 1 A 1398/96.Hi, Fall Nr. 66 der Tabelle in Anhang II.
[71] Telefonische Auskunft von LBU Niedersachsen v. 27.06.01.

Einschätzung des Ergebnisses. Auf den Kompromiss habe sich der Verband nämlich nur eingelassen, weil ein Sieg des Verbandes vor Gericht nach Auskunft der zuständigen Behörde eine Entlassung des betreffenden Gebietes aus dem Schutzgebiet nach sich gezogen hätte. So hätte man die Unvereinbarkeit der Parkplatzgenehmigung mit den Schutzzielen der Schutzgebietsverordnung aufgelöst. Dies ist natürlich keinesfalls im Interesse des Verbandes, da das Gebiet dann jeglichen Einwirkungsmöglichkeiten seitens des Verbandes entzogen worden wäre. Nun hat der Verband anstelle der Entlassung des Gebiets eine Änderung der Schutzverordnung hinzunehmen, nach der die (jährlich stattfindende) Veranstaltung inklusive der Parkplätze grundsätzlich erlaubt ist, jedoch Auflagen zu erfüllen sind. Nach Auskunft des Verbandes sei diese Regelung als gerade noch hinnehmbar, aber nicht unbedingt positiv zu bewerten.

Gesamtdarstellung der untersuchten Fälle

Tabelle 9: Übersicht über die Bewertungsergebnisse anhand der Kriterien

	Gesamtanzahl betrachteter Verfahren	Davon positiv	Davon negativ
Vergleich	4	3	1
Erledigung	1	1	0

Es fällt auf, dass die Verfahrensergebnisse Vergleiche und Erledigungserklärungen überwiegend positiv bewertet wurden und Verfahren betreffen, in denen sich die Beteiligten geeinigt haben oder in denen durch Einlenken der gegnerischen Partei ein Ergebnis erzielt werden konnte. Nimmt man die Bewertung aus Verbandssicht hinzu, sind sogar alle Vergleiche erfolgreich abgeschlossen worden.

Es lässt sich daraufhin vermuten, dass sich bei außergerichtlichen Einigungen jeglicher Art bessere Ergebnisse für den Naturschutz erzielen lassen als durch Richterspruch (siehe nachfolgende Gesamtbetrachtung der Ergebnisse), wobei auf die begrenzte Anzahl der Fallbeispiele hingewiesen werden muss.

Die Kriterien haben sich überwiegend als gut anwendbar herausgestellt. Sie dienen dazu, ein differenzierteres Bild der Verfahrensergebnisse zu vermitteln und so die Einschätzung der Erfolge des Instruments der Verbandsklage zu erleichtern. Es hat sich jedoch auch gezeigt, dass nicht immer (wie im Fall „Kanalbrücke Seehausen") alle Punkte gerügt werden, die aus Verbandssicht eine Beeinträchtigung der Natur verursachen. Das führt eventuell zu Vergleichsvereinbarungen, die einem Außenstehenden negativ erscheinen, weil kaum auf die angegriffenen Inhalte eingegangen wird. Vergleiche bieten den Verbänden in so einem Fall die Gelegenheit, andere, schon lange kritisch beurteilte Beeinträchtigungen von Natur und Landschaft zu unterbinden. Neben der Anwendung der Kriterien anhand der Verfahrensunterlagen sind zur detaillierten Bewertung daher die Informationen der Beteiligten wenn möglich mit zu berücksichtigen. Dies gilt natürlich erst recht für Erledigungserklärungen, da ohne die Hintergrundinformationen der Beteiligten bezüglich der zugrunde liegenden Ereignisse kaum eine Einschätzung möglich ist.

Von insgesamt 26 verschiedenen Klagegegenständen in Niedersachsen und Brandenburg liegen 20 verwertbare Endergebnisse vor. Unter 20 Endergebnissen finden sich zehn Gerichtsentscheidungen. Die anderen zehn ergingen durch Vergleiche oder Erledigungserklärungen, von denen acht erfolgreich waren. Das bedeutet, dass von den insgesamt neun erfolgreichen Verfahren im Untersuchungszeitraum nur ein einziges Ergebnis auf eine positive Gerichtsentscheidung zurückgeht, während die restlichen acht durch Vergleich oder Erledigung zustande kamen. Von den Vergleichen und Erledigungen sind elf als Misserfolg und neun als Erfolg für den jeweiligen Verband anzusehen. Es existiert in der Gesamtbetrachtung also ein verhältnismäßig ausgeglichenes Verhältnis zwischen gewonnenen und verlorenen Verfahren. Das ist ein positiv überraschendes Ergebnis, da sich oft insbesondere die Verbände selbst über die große Erfolglosigkeit ihrer Bemühungen beklagen. Die Erfolge sind jedoch nicht gleichmäßig verteilt, sondern auf Brandenburg konzentriert:

Abbildung 2: Erfolgreiche Verfahren nach Bundesländern

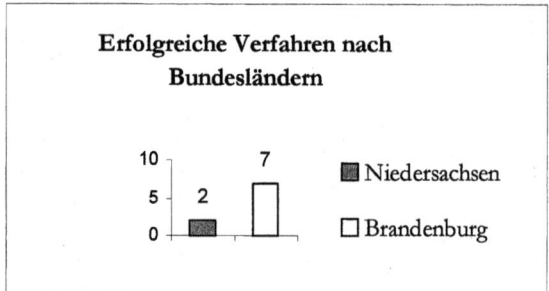

Zum Teil lässt sich dieser Unterschied sicher auch mit der Tatsache erklären, dass in Brandenburg überproportional viele Befreiungsverfahren geführt wurden, während knapp die Hälfte der niedersächsischen Verfahren sich gegen Planfeststellungsbeschlüsse richteten, die, wie oben ausgeführt, geringere Erfolgsaussichten haben. Jedoch wurden in Niedersachsen auch andere Verfahren verloren. Die drei Befreiungsverfahren konnten nur in einem Fall zu einem positiven Abschluss gebracht werden, d.h. auch im Bereich dieses Klagegegenstandes wurden keine Erfolge wie in Brandenburg erzielt.

Abbildung 3: Ergebnisformen erfolgreicher Verfahren

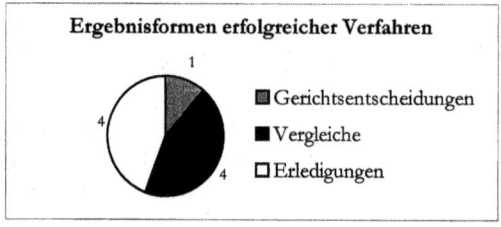

Es fällt die Häufung erfolgreicher Verfahren auf, die durch irgendeine Art von Einigung zwischen den Beteiligten zustande kam. Zum Teil wird die Bereitschaft zur Einigung insbesondere auf Seiten der Verbandsgegner wohl darauf zurückzuführen sein, dass ein zu langer zeitlicher Aufschub des Projekts durch das anhängige Verfahren nicht in Kauf genommen werden konnte, und so unabhängig von den Erfolgsaussichten der Klage eine rasche Einigung angestrebt wurde. In vielen Fällen dürfte der Grund doch hauptsächlich darin liegen, dass der Gegner den vom Verband gerügten Mangel eingesehen und von selbst behoben hat (wie bei manchen Erledigungserklärungen) oder aber das Gericht im Rahmen eines Erörterungstermins die hohen Erfolgschancen der Verbandsklage verdeutlicht hat. In so einem Fall muss der Gegner dem Verband ein sehr gutes „Angebot" machen, wenn er eine schnelle Erledigung des Verfahrens anstrebt. Denn in vielen Fällen würden positive Gerichtsentscheidungen Präzedenzfälle schaffen, die im Hinblick auf die zukünftige Rechtsprechung hilfreich für die Verbände wären und daher auch von diesen erwünscht sind. Die Zugeständnisse müssten dem Naturschutz demzufolge mehr einbringen, als es durch ein gewonnenes Verfahrens möglich wäre. Dies erklärt auch die überwiegend positive Bewertung der Vergleiche und Erledigungserklärungen aus Naturschutzsicht.

In den Verfahren mit relativ guten Erfolgsaussichten kommt es also in vielen Fällen gar nicht zu einer richterlichen Entscheidung. Die Verfahren werden vielmehr meist dann zu einem Abschluss gebracht, wenn die Erfolgschancen fraglich sind, der Gegner uneinsichtig oder aber die Rechtssache besondere Schwierigkeiten oder eine grundsätzliche Bedeutung aufweist, für die die Verbände eine Klarstellung anstreben. Letzterer Aspekt bietet auch eine Erklärung für Fälle, in denen auch nach verlorenem Eil- oder Hauptverfahren das Gerichtsverfahren von den Verbänden weiterverfolgt wird.[72]

Zu den Ergebnissen der Entscheidungen im Einzelnen

Für beide Länder ergeben sich im Zeitraum 1997-2000 50 beendete Einzelentscheidungen, von denen 25 aus der Sicht der Verbände erfolgreich abgeschlossen werden konnten. Davon sind 15 Gerichtsentscheidungen.[73] In Brandenburg konnten 64 % aller Verfahren positiv abgeschlossen werden, während in Niedersachsen nur 29 % Erfolge erzielten. Die Ergebnisse der Rechtssprechungsanalyse decken sich also nicht mit den Erwartungen, die sich aus den Länderregelungen ergeben.

Die im Großen und Ganzen positive Bewertung der niedersächsischen Mitwirkungs- und Klageregelungen im Gegensatz zu den eingeschränkten Möglichkeiten brandenburgischer Verbände würde eigentlich auch eine erfolgreichere Bilanz erwarten lassen. Die erzielten Verfahrensergebnisse stehen aber offenbar in keinem Zusammenhang mit der Ausgestaltung der Länderregelungen. Umfangreiche Vorschriften sind anscheinend kein Garant für aus Naturschutzsicht erfolgreiche Verfahren.

Dabei lassen sehr weitgehende Bestimmungen ein Interesse des Gesetzgebers an der Durchsetzung von Naturschutzbelangen vermuten. Die bestehenden Regelungen werden von den Gerichten in Niedersachsen jedoch genauestens geprüft und unklare Sachverhalte eher zum Nachteil der Verbände ausgelegt. In Brandenburg hingegen scheinen die zwar

---

[72] Siehe „Nachtfahrten Spreewald" in Brandenburg, „Emssperrwerk" und „Windpark Weener" in Niedersachsen.
[73] Vgl. Ausführungen unter 4.2.1.

auf wenige Klagegegenstände beschränkten, aber für die enthaltenen Gegenstände sehr weitgehenden Regelungen auch gerichtlich stärker ausgeschöpft zu werden. Den brandenburgischen Gerichten kann daher eine naturschutzfreundlichere Herangehensweise in Bezug auf das Herbeiführen von Vergleichen und Erledigungserklärungen bescheinigt werden. Neben den in der Gesamtheit überwiegenden Vergleichen und Erledigungserklärungen hat es eine positive letztinstanzliche Gerichtsentscheidung gegeben, während in Niedersachsen keines der erfolgreichen Verfahren durch Richterspruch entschieden wurde.

Die insgesamt sehr positive Gesamtbilanz von 50 % lässt sich allerdings nicht ohne weiteres auf die Rechtsprechung übertragen. Es existieren längst nicht zu allen Verfahren auch Gerichtsentscheidungen, da viele durch Erledigungserklärungen oder Vergleiche beendet wurden. Nur etwa die Hälfte aller anhängig gemachten Verfahren wurde durch eine Gerichtsentscheidung abgeschlossen. Von diesen war jedoch nur ein Verfahren von zehn erfolgreich für den Verband. Es fällt also auf, dass ein Großteil der aus Verbandssicht positiv abgeschlossenen Verfahren gar nicht letztinstanzlich von einem Gericht entschieden, sondern auf andere Weise beendet wurde. Der Rechtsprechung selbst ist also eine relativ geringe Rolle am Erfolg der Gerichtsverfahren zu bescheinigen. Die ergangenen Entscheidungen sind sogar in neun von zehn Fällen mit für den Verband negativem Ergebnis abgeschlossen worden. Die letztinstanzliche Rechtsprechung weist demnach im Gegensatz zum oben genannten Gesamtergebnis aller Verfahren eine deutliche Tendenz zur Ablehnung von Verbandsklagen auf.

Hierbei darf jedoch nicht außer acht gelassen werden, dass viele Vergleiche oder Erledigungserklärungen (die die Erfolgsquote der Verfahren maßgeblich beeinflussen) darauf beruhen, dass die Erfolgsaussichten der Klage vom Gericht im Rahmen einer „Vorabeinschätzung" im Eilverfahren oder bei einem Erörterungstermin positiv beurteilt wurden und es daraufhin zu einem Entgegenkommen des Verfahrensgegners kam.[74] Es muss bei einer Ergebnisanalyse also unterschieden werden zwischen den tatsächlich verkündeten Entscheidungen und den „Vorabeinschätzungen" der Gerichte, die den Verfahrensausgang beeinflussten. Diese Sachlage lässt die negative Tendenz bei der endgültigen Entscheidungsfindung der Gerichte abgeschwächt erscheinen.

Bezieht man die Erfolgsbetrachtung nur auf Gerichtsentscheidungen, sinkt die Erfolgsquote zwar etwas, aber sie liegt immer noch bei 30 % (15 von 50 Einzelentscheidungen).[75] Es fällt bei der Analyse der Einzelentscheidungen auf, dass die Erfolgsquote hier insgesamt deutlich höher ist als in der letzten Instanz, wo nur einer Klage von zehn stattgegeben wurde. Von insgesamt elf endgültig gescheiterten Verfahren war in vier Fällen die fehlende Klagebefugnis der Grund für die Abweisung. Das macht gut ein Drittel der abgewiesenen Verfahren aus. Dies lässt nicht auf eine äußerst restriktive Rechtsprechung bei der Prüfung der Klagebefugnis schließen, sondern macht deutlich, dass sich das Gericht nur in zwei Dritteln aller Verfahren mit den inhaltlichen Rügen des Verbands im

---

[74] So geschehen z.B. in den Verfahren „Parkplatz im NSG Emmerthal", „Deicherhöhung am Jadebusen".
[75] Die Ergebnisse decken sich somit mit den gesamtdeutschen Ergebnissen, die in Kap. 4.1.4 diskutiert wurden. Siehe auch die dortigen Ausführungen zum Vergleich mit Erfolgsbetrachtungen sonstiger verwaltungsgerichtlicher Verfahren.

Rahmen der Begründetheit auseinander setzt. Das Ergebnis bedeutet aber auch, dass die Gerichte die Klagebefugnis ernst nehmen und nicht leichtfertig den Weg zum Verwaltungsgericht eröffnen.

Es liegen insgesamt 13 Einzelentscheidungen der zweiten Instanz vor. In nur fünf Fällen fielen diese zu Gunsten des Verbandes aus. Die Erfolgsquote eines Beschwerde- oder Berufungsverfahrens lag somit im Untersuchungszeitraum bei 38 %.

Das zuständige Gericht der zweiten Instanz hob in sechs der 13 Entscheidungen ein vorher positives Ergebnis für den Verband wieder auf. Betroffen war jedoch nur in drei Fällen das Endergebnis des Verfahrens. In den übrigen Fällen konnte der Verband erfolgreich Revision einlegen. Da es den Verbänden in zwei anderen Fällen gelang, das erstinstanzliche negative Ergebnis in ein positives Endergebnis zu verhandeln, gleichen sich die positiven und negativen Entscheidungen der zweiten Instanz untereinander nahezu aus. In der Bilanz bleibt somit nur ein Verfahren übrig, das das Verhältnis der verlorenen zu den gewonnenen Verfahren geringfügig verschlechtert. Diese Verschlechterung kann aber vernachlässigt werden, so dass insgesamt weder besonders negative noch positive Auswirkungen auf den Erfolg der Verbandsklagen bei der Anrufung der zweiten Instanz festgestellt werden können.

4.2.3 Sachsen-Anhalt[76]

In Sachsen-Anhalt sind im Zeitraum 1995 bis Ende 2001 insgesamt sieben Verbandsklagen geführt worden. Die Erläuterungen und Auswertungen der in Sachsen-Anhalt geführten Gerichtsverfahren beziehen sich ausschließlich auf Fälle, in denen eine altruistische Verbandsklage erhoben worden ist. Nicht erfasst wurden hingegen die den Naturschutzvereinen im Rahmen des Individualrechtsschutzprinzips eröffneten Klagemöglichkeiten. Werden Vereine in ihrem Eigentumsrecht (sog. „Sperrgrundstücksklage") oder in ihren Mitwirkungsrechten (sog. „Partizipationserzwingungsklage") verletzt, finden diese Verbandsverletztenklage in der Untersuchung somit keine Berücksichtigung.

Die genaue Erfassung der altruistischen Verbandsklage im Natur- und Landschaftsschutz fällt allerdings außerordentlich schwer. Grund ist neben der fehlenden statistischen Erfassung auch die mangelnde Abgrenzung zwischen der altruistischen Verbandsklage und der Verbandsverletztenklage sowohl durch die Verbände als auch durch die Gerichte.

Bei Einordnung der Verfahrenseinstellungen aufgrund Vergleichsabschluss sowie des teilweisen Obsiegens als erfolgreich abgeschlossene Verfahren, ergibt sich insgesamt eine Erfolgsquote von 50 %. Ohne Einbeziehung dieser erzielten Teilerfolge beträgt die Erfolgsquote dagegen 0 %. Diese Ergebnisse müssen jedoch im Zusammenhang mit der bis zum Jahr 1998 bestehenden Subsidiaritätsklausel des § 52 Abs. 2 Satz 1 Nr. 4 NatSchG LSA a.F. gesehen werden. Allein in drei Verfahren - und damit in 50 % der entschiedenen Fälle - wurde die Zulässigkeit der Klage durch eine fehlende Antrags- bzw. Klagebefugnis verneint.

---

[76] Die folgenden Ausführungen beziehen sich auf Untersuchungen und Erhebungen, die Frau Liane Radespiel im Rahmen eines eigenen Forschungsprojektes erhoben hat und die im Rahmen einer im kommenden Jahr erscheinenden Dissertation zum Thema Verbandsklage ausführlicher dargestellt werden.

Fokussiert man die Betrachtung auf die einzelnen Klagegegenstände, wurden in Sachsen-Anhalt fünf Verfahren gegen Planfeststellungsbeschlüsse und zwei Verfahren gegen die Erteilung einer Befreiung von Verboten und Geboten, die zum Schutz eines Naturschutzgebietes erlassen worden sind, geführt. Andere Verfahrensgegenstände waren bislang trotz mittlerweile umfangreicher Klagemöglichkeiten nicht Gegenstand einer gerichtlichen Überprüfung. Ursache ist die bis zum Jahr 1998 bestehende sehr restriktiv ausgestalteten Verbandsklage, die lediglich Klagen in den Fällen der Mitwirkung nach § 29 Abs. 1 Nr. 3 und 4 BNatSchG a.F., also Befreiungsentscheidungen bezüglich Naturschutzgebieten und Nationalparks und Planfeststellungsverfahren, vorsah.

4.2.3.1 Klagen gegen Befreiungsentscheidungen

Unter Heranziehung von empirischem Material in anderen Bundesländern stellt sich die Situation bei den Befreiungen so dar, dass eine Befreiungserteilung nur unter sehr eingeschränkten Bedingungen möglich sein soll. Die Reduzierung der Erteilung auf einen Ausnahmefall ist auf den prioritären Schutz dieser Gebiete zurückzuführen. In der behördlichen Praxis wird dieser Ausnahmecharakter jedoch vielfach durch das Anordnen von Ausgleichs- und Ersatzmaßnahmen nicht angemessen berücksichtigt.

Die Gerichte können die den Befreiungsentscheidungen zugrunde liegenden Tatsachen einer vollständigen Prüfung unterziehen, was insbesondere daraus resultiert, dass sich die Beschränkung der Rügebefugnis bei diesen explizit naturschutzrechtlichen Regelungen nicht auswirkt. Auch ist die fehlerfreie Ausübung des behördlichen Ermessens überprüfbar. Dennoch sind die Vereine vielfach nicht in der Lage, den Behörden Ermessensfehler nachzuweisen, wie nachfolgendes Fallbeispiel demonstriert.

Fallbeispiel „Befreiung aus dem Naturschutzgebiet „Raabeninsel und Saaleaue bei Böllberg"[77]

Das VG Halle hatte sowohl im Rahmen eines einstweiligen Rechtsschutzverfahrens als auch im entsprechenden Hauptsacheverfahren über die Rechtmäßigkeit der Erteilung einer naturschutzrechtlichen Befreiung für den Bau einer Fußgängerbrücke im NSG „Rabeninsel und Saaleaue bei Böllberg" zu entscheiden. Die Befreiungserteilung wurde seitens der oberen Naturschutzbehörde mit überwiegenden Gründen des Wohls der Allgemeinheit begründet. Da die Darlegung einer ermessensfehlerhaften Entscheidung durch die Behörde aufgrund einer umfangreichen Alternativlösungsprüfung zweifelhaft erschien, wurde das Verfahren mit dem Abschluss eines gerichtlichen Vergleichs eingestellt. Dieser Vergleich sah die Errichtung einer gemeinsamen Arbeitsgruppe unter Beteiligung des Verbandes vor, der Empfehlungen für einen ergänzenden Bescheid zur Einschränkung der Benutzung der Brücke durch den Publikumsverkehr und die Reglementierung der Benutzung des Naturschutzgebietes erarbeiten sollte.

Das Projekt konnte damit zwar nicht verhindert, aber zu Gunsten des Naturschutzes modifiziert werden.

---

[77] VG Halle, 3 B 81/99, 3 A 311/99, Fall Nr. 93 der Tabelle in Anhang II.

4.2.3.2 Klagen gegen Planfeststellungsbeschlüsse

Die fünf im Zusammenhang mit einem Planfeststellungsverfahren stehenden Fälle in Sachsen-Anhalt beziehen sich auf je ein wasserrechtliches, ein straßenrechtliches und ein atomrechtliche Planfeststellungsverfahren. Wesentliche Grundlage einer Entscheidung im Planfeststellungsverfahren ist der im Rahmen einer planerischen Abwägung zu erzielende Ausgleich aller betroffenen Belange. Neben dem Naturschutzrecht sind eine Vielzahl von Vorschriften über das Umweltrecht hinaus zu berücksichtigen.

Wenn die landesrechtliche Verbandsklageregelung nur Verstöße gegen Naturschutzrecht oder gegen Vorschriften, die auch dem Naturschutz und der Landschaftspflege zu dienen bestimmt sind, vorsieht, kommt die allen Planfeststellungsentscheidungen immanente Problematik zum Tragen, wie weit die Rüge- und Klagebefugnis im Einzelfall reicht und wie die gesetzliche Einschränkung der Kontrollbefugnis durch die Rechtsprechung gehandhabt wird[78]. Bei den in Sachsen-Anhalt bislang erfassten Verbandsklagen besteht allerdings die Besonderheit, dass die Gerichte zu dieser Problematik bedingt durch die Unzulässigkeit der Klage keine Aussagen getroffen haben. Dies soll anhand des nächsten Beispiels erläutert werden.

Fallbeispiel „Ferienparkanlage Center Parc's Köselitz"[79]

Der Verein wendete sich gegen die Herstellung von ca. 20 Hektar künstlichen Seen und Wasserwegen, die im Zusammenhang mit der Errichtung einer Ferienparkanlage entstehen sollten und begehrte die Aufhebung des wasserrechtlichen Planfeststellungsbeschlusses Gleichzeitig wurde um die Gewährung vorläufigen Rechtsschutzes nachgesucht und die Anordnung der aufschiebenden Wirkung der Klage beantragt.

Der Antrag im einstweiligen Rechtsschutzverfahren wurde durch das VG Dessau als zulässig und begründet angesehen, so dass - nach entsprechender Umdeutung des gestellten Antrages - festgestellt wurde, dass der Klage auf Aufhebung des wasserrechtlichen Planfeststellungsbeschlusses aufschiebende Wirkung zukomme.

Die Antragsbefugnis des Vereins wurde nach § 52 NatSchG LSA bejaht, da das Verwaltungsgericht insoweit nicht auf ein anderweitiges Klagerecht eines Jagdpächters, eines Eigenjagdbesitzers und einer Jagdgenossenschaft gemäß § 52 Abs. 2 Nr. 4 NatSchG LSA a.F. abstellte, sondern diese verneinte.

Mit der Argumentation, dass der wasserrechtliche Planfeststellungsbeschluss nicht unter Art. 13 des Investitionserleicherungs- und Wohnbaulandgesetzes falle, wurde der Antrag auch als begründet angesehen. Obwohl es damit keiner abschließenden Begründung zur Rechtswidrigkeit des streitgegenständlichen Planfeststellungsbeschlusses bedurft hätte, bejahte das VG Dessau mit der Begründung des fehlenden landschaftspflegerischen Begleitplans nach § 15 NatSchG LSA das Vorliegen einer rechtswidrigen Entscheidung. Das Gericht verwies darauf, dass die Festsetzung von künstlichen Wasserläufen in einem Vorhaben- und Erschließungsplan vor Abschluss einer wasserrechtlichen Planfeststellung

---

[78] Siehe 5.2 ff.
[79] VG Dessau, 2 B 85/94, 2 A 254/94; OVG Magdeburg 2 M 22/95, Fall Nr. 97 der Tabelle in Anhang II.

ausgeschlossen sei, so dass auch ein entsprechender Grünordnungsplan keine Rechtswirkungen entfalte.

Im Beschwerdeverfahren[80] hat das OVG Magdeburg den Antrag auf Anordnung der aufschiebenden Wirkung der Klage mit der Begründung abgelehnt, dass die Antragsbefugnis nach § 42 Abs. 2 VwGO zu verneinen sei, da ein anderweitiges Klagerecht nach § 52 Abs. 2 Nr. 4 NatSchG LSA a.F. für die Jagdgenossenschaft und die Eigentümer der angrenzenden Jagdbezirke bestünde. Das OVG Magdeburg hat in diesem Kontext ausdrücklich darauf hingewiesen, dass es für die Einschränkung des § 52 Abs. 2 Satz 1 Nr. 4 NatSchG LSA ohne Bedeutung sei, ob der zur Einlegung von Rechtsbehelfen „anderweitig" Befugte von diesem Recht tatsächlich Gebrauch gemacht hat. Das folge auch aus dem Wortlaut der Bestimmung, die lediglich verlange, dass eine sonstige Klagebefugnis bestehe.

Im Hauptsacheverfahren wurde die Klage ebenfalls mit dem Hinweis auf das Bestehen eines anderweitigen Klagerechts als unzulässig abgelehnt. Die vom Verein zur Frage der Begründetheit vorgebrachten Argumente zum Verstoß gegen naturschutzrechtliche Vorschriften des Bundes und des Landes, insbesondere gegen das Abwägungsgebot, hat das Verwaltungsgericht somit nicht mehr geprüft.

Das Projekt zur Herstellung des Ferienparks konnte durch den Verein deshalb weder verhindert noch in seinen Umweltbeeinträchtigungen gemindert werden.

Fallbeispiel „Neubau der Bundesautobahn A 14 Magdeburg-Halle"[81]

Das Bestehen der Subsidiaritätsklausel verhinderte das Ergehen einer Sachentscheidung auch im Klageverfahren gegen den fernstraßenrechtlichen Planfeststellungsbeschluss für den Neubau der Bundesautobahn A 14 Magdeburg-Halle, Abschnitte Calbe-Staßfurt und Staßfurt-Bernburg. Durch das BVerwG erfolgte auch hier eine Klageabweisung mangels Klagebefugnis mit dem Verweis auf § 52 Abs. 2 Nr. 4 NatSchG LSA a.F. Eine Klagebefugnis besteht nach Auffassung des Gerichts insbesondere auch dann nicht, wenn ein Dritter aufgrund einer materiellen Präklusion gehindert sei, die Verletzung der Belange des Naturschutzes geltend zu machen.

Die dagegen erhobene Verfassungsbeschwerde hat das BVerfG nicht zur Entscheidung angenommen[82].

Fallbeispiel „Atommüllendlager Morsleben"[83]

Der im einstweiligen Rechtsschutzverfahren getroffenen Entscheidung des OVG Magdeburg lag ein Antrag auf Erlass einer Sicherungsanordnung nach § 123 Abs. 1 Satz 1 VwGO zugrunde, um die Einlagerung von schwach radioaktiven Abfällen im Ostfeld des Atommülllagers Morsleben (ERAM) und die Verwendung bestimmter Abfallgebinde zu

---

[80] OVG Magdeburg, 2 M 22/95.
[81] BVerwG, 4 A 16/97, Fall Nr. 95 der Tabelle in Anhang II.
[82] BVerfG v. 1 BvR 2576/97.
[83] OVG Magdeburg, C 1/4 S 260/97, Fall Nr. 94 der Tabelle in Anhang II.

erreichen. Durch den Naturschutzverein wurde gerügt, dass die o.g. Maßnahmen nicht mehr von der seitens der DDR-Behörden 1986 erteilten Dauerbetriebsgenehmigung erfasst und als wesentliche Änderung des Anlagenbetriebes nach den Vorschriften des Atomgesetzes planfeststellungsbedürftig seien. Insoweit sei das Recht des Vereins auf Beteiligung an einem Planfeststellungsverfahren verletzt worden. Über die Verletzung seines Mitwirkungsrechts hinaus macht der Verein jedoch auch die Verletzung naturschutzrechtlicher Vorschriften geltend.

Dieses Vorbringen wird vom OVG auch im Zusammenhang mit dem Bestehen eines Verbandsklagerechts aus § 52 NatSchG LSA geprüft. Das OVG hat dem Antrag des Vereins insoweit entsprochen, dass die Einlagerung im Ostfeld untersagt wurde. Das Gericht folgte dabei der Begründung des Antragstellers und hielt ein atomrechtliches Planfeststellungsverfahren mit entsprechender Verbandsbeteiligung für erforderlich. Im Übrigen wurde der Antrag abgelehnt, denn der Anordnungsanspruch auf Verwendung bestimmter Abfalllagerungsmodalitäten konnte nach Ansicht des Gerichts nicht glaubhaft gemacht werden. Eine Entscheidung im Hauptsacheverfahren ist bislang nicht ergangen.

Dieser Fall verdeutlicht die eingangs angesprochene Problematik der teilweise schwierigen Abgrenzung zwischen der echten altruistischen Verbandsklage und der Beteiligungsklage. Vorliegend hat das OVG diese Differenzierung nicht vorgenommen. Zum einen wurden die Voraussetzungen der Verbandsklage innerhalb der Prüfung zur Verletzung des Beteiligungsrechts erörtert und zum anderen ist das Gericht auf das inhaltliche Vorbringen des Vereins hinsichtlich der Verletzung naturschutzrechtlicher Vorschriften nach Bejahung der Verletzung des Beteiligungsrechts nicht mehr eingegangen. Die ansonsten gebotene Unterscheidung zwischen der Verletzung in eigenen Rechten und der Durchbrechung dieses Individualrechtsschutzprinzips hat das OVG nicht getroffen.

Da sich der Verein jedoch neben seinem Beteiligungsrecht auch auf die Verletzung naturschutzrechtlicher Vorschriften berufen hat, ist dieses Verfahren trotz fehlender Sachentscheidungsüberprüfung durch das Gericht dennoch als echte Verbandsklage erfasst worden. Eine Verzögerung des Projekts ist damit zwar eingetreten. Dieser Prozesserfolg resultiert allerdings aus der erfolgreichen Inanspruchnahme einer Verbandsverletztenklage.

4.2.3.3 Gründe für die Erfolglosigkeit bzw. den Erfolg der Verbandsklagen in Sachsen-Anhalt

Zu den Gründen einer erfolgreichen bzw. erfolglosen Klage gegen Befreiungsentscheidungen und Planfeststellungsbeschlüsse sowie zur behördlichen Praxis in diesen Bereichen lassen sich für die sachsen-anhaltinische Verbandsklage nur sehr eingeschränkt repräsentative Ergebnisse aufzeigen. Die ursprüngliche Einschränkung der Klagegegenstände und die bis zur Gesetzesänderung existierende Nachrangigkeit von Verbandsklagen gegenüber potentiellen Individualklagen führten nicht nur zu einer sehr geringen Anzahl der Klagen, sondern verhinderten mit dem häufigen Scheitern an der Zulässigkeit der Verfahren auch auswertbare Sachentscheidungen. Der mangelnde Erfolg von Verbandsklagen lässt sich in Sachsen-Anhalt fast ausnahmslos auf die bis zum Jahr 1998 bestehende Subsidiaritätsklausel und damit auf eine fehlende Antrags- und Klagebefugnis zurückführen.

Aussagen zu den konkreten Ursachen des Erfolges oder Misserfolges von Vereinsklagen gegen Planfeststellungsbeschlüsse lassen sich für den materiell-rechtlichen Bereich mangels bislang erhobener bzw. abschließend entschiedener Fälle auch nach Aufhebung der einschränkenden Klagereglung des § 52 Abs. 2 Nr. 4 NatSchG LSA a.F. nicht treffen.

Auswirkungen der Klageverfahren auf die streitgegenständlichen Vorhaben existierten bis zum Wegfall der Subsidiaritätsklausel somit de facto nicht. Bis zur Gesetzesänderung im Jahre 1998 gab es damit für die Umweltverbände trotz formalem Bestehen eines Klagerechts nur äußerst eingeschränkt die Möglichkeit, Vollzugsdefizite im Naturschutzrecht abzubauen.

5. Auswirkungen der beschränkten Verbandsklagebefugnisse auf die Praxis

Die Auswertung der Fallsammlung hat ergeben, dass sich die meisten Klagen und Anträge auf einstweiligen Rechtsschutz bisher gegen Planfeststellungen oder Befreiungen in Naturschutzgebieten u.a. richten (siehe 4.1.2). Dies erklärt sich vor allem dadurch, dass alle landesrechtlichen Regelungen für diese Verfahren eine Verbandsklage ermöglichen, teilweise der Anwendungsbereich aber auf diese Verfahren beschränkt ist. Bei der folgenden Untersuchung von praktischen Beispielen für Verbandsklageverfahren werden Planfeststellungen und Befreiungen als Verfahrensgegenstand jeweils für sich betrachtet (dazu 5.1 und 5.2). Als dritte Kategorie von Beispielen sind die Fälle zu untersuchen, bei denen die Verbandsklage erhoben worden ist, obwohl schon „auf den ersten Blick" viel für ihre Unzulässigkeit sprach. Dabei geht es meist um „Experimentierklagen", mit denen die Reichweite der Klagebefugnisse ausgelotet werden sollte. Hier sind vor allem die Fälle von Interesse, in denen möglicherweise eine Umgehung der Beteiligungs- und Klagerechte durch die Wahl anderer (unzulässiger) Verfahren vorliegt (dazu 5.3).

5.1 Die Auswirkungen der beschränkten Klagebefugnisse bei Befreiungen

Neben den Verbandsklagen gegen Planfeststellungen (siehe 5.2) haben in der Praxis die Klagen gegen Befreiungen von Verboten und Geboten, die zum Schutz von Naturschutzgebieten und Nationalparks erlassen sind, die größte Relevanz. Obgleich der Schutz dieser Gebiete gesetzlich höchste Priorität genießt, scheinen die nach Landesrecht möglichen Befreiungen aus dem Schutzstatus häufig gerade wegen der Attraktivität dieser Gebiete nicht immer nur auf „Ausnahmen" beschränkt zu bleiben. Die Naturschutzverbände können hier allerdings nur Einzelfälle herausgreifen und bei offensichtlichen Rechtsverstößen Klagen anstrengen. Dass dies in den letzten Jahren stark zugenommen hat, zeigt die Tatsache, dass die Klagen gegen Planfeststellungsverfahren nicht mehr – wie in früheren Jahren[1] – der Häufigkeit nach eindeutig dominieren.

Die einzelnen Anlässe der Verbandsklagen gegen Befreiungsentscheidungen sind konkrete Bauprojekte wie z.B. eine Straßenverbreiterung, eine Windkraftanlage, die Errichtung von Wohnbauten, die Errichtung einer Straßenbrücke, der Radwegeausbau oder der Bau eines Parkplatzes sowie auch ein Motorsportrennen. Nachfolgend werden zunächst kurz die Grundsätze dargestellt, die für eine Überprüfung solcher Fälle gelten (dazu 5.1.1). Danach werden vier Fallbeispiele näher betrachtet, von denen zwei aus der Sicht der anerkannten Verbände gewonnen und zwei verloren worden sind.

Die erste Entscheidung zeichnet eine alltägliche Situation in einem Schutzgebiet nach und ist ein typisches Beispiel dafür, wie mit der Verbandsklage den Vollzugsdefiziten effektiv entgegengewirkt werden kann (dazu 5.1.2). Auch die zweite Entscheidung zeigt die Wirksamkeit der Verbandsklage und enthält darüber hinaus interessante Passagen zum Umgang mit behördlichen Zusicherungen (dazu 5.1.3). Die dritte Entscheidung betrifft

---
[1] Siehe Meßerschmidt/Schumacher (2000), BNatSchG § 29.

das Verhältnis zwischen Ausnahmen vom gesetzlichen Biotopschutz und Befreiungen und zeigt eine offenkundige Schwachstelle im Anwendungsbereich einiger Verbandsklageregelungen (dazu 5.1.4). Bei dem vierten Fall geht es um das Problem der Erteilung von Befreiungen für immissionsschutzrechtlich genehmigungsbedürftige Anlagen (dazu 5.1.5). Den Abschluss bilden die Schlussfolgerungen aus der Analyse dieser Fallbeispiele (dazu 5.1.6).

5.1.1 Grundsätze für die Klage- und Rügebefugnis

Bei den Befreiungsbescheiden können die Gerichte die zugrunde liegenden Tatsachen und die Ermessensausübung im Rahmen einer Verbandsklage vollständig am jeweiligen gesetzlichen Maßstab überprüfen. Die Beschränkung der Rügebefugnis auf eine Verletzung naturschutzbezogener Regelungen, die viele Landesgesetze vorsehen (siehe 3.1.2), wirkt sich hier – anders als bei Planfeststellungen (siehe 5.2) – nicht aus, da die Befreiungstatbestände eindeutig „rein" naturschutzrechtliche Vorschriften sind und somit zum „Kernbereich" der durch eine Verbandsklage überprüfbaren Regelungen gehören.

Bei der inhaltlichen Überprüfung von Entscheidungen ist zu beachten, dass eine Befreiung nur erteilt werden kann, wenn dies *im Einzelfall zu einer nicht beabsichtigen Härte*[2] führen würde oder *überwiegende Gründe des Gemeinwohls*[3] die Befreiung erfordern. Sofern im Einzelfall eine nicht beabsichtigte Härte geltend gemacht wird, muss die Befreiung zudem mit den Belangen des Naturschutzes und der Landschaftspflege vereinbar sein oder es muss eine nicht gewollte Beeinträchtigung von Natur und Landschaft vorliegen.[4] Deswegen kommt die Erteilung einer Befreiung zu Lasten des Naturschutzes nur ausnahmsweise bei überwiegenden Gründen des Gemeinwohls in Betracht. Gerade bei diesen Entscheidungen besitzen die anerkannten Naturschutzverbände durch ihre Vorortkenntnissen und durch ihr daraus erwachsendes naturschutzfachliches Wissen eine gute Position in den Klageprozessen.

Die Verbandsklagen gegen Befreiungen sind zwar überdurchschnittlich erfolgreich (siehe 4.1.2), den Verbänden gelingt jedoch nicht immer der Nachweis, dass die normativen Voraussetzungen für die Befreiung nicht vorgelegen haben oder dass der zuständigen Behörde ein Ermessensfehler unterlaufen ist (siehe auch 4.2.3.2). Außerdem kommt es vor, dass die Befreiungsverfahren dadurch wegfallen, dass die Schutzgebietsverordnungen geändert und einzelne Verbote aufgehoben werden. Dies ist z.B. in Niedersachsen dadurch geschehen, dass der zuständige Landkreis in eine Verordnung zum Landschaftsschutz eine Ausnahmeregelung für ein jährlich stattfindendes ADAC-Bergrennen auf-

---

[2] Nach Louis, NuR 1995, 66, kann von einer „nicht beabsichtigten Härte" nur gesprochen werden, wenn der Normgeber die nachteiligen Auswirkungen der Regelung auf den Betroffenen in dieser Form nicht vorhergesehen hat und nicht vorhersehen konnte; siehe auch OVG Saarland, NuR 1982, 28/30; VG Stade, NuR 1989, 402/403.

[3] Nach Louis, NuR 1995, 69, fallen hierunter alle Maßnahmen, an denen ein öffentliches Interesse besteht, auch wenn sie von Privaten durchgeführt werden, so dass zu den „Gründen des Gemeinwohls" unter anderem die Sicherung von Arbeitsplätzen sowie die Förderung von Kunst, Kultur und Wissenschaft gehören.

[4] Siehe Louis, NuR 1995, 68 ff.

nahm, um die bisher dafür erforderliche Erteilung einer Befreiung entbehrlich zu machen.[5]

5.1.2 Fallbeispiel „Windkraftanlage im LSG Westhavelland"[6]

In einer Entscheidung des VG Potsdam ging es um Nutzungskonflikte beim Betreiben von Windkraftanlagen, wie sie aufgrund des Booms bei der Errichtung dieser Anlagen in den letzten Jahren häufig vor den Gerichten ausgetragen worden sind.[7] Die angegriffene Verwaltungsentscheidung datiert aus dem Jahr 1995, einer Zeit, in der die Windenergie vergleichsweise noch ein „Schattendasein" führte. Ein privater Investor plante im Landschaftsschutzgebiet „Westhavelland" in Brandenburg eine Windkraftanlage. Hierfür beantragte er die Befreiung von einem Hektar Grundfläche aus dem Landschaftsschutzgebiet. Die untere Naturschutzbehörde votierte in einer Stellungnahme gegen die Befreiung, das für die Entscheidung zuständige Ministerium für Umwelt, Naturschutz und Raumordnung entschied aber trotzdem zu Gunsten des Investors. Dagegen klagte ein anerkannter Naturschutzverband und machte u. a. geltend: *„... insbesondere hätten die Auswirkungen der Windkraftanlage auf die Funktion des Geländes als Nahrungs-, Rast- und Schlafplatz für zahlreiche feuchtgebietsgebundene Vogelarten untersucht werden müssen, da der Standort zentral zwischen verschiedenen Gewässern liegt."*[8]

Das VG Potsdam schloss sich dieser Argumentation an und gab der Klage statt. Es stellte in seiner Entscheidung fest, dass „*das Vorhaben in Bezug auf den Schutzzweck der geplanten Unterschutzstellung und die Leistungsfähigkeit des Naturhaushalts*" von dem für die Entscheidung zuständigen Ministerium unzureichend überprüft worden sei. Das Ministerium habe einfach Aussagen aus dem von den Investoren selbst beigebrachten Gutachten übernommen, ohne sich mit der hierzu im völligen Gegensatz stehenden Stellungnahme der unteren Naturschutzbehörde auseinandergesetzt zu haben. Das Gutachten der Investoren, das die von der Anlage ausgehenden Gefährdungen für die Brutvogelvorkommen als mittel bis gering eingestuft hatte, war nämlich unzulänglich und offensichtlich falsch.

Diese Entscheidung zeigt exemplarisch, wie anerkannte Verbände als häufig letzte Kontrollinstanz gegen Vollzugsdefizite vorgehen können. Obwohl die fachliche Stellungnahme der unteren Naturschutzbehörde bereits im Kern die Gründe für eine Ablehnung der Befreiung enthielt, wurde diese dennoch zunächst vom Umweltministerium erteilt. Somit blieb als Sanktionsmöglichkeit nur noch das Beschreiten des Klageweges durch die anerkannten Verbände. Zudem zeigt die Entscheidung, dass die Erteilung einer Befreiung die konsequente Beachtung der Belange des Naturschutzes voraussetzt. Werden z. B. die naturschutzfachlich notwendigen Untersuchungen bei einer Befreiung nicht ausreichend berücksichtigt, haben die angerkannten Verbände bei einer Klage gute Erfolgsaussichten.

---

[5] Dies ist leider kein Einzelfall: siehe BVerwG, 4 BN 10/97; VG Osnabrück 2 A 12/96.
[6] VG Potsdam, 1 K 3417/95, Fall Nr. 34 der Tabelle in Anhang II.
[7] Siehe z. B. OVG Lüneburg, 1 L 6696/96, NuR 2000, 47 ff.; VGH Mannheim, 8 S 318/99, NuR 2000, 514 ff.
[8] Siehe Urteil VG Potsdam, 1 K 3417/95, S. 4.

5.1.3 Fallbeispiel „Wohnbebauung im Naturpark Märkische Schweiz"[9]

In diesem Fallbeispiel – ebenfalls aus Brandenburg – hatte der klagende Verband zunächst in erster Instanz vor dem VG Frankfurt/Oder nur einen Teilerfolg erzielt, mit der Berufung vor dem OVG Frankfurt/Oder jedoch vollständig gewonnen. Im Einzelnen ging es darum, dass ein Investor einen Wohnpark inmitten des Landschaftsschutzgebietes „Naturpark Märkische Schweiz" errichten wollte. Hierfür sollten ursprünglich 46 Einfamilienhäuser bzw. Doppelhaushälften sowie sechs zweigeschossige Gebäude mit gewerblicher Nutzung gebaut werden. Mit Bescheid vom Mai 1995 lehnte die oberste Naturschutzbehörde die Zustimmung zum Vorhaben ab, stellte aber in Aussicht, die Befreiung für 20 bis 25 Wohneinheiten bei geänderten Planungsunterlagen zu erteilen. Für diese reduzierte Variante reichte der Investor erneut Unterlagen ein und erhielt von der obersten Naturschutzbehörde eine Befreiung für die Realisierung von 13 Einfamilienhäusern und acht Doppelhaushälften, also für insgesamt 29 Wohneinheiten.

Gegen diese Befreiung klagte ein anerkannter Naturschutzverband. Dieser Verband war bei diesem zweiten Verfahren für die reduzierte Variante nicht beteiligt worden, hatte ersten Antrag aber in einer Einwendung mit der Begründung widersprochen, das Orts- und Landschaftsbild werde durch das Vorhaben negativ verändert. Das Verwaltungsgericht gab dem Kläger aber mit Urteil vom März 1997 nur teilweise Recht, weil es eine rechtswirksame Zusicherung der Befreiung bei 25 Wohneinheiten für gegeben hielt und deswegen meinte, dass die Rechtswidrigkeit der Befreiung nur wegen der übrigen vier Wohneinheiten festgestellt werden könne. Dagegen legte der Verband erfolgreich Berufung ein.

In seinen Entscheidungsgründen geht das OVG Frankfurt vor allem auf die unterlassene Beteiligung des Verbands bei der zweiten Verwaltungsentscheidung ein und sieht darin eine Rechtsverletzung:

„Erstreckte sich hingegen die damalige Anhörung noch nicht zugleich auf das letztere Vorhaben, so hat der Kläger zwar hinsichtlich dieses Vorhabens von seinem Mitwirkungsrecht keinen Gebrauch gemacht. Indessen ist ihm bei dieser Deutung der Vorgänge, die sich bis zum Schreiben des Klägers vom 27. Juli 1994 ereignet haben, zu einer Wahrnehmung seines Mitwirkungsrechts betreffend das letztere Vorhaben vom Beklagten auch gar keine Gelegenheit gegeben worden. Denn er hat den Kläger weder vor Erteilung der fraglichen Zusicherung noch vor Erteilung der angefochtenen Befreiung - erneut - angehört. Diese letztere Anhörung wäre nicht einmal entbehrlich gewesen, wenn der Beklagte den Kläger vor Erteilung der fraglichen Zusicherung angehört hätte."[10]

Danach sieht das OVG Frankfurt das erste Anhörungsverfahren, bei dem sich der Verband bereits ablehnend geäußert hatte, als „*verbraucht*" an, denn daraus könne nicht automatisch darauf geschlossen werden, dass die Stellungnahme auch beim zweiten Anhörungsverfahren so ausgefallen wäre. Das Berufungsgericht stuft den Bescheid daher schon

---

[9] VG Frankfurt/Oder, 7 L 806/96; 7 K 550/95; OVG Frankfurt/Oder 3 B 80/97; 3 A 161/97, Fall Nr. 35 der Tabelle in Anhang II.

[10] Siehe OVG Frankfurt/Oder, 3 A 161/97, S. 8, unter Hinweis auf Stelkens in: Stelkens/Bonk/Sachs (1998), § 38 Rn. 46.

aufgrund des Unterbleibens der notwendigen Anhörung, die nicht nur eine dienende Funktion, sondern vielmehr ein eigenständiges Gewicht habe, als rechtswidrig ein:

"Ein Verband, der – wie seinerzeit der Kläger – zu einer naturschutzrechtlichen Befreiung für die Errichtung von 46 Einfamilienhäusern bzw. Doppelhaushälften sowie fast 5 ha ablehnend Stellung genommen hatte, hat damit nicht zugleich auch bereits zu einer – noch gar nicht beantragten – Befreiung für die Errichtung von 13 Einfamilienhäusern und acht Doppelhaushälften auf einer entsprechend kleineren Fläche Stellung genommen, mag der Inhalt seiner Stellungnahme zu diesem letzteren Vorhaben auch in gewissem Maße sich als wahrscheinlich abzeichnen."[11]

Darüber hinaus führt das Berufungsgericht zur Rechtswidrigkeit der erteilten Befreiung aus, dass es im vorliegenden Fall bereits an dem das Vorliegen einer *„nicht beabsichtigten Härte"* notwendigen Einzelfall fehle; ein Einzelfall sei erkennbar nicht gegeben, *„wenn allein solche Gründe (...) für die Befreiung eines Vorhabens geltend gemacht werden, die für alle gleichgearteten Bauwünsche Dritter in gleicher Weise gelten würden."*[12] Außerdem nimmt das Berufungsgericht an, dass eine Befreiung für eine größere Zahl von Bauvorhaben einer teilweisen Aufhebung der Schutzgebietsverordnung gleichkäme und daher im Widerspruch zum Willen des Verordnungsgebers stehen würde.[13] Das Verwaltungsgerichts war zuvor sogar soweit gegangen, in seinen Entscheidungsgründen folgendes festzustellen: *„Danach spricht viel dafür, dass eine Befreiung generell in Bezug auf Plangebiete von Bebauungsplänen und Vorhaben- und Erschließungsplänen ausscheidet."*[14] Beide Instanzen haben das hier zur Diskussion stehende Vorhaben also im Ergebnis als eindeutig nicht befreiungsfähig klassifiziert.

5.1.4 Fallbeispiel „Straßenverbreiterung in Berlin Müggelheim"[15]

Bei diesem Fallbeispiel geht es um die Frage des Verhältnisses zwischen einer Ausnahme vom gesetzlichen Biotopschutz gemäß § 20c Abs. 2 BNatSchG und der Erteilung von Befreiungen, die Gegenstand der Entscheidungen des VG Berlin und des OVG Berlin in einem Verfahren des einstweiligen Rechtsschutzes war. Diese Frage hat deshalb Brisanz, weil bislang nur in Brandenburg, Niedersachsen und Nordrhein-Westfalen eine Klagebefugnis der Verbände gegen Ausnahmegenehmigungen im Bereich des Biotopschutzes existiert. In allen anderen Bundesländern haben die Verbände keine Möglichkeit, behördliche Entscheidungen über Ausnahmegenehmigungen, die in der Praxis häufig vorkommen, gerichtlich überprüfen zu lassen. Der folgende Fall ist hierfür exemplarisch.

Im konkreten Fall wandte sich ein Verband gegen die Durchführung von Baumaßnahmen zur Verbreiterung einer Straße in Berlin-Müggelheim. Er machte im Wesentlichen geltend, dass auf der in Anspruch genommenen Fläche verschiedene gesetzlich ge-

---

[11] Siehe OVG Frankfurt/Oder, 3 A 161/97, S. 10.
[12] Vgl. auch BayVGH, 14 B 94.119, BayVBl. 1997, 369 (371).
[13] Vgl. auch BVerwG, 4 NB 43/94, NVwZ-RR 1996, 141 (142); BVerwG, 4 B 212/88, NVwZ 1989, 662 f.
[14] Vgl. VG Frankfurt/Oder, 7 K 550/95.
[15] VG Berlin, VG 1 A 472.98; OVG Berlin, OVG 2 SN 30.98; Fall Nr. 16 der Tabelle in Anhang II.

schützte Pflanzenarten vorkämen. Das zuständige Natur- und Grünflächenamt erteilte dem Tiefbauamt im August 1998 für einen 10,5 Meter breiten Geländestreifen eine Ausnahme vom Biotopschutz gemäß § 30a Abs. 3 NatSchGBln und ordnete Ausgleichsmaßnahmen an. Ein anerkannter Naturschutzverband erhob Einwendungen und stellte Anträge auf einstweiligen Rechtsschutz, weil er neben der Ausnahme vom Biotopschutz auch eine artenschutzrechtliche Befreiung als notwendig ansah.

Dies lehnte zunächst das Verwaltungsgericht ab.[16] Es berief sich im Wesentlichen darauf, dass die Zulässigkeit der Klagebefugnis nicht gegeben sei, weil eine Ausnahme schon vom Wortlaut her etwas anderes sei als eine Befreiung. Außerdem ging das Gericht davon aus, dass § 30a NatSchGBln gegenüber § 30 NatSchGBln die speziellere Norm sei, so dass bei Erteilung einer Ausnahme für die Anwendung der Befreiungsregelung nach § 50 NatSchGBln i.V.m. § 30 NatSchGBln kein Raum mehr bleibe.

Dagegen legte der Antragsteller wegen der Grundsätzlichkeit des Rechtsstreits sowie der tatsächlichen und rechtlichen Schwierigkeiten des Falls Beschwerde vor dem OVG Berlin ein.[17] Das OVG Berlin stützte jedoch mit einer kurzen Begründung die in der ersten Instanz getroffene Entscheidung. Es sei von der vom Landesgesetzgeber in Berlin auf der Grundlage der rahmenrechtlichen Ermächtigung des § 20c BNatSchG a.F. eingeräumten Regelungsbefugnis im entsprechenden Umfang Gebrauch gemacht worden.

5.1.5 Fallbeispiel „Betonwerk im Landschaftsschutzgebiet"[18]

Als weiteres Beispiel für die Folgen des beschränkten Anwendungsbereichs der Verbandsklage ist ein vom OVG Frankfurt/Oder entschiedener Fall zu nennen. Es ging dabei um eine Klage, die sich gegen die immissionsschutzrechtliche Genehmigung für ein Betonwerk richtete. Für den Standort des Vorhabens war ein Vorhaben- und Erschließungsplan aufgestellt worden, die überplante Fläche lag allerdings in einem (einstweilig sichergestellten) Landschaftsschutzgebiet. Der klagende Verband machte deshalb geltend, dass für diese Fläche eine Entlassung aus dem Schutzgebiet oder zumindest die Erteilung einer Befreiung erforderlich gewesen wäre, die es jedoch nicht gebe und die auch nicht zulässig sei, so dass eine – mit der Verbandsklage angreifbare – Verletzung der Schutzgebietsverordnung und vor allem der Befreiungsregelung vorliege.

In erster Instanz hatte das VG Potsdam der Klage stattgegeben, obwohl der Verband aus dem brandenburgischen Naturschutzgesetz kein Klagerecht herleiten konnte, weil darin eine Verbandsklage gegen immissionsschutzrechtliche Genehmigungen nicht vorgesehen ist. Das Verwaltungsgericht war der Auffassung, dass die Klagebefugnis auch unmittelbar aus der brandenburgischen Verfassung (Art. 39 Abs. 8 Satz 1 BbgVerf) ableitbar sei, da ein eklatanter und offensichtlicher Verstoß gegen naturschutzrechtliche Bestimmungen vorliege.

---

[16] VG Berlin, 1 A 472.98.
[17] OVG Berlin, 2 SN 30.98.
[18] VG Potsdam, 1 K 1160/93; OVG Frankfurt/Oder, 3 A 37/96, Fall Nr. 33 der Tabelle in Anhang II.

Das OVG Frankfurt/Oder hob die erstinstanzliche Entscheidung jedoch auf. In seiner Begründung orientierte es sich strikt am Wortlaut des brandenburgischen Naturschutzgesetzes und stellte fest, dass dieser einer Ausdehnung der Klagemöglichkeiten für Verbände durch die Gerichte auch in Fällen einer eindeutig fehlerhaften Anwendung des Naturschutzrechts durch die Behörden entgegen stehe:

„Indem der Gesetzgeber jedoch die den Verbänden über § 42 Abs. 2 VwGO hinaus eingeräumte Klagebefugnis stattdessen – unter anderem – an die Voraussetzung geknüpft hat, dass ‚der Verwaltungsakt oder dessen Unterlassung Maßnahmen im Sinne des § 63 Abs. 2 Nr. 1 BbgNatSchG betrifft' (§ 65 Satz 1 Nr. 2 BbgNatSchG), hat er ersichtlich davon abgesehen, die Klagebefugnis ganz allgemein und ohne jede Einschränkung auch für die Fälle offensichtlicher Verstöße des Verwaltungsaktes selbst gegen naturschutzrechtliche Verbote und Gebote zu gewähren; er hat vielmehr – jedenfalls soweit die von dem Verwaltungsakt ‚betroffene Maßnahme' eine Befreiung der in § 63 Abs. 2 Nr. 1 BbgNatSchG genannten Art ist – zur Voraussetzung der Klagebefugnis unter anderem gemacht, dass diese Maßnahme von der Behörde tatsächlich getroffen, die Befreiung also erteilt worden ist.

Der Senat verkennt nicht, dass mangels Zulässigkeit einer Verbandsklage eine fehlerhafte Anwendung des Brandenburgischen Naturschutzgesetzes, des Bundesnaturschutzgesetzes oder der auf Grund dieser Gesetze erlassenen Rechtsverordnungen im Einzelfall zum Schaden der Belange des Naturschutzes einer gerichtlichen Korrektur entzogen sein kann. Dem kann indessen keinesfalls durch eine sich weit vom Wortlaut des § 65 Satz 1 Nr.2 BbgNatSchG und vor allem auch vom erkennbaren Willen des Gesetzgebers entfernende, der Systematik des Gesetzes zuwiderlaufende Auslegung dieser Vorschrift, sondern allenfalls durch eine Änderung des Gesetzes begegnet werden."

5.1.6 Schlussfolgerungen

Die ersten beiden Fallbeispiele (siehe 5.1.2 und 5.1.3) zeigen, dass Verbandsklagen gegen die Erteilung von Befreiungen vor allem deshalb erfolgreich sind, weil die Entscheidung darüber an enge Voraussetzungen geknüpft ist und weil es bei der Ermessensausübung wesentlich auf die Berücksichtigung der Belange des Naturschutzes ankommt. Außerdem wird die Beachtung dieser gesetzlichen Voraussetzungen von den Gerichten vollständig überprüft. Die bei Verbandsklagen bestehende Beschränkung der Rügebefugnis auf die Verletzung naturschutzbezogener Vorschriften wirkt sich hier – anders als bei der umfassenden Abwägung in Planfeststellungsverfahren (siehe dazu 5.2) – nicht aus, weil die Befreiungstatbestände vorrangig auf die Wahrung der Belange des Naturschutzes zielen und deshalb von der Rügebefugnis voll erfasst werden.

Problematisch sind allerdings die Fälle, in denen eine Verbandsklagebefugnis von den Gerichten abgelehnt wurde, obwohl an sich eine Befreiung hätte erteilt werden müssen. Das betrifft insbesondere das Zusammentreffen mit der Erteilung einer Ausnahme vom gesetzlichen Biotopschutz (siehe 5.1.4) sowie die Durchführung immissionsschutzrechtlicher Genehmigungsverfahren (siehe 5.1.5). Die zu diesen Fallkonstellationen getroffenen Gerichtsentscheidungen sind vom Ergebnis her gesehen diskussionswürdig. Im Fall des Zusammentreffens von Ausnahme- und Befreiungsentscheidungen leuchtet es nicht ohne weiteres ein, dass die Befreiung und die daran anknüpfenden Rechte der Verbände von der Ausnahme quasi „verdrängt" werden sollen. Bei der immissionsschutzrechtlichen Genehmigung ist es in dem beschriebenen Fall sogar so, dass das Gericht sich trotz offensichtlicher Verstöße gegen das Naturschutzrecht durch den Wortlaut der einschlägigen Regelung daran gehindert sieht, eine Verbandsklage zuzulassen. Es stellt sich die Frage, ob solche Ergebnisse tatsächlich als „Absicht" des Gesetzgebers hinzunehmen sind oder ob die Verbandsklageregelungen in diesen Fällen von den Gerichten zu eng ausgelegt werden.

Die Gerichte verneinen die Klagebefugnis in den fraglichen Fällen meist aus formalen Gründen. Es wird argumentiert, der jeweilige Landesgesetzgeber habe die Verbandsklage bewusst nur gegen Befreiungsentscheidungen und eben nicht z. B. auch gegen die Erteilung von Ausnahmen vom Biotopschutz oder gar gegen immissionsschutzrechtliche Genehmigungen zugelassen. Die Gerichte können sich dabei auf den Wortlaut der Verbandsklageregelungen stützen, der die Grundlage der Auslegung bilden muss.[19] Bisher wird die Verbandsklage immer nur gegen bestimmte, in den jeweiligen Regelungen des Bundes oder der Länder ausdrücklich genannte Verwaltungsentscheidungen zugelassen. Diese Regelungstechnik wird gewählt, weil der Gesetzgeber den Anwendungsbereich der Verbandsklage beschränken will.

Das gilt auch für die Regelung in § 61 BNatSchG n. F., deren Anwendungsbereich nach den Gesetzesmaterialien auf den aus Sicht des Bundes bedeutsamen „Kernbereich" beschränkt worden ist (siehe 2.2). Die langjährige Diskussion über eine Einführung der Verbandsklage auf Bundesebene zeigt exemplarisch, dass sich die verschiedenen Regierungen mit der Etablierung dieses Instruments sehr schwer getan haben (siehe 1.1). Unabhängig davon, welche Intention der jeweilige Gesetzgeber auf Bundes- oder Landesebene im Einzelnen verfolgt hat, ist es also vom Ansatz her durchaus nachvollziehbar, dass die Verbandsklagevorschriften von den Gerichten in der Regel eng ausgelegt werden.

Trotzdem ist die formale Argumentationsweise der Gerichte bei manchen Fallkonstellationen angreifbar. Zumindest bei den beschriebenen Fällen einer Überlagerung verschiedener Verfahren (siehe 5.1.4 und 5.1.5) ist zweifelhaft, ob es ausreicht, mehr oder weniger pauschal auf den Wortlaut der Verbandsklagevorschriften und den Willen des Gesetzgebers zu verweisen. Vor allem ist fraglich, inwieweit der jeweilige Gesetzgeber die praktischen Auswirkungen dieser Vorschriften tatsächlich im Einzelnen bedacht hat. Die Tatsache, dass insbesondere die neueren Regelungen auf der Länderebene auch Verbandsklagen gegen die Erteilung von Ausnahmen vom gesetzlichen Biotopschutz zulassen[20], deutet darauf hin, dass hier eine Lücke im Anwendungsbereich geschlossen werden soll. Daraus lässt sich zwar nicht ohne weiteres ableiten, dass bei den (älteren) Regelungen mit einem engeren Anwendungsbereich insoweit eine unbeabsichtigte Lücke vorliegt. Dies wird aber allein durch den Wortlaut dieser Regelungen auch nicht ausgeschlossen.

---

[19] Vgl. zu den „klassischen" Kriterien für die Auslegung von Rechtsnormen Zippelius (1994), § 8; Rehbinder, Manfred (1995), § 12 II.
[20] Vgl. §§ 12 und 12b des Landschaftsgesetzes Nordrhein-Westfalen i.d.F der Bekanntmachung vom 21.07.2000, GVBL. S. 568; §§ 41 und 42 des Hamburgischen Naturschutzgesetzes i.d.F. vom 02.05.2001, GVBl. S. 75; § 65 a des Naturschutzgesetzes Mecklenburg-Vorpommern i.d.F. vom 14.05.2002, GVBl. S. 184; vgl. auch den Überblick über die Anwendungsbereiche der Länderregelungen unter 3.1.1.

Sofern unklar ist, ob der Gesetzgeber eine Verbandsklage z.B. auch bei der Überlagerung von Entscheidungen über Ausnahmen und Befreiungen tatsächlich ausschließen wollte, besteht zumindest die Möglichkeit einer unbeabsichtigten Lücke, die von den Gerichten durch eine weite Auslegung oder sogar durch eine analoge Anwendung geschlossen werden könnte.[21]

Gerade bei solchen „Grenzfällen" muss von den Gerichten bei der Gesetzesanwendung gefragt werden, ob eine enge Auslegung der Verbandsklagevorschriften deren Sinn und Zweck gerecht wird.[22] Bei der Suche nach Antworten auf diese Frage zeigt sich, dass sich auch einige Ansatzpunkte für eine weite Auslegung finden lassen. Bei den Entscheidungen über Ausnahmen vom gesetzlichen Biotopschutz gilt, dass sie den gleichen Regelungscharakter wie die Erteilung von Befreiungen haben. In beiden Fallkonstellationen ist darüber zu entscheiden, ob auf die Anwendung von Verbotsvorschriften, die den Biotop- und Lebensraumschutz sichern sollen, aus Gründen der Verhältnismäßigkeit (ausnahmsweise) verzichtet werden kann. Das spricht dafür, diese Fälle auch bei der Auslegung der einschlägigen Rechtsvorschriften gleich zu behandeln.[23]

Sofern sich – wie in dem beschriebenen Beispiel (siehe 5.1.4) – solche Entscheidungen auch noch überlagern, stellt sich umso mehr die Frage, warum die bei der Befreiung vorgesehene Verbandsklage nicht zulässig sein soll. Die Argumentation der Gerichte, die Ausnahme sei die speziellere Regelung und verdränge somit die Befreiung, leuchtet nicht ein. Fraglich ist schon, ob die Ausnahme tatsächlich als speziellere Regelung eingeordnet werden kann. Zudem könnte auch umgekehrt argumentiert werden: Wenn schon bei der Befreiung ein Klagerecht besteht, dann muss dies nach Sinn und Zweck der Verbandsklage, den Vollzugsdefiziten in diesem Bereich entgegen zu wirken, bei einer Überlagerung mit der (spezielleren) Ausnahme erst Recht gelten.

In den Fällen des Zusammentreffens einer Befreiung mit einem immissionsschutzrechtlichen Genehmigungsverfahren kann in vergleichbarer Weise argumentiert werden. Wenn schon die Befreiung für ein „kleines" Vorhaben wie die Errichtung einer einzelnen Windkraftanlage in einem Landschaftsschutzgebiet mit der Verbandsklage angreifbar ist (so im Fallbeispiel unter 5.1.2), dann muss dies beim Fehlen der erforderlichen Befreiung für ein immissionsschutzrechtlich genehmigungsbedürftiges „großes" Vorhaben (wie z. B. bei einem Betonwerk – siehe 5.1.5 – oder bei einem Windpark[24]) erst Recht gelten. Nach Sinn und Zweck der Verbandsklageregelungen kann es nicht sein, dass nur die möglichen Vollzugsdefizite bei „kleinen" Vorhaben kontrollierbar sein sollen. Eine andere Auslegung käme nur in Betracht, wenn sich aus dem Wortlaut und der Entstehungsgeschichte einer solchen Regelung eindeutig ergeben würde, dass der Gesetzgeber die Verbandsklage bei „großen" Vorhaben wirklich unter allen Umständen ausschließen wollte. In den Ge-

---

[21] Vgl. zu den Voraussetzungen dafür Zippelius (1994), § 11 II.
[22] Vgl. Zippelius (1994), § 10 II.
[23] Siehe zur Methode des Typenvergleichs im einzelnen Zippelius (1994), § 12.
[24] Seit Änderung der Verordnung über genehmigungsbedürftige Anlagen (4. BImSchV) durch Gesetz vom 27.07.2001, BGBl. I S. 1950, sind nach Nr. 1.6 des Anhangs Windfarmen ab drei Anlagen genehmigungsbedürftig.

setzesmaterialien finden sich – soweit ersichtlich – derart weitgehende Aussagen nicht. Auch vom Wortlaut her sind die fraglichen Regelungen keineswegs so eindeutig, wie die Gerichte es teilweise annehmen.

Welche Auslegungsspielräume bestehen können, zeigt das Betonwerk-Beispiel (siehe 5.1.5). Dort ging es um die Anwendung von § 65 Satz 1 Nr. 2 BbgNatSchG, der eine Verbandsklage zulässt, wenn „der Verwaltungsakt oder dessen Unterlassung Maßnahmen im Sinne des § 63 Abs. 2 Nr. 1 BbgNatSchG (d.h. Befreiungen von den Vorschriften des Landes- oder Bundesnaturschutzrechts) ... betrifft". Diese Formulierung lässt zwar erkennen, dass nur bestimmte Verwaltungsakte angreifbar sein sollen, welche das sind, ist aber nicht so eindeutig. Das OVG Frankfurt/Oder hat argumentiert, eine Klagemöglichkeit bestehe nur, wenn die „Maßnahme" tatsächlich getroffen – also eine Befreiung erteilt – worden sei (siehe 5.1.5). Damit ist wohl gemeint, dass die Befreiung als (eigenständiger) Verwaltungsakt erlassen worden sein muss oder dass dies möglich gewesen wäre.[25]

Das ist bei Erteilung einer immissionsschutzrechtlichen Genehmigung nicht der Fall, weil diese Genehmigung nach § 13 BImSchG eine weit reichende Konzentrationswirkung hat und u. a. die Entscheidung über eine erforderliche Befreiung einschließt. Es ergeht also nur ein Verwaltungsakt mit umfassender Regelungswirkung, nämlich die immissionsschutzrechtliche Genehmigung. Dagegen – so scheint es auf den ersten Blick – eröffnet § 65 Satz 1 Nr. 2 BbgNatSchG (ausdrücklich) keine Klagemöglichkeit. Der Wortlaut dieser Regelung könnte aber auch so verstanden werden, dass nicht das Vorliegen einer eigenständigen Befreiung verlangt wird, sondern dass maßgeblich ist, ob die immissionsschutzrechtliche Genehmigung als angegriffener Verwaltungsakt eine Befreiung „betrifft". Das lässt sich ausgehend von einer materiell-rechtlichen Betrachtung durchaus bejahen, wenn diese Genehmigung – wie in dem Fallbeispiel – tatsächlich eine Befreiung einschließt oder einschließen müsste.

Allerdings ergibt sich beim Zusammentreffen von immissionsschutzrechtlichen Genehmigungen und Befreiungsentscheidungen noch eine weitere Hürde. Das OVG Greifswald geht in solchen Fällen davon aus, dass die bei den Befreiungsverfahren bestehenden Beteiligungsrechte der Verbände von den spezielleren Verfahrensvorschriften des § 10 BImSchG auf Grund der Konzentrationswirkung verdrängt werden und dass damit sowohl diese Beteiligungsrechte als auch die z.B. nach § 65 Satz 1 Nr. 4 BbgNatSchG oder nach § 61 Abs. 2 Nr. 3 BNatSchG n.F. daran anknüpfenden Verbandsklagerechte wegfallen.[26] Auch diese Argumentation überzeugt jedoch nicht. Problematisch ist – wie bei vielen Gerichtsentscheidungen – die rein formelle Betrachtungsweise. Sofern sich die Auslegung in der schon beschriebenen Weise an materiell-rechtlichen Aspekten orientiert, spricht insbesondere der Sinn und Zweck der Verbandsklage dafür, diese immer dann für zulässig zu halten, wenn gegen eine (andere) Verwaltungsentscheidung vorgegangen wird, die eine Befreiung entweder mit umfasst oder voraussetzt.

---

[25] Die Argumentation des Gerichts könnte auch so verstanden werden, dass eine Klage nur gegen eine tatsächlich erteilte Befreiung möglich sein soll und nicht (auch) bei Unterlassung einer erforderlichen Befreiung; diese Interpretation würde jedoch dem Wortlaut von § 65 Satz 1 Nr. 2 BbgNatSchG eindeutig widersprechen, denn dieser lässt eine Klage ausdrücklich gegen den Verwaltungsakt „oder dessen Unterlassung" zu.

Aus dieser Perspektive dürfte auch bei § 61 BNatSchG n.F. eine entsprechend weite Auslegung möglich und geboten sein. Der Argumentation des OVG Greifswald kann hingegen nicht gefolgt werden, denn wenn davon ausgegangen wird, dass sich die Klagemöglichkeit unter den genannten Voraussetzungen auf die immissionsschutzrechtliche Genehmigung erstrecken soll, wäre es widersinnig, die Zulässigkeit an der Nichtanwendbarkeit der Beteiligungsvorschriften im speziellen Verfahren scheitern zu lassen. Vielmehr muss dann auch insoweit materiell-rechtlich gedacht werden, mit der Folge, dass es allein darauf ankommen muss, ob die Verbände die auch nach den immissionsschutzrechtlichen Verfahrensvorschriften bestehenden Beteiligungsmöglichkeiten tatsächlich für Einwendungen genutzt haben.

Es gibt also durchaus Ansatzpunkte dafür, die Verbandsklageregelungen vor allem in den beschriebenen „Grenzfällen" so auszulegen, dass die Klage zulässig ist. Der Blick auf die Praxis macht allerdings deutlich, dass die Gerichte häufig sehr formell argumentieren und dadurch meist zu einer engen Auslegung der jeweiligen Regelung gelangen. Die Schließung von Lücken im Anwendungsbereich der Verbandsklage ist deshalb wohl eher vom Gesetzgeber zu erwarten. Dies zeigt auch die angesprochene Entwicklung der landesrechtlichen Regelungen bei den Klagemöglichkeiten gegen Ausnahmen vom gesetzlichen Biotopschutz. Trotzdem bleibt es angesichts der aufgezeigten Auslegungsspielräume legitim, wenn die Verbände versuchen, in strittigen oder nicht ganz eindeutigen Fällen mit einer Klage den Anwendungsbereich der einschlägigen Vorschriften durch die Gerichte klären zu lassen.

5.2 Die Auswirkungen der beschränkten Klagebefugnisse bei Planfeststellungen

Seit dem In-Kraft-Treten des § 61 Abs. 1 BNatSchG n.F. im April 2002 sind Verbandsklagen gegen alle auf der Landesebene und gegen alle von Bundesbehörden durchgeführten Planfeststellungen möglich, so dass der Zugang zu den Gerichten in diesen Fällen inzwischen umfassend gewährleistet ist.[27] Zuvor sahen immerhin schon die in 13 Naturschutzgesetzen der Länder verankerten Regelungen entsprechende Klagemöglichkeiten vor (siehe 3.1.1). Eine Beschränkung der mit diesen Klagen verbundenen Kontrollmöglichkeiten ergibt sich allerdings aus den weiteren Anforderungen an deren Zulässigkeit (siehe 3.1.2.). Insbesondere kann nach § 61 Abs. 2 Nr. 1 BNatSchG n.F. mit der Klage nur geltend gemacht werden, dass die angegriffene Entscheidung naturschutzrechtlichen Regelungen oder anderen Rechtsvorschriften, die auch dem Naturschutz zu dienen bestimmt sind, widerspricht. Diese Beschränkung der Rügebefugnis wirkt sich nicht nur auf die Zulässigkeit der Klage, sondern speziell bei Planfeststellungen auch auf die inhaltliche Reichweite der gerichtlichen Überprüfung aus.

---

[27] Im Einzelnen dazu schon unter 2; nur beschränkt angreifbar sind allerdings Plangenehmigungen, näher dazu 2.2.3.

Das Bundesverwaltungsgericht hat sich im Rahmen der ersten Verbandsklage gegen die A 20 (Ostsee-Autobahn) bei Lübeck erstmals mit dieser Beschränkung der Rügebefugnis beschäftigt.[28] Es hat dabei einige Grundsätze entwickelt, inwieweit die Überprüfung eines Planfeststellungsbeschlusses durch die Verbands- oder Vereinsklage verlangt werden kann. Im Folgenden werden zunächst diese vom Bundesverwaltungsgericht entwickelten Grundsätze dargestellt. Anschließend wird dann deren Anwendung im Fall der A 20 sowie an den Beispielen des Emssperrwerks bei Papenburg[29] und der Talsperre Leibis-Lichte[30] untersucht. Abschließend sind dann die praktischen Konsequenzen der Rechtsprechung zu erörtern.

5.2.1 Grundsätze für die Klage- und Rügebefugnis

Im Fall der A 20 ergab sich die Klagebefugnis der Verbände aus § 51c NatSchG Schl.-H. Diese Vorschrift entspricht hinsichtlich der Vorgaben für die Rügebefugnis § 61 Abs. 2 Nr. 1 BNatSchG n.F., denn auch nach § 51c Abs. 1 NatSchG Schl.-H. muss ein Verband geltend machen (können), dass ein Verwaltungsakt „... *den Vorschriften des Bundesnaturschutzgesetzes, dieses Gesetzes, den aufgrund dieses Gesetzes erlassenen oder fortgeltenden Rechtsvorschriften oder anderen Rechtsvorschriften widerspricht, die auch den Belangen des Naturschutzes zu dienen bestimmt sind.*"

Nach Auffassung des Bundesverwaltungsgerichts wird durch diese gesetzliche Beschränkung der Rügebefugnis auch die Reichweite der gerichtlichen Kontrolle begrenzt. Die dazu im Fall der A 20 angestellten Überlegungen setzen beim Abwägungsgebot an, das die wesentliche Grundlage für die Entscheidungsfindung in einem Planfeststellungsverfahren bildet:

„*Zu den naturschutzrechtlichen Bestimmungen i.S. des § 51c Abs. 1 NatSchG gehört das fachplanerische Abwägungsgebot des § 17 Abs. 1 Satz 1 FStrG nur insoweit, als Belange des Naturschutzes betroffen sind. Dagegen sind öffentliche Belange, die nicht als solche als naturschutzrechtlich zu qualifizieren sind, zwar im Rahmen der planerischen Abwägung zu beachten. Ihre Beachtung kann jedoch nicht Gegenstand der (...) Verbandsklage sein. Anderenfalls würde eine gerichtliche Kontrollbefugnis eröffnet (...) die das rechtspolitische Anliegen des Landesgesetzgebers verfehlt.*"[31]

Im Anschluss an diese Überlegungen bestimmt das Bundesverwaltungsgericht die Reichweite der Klage- und Kontrollbefugnisse allgemein wie folgt:

„*Diese gesetzliche Begrenzung der Klagebefugnis (...) und die daraus folgende geminderte gerichtliche Kontrollbefugnis hat zur Folge, dass Mängel in der Ermittlung nicht naturschutzrechtlicher Belange nicht geltend gemacht werden können. Das mag für den Fall erkennbar vorgeschobener Gründe oder missbräuchlicher Abwägung anders sein.*"[32]

---

[28] BVerwG, Urteil vom 19.05.1998, 4 A 9/97, NuR 1998, 544 ff. = BVerwGE 107, 1 ff.
[29] VG Oldenburg, Beschluss vom 26.10.1999, 1 B 3319/99, NuR 2000, 398 ff.
[30] VG Gera, Beschluss vom 16.08.1999, 1 E 2355/98, NuR 2000, 393 ff.
[31] BVerwG, Urteil vom 19.05.1998, 4 A 9/97, BVerwGE 107, 1 ff. = NuR 1998, 544, 545.
[32] BVerwG, Urteil vom 19.05.1998, 4 A 9/97, BVerwGE 107, 1 ff. = NuR 1998, 544, 545.

Unmittelbar nach dieser (negativen) Abgrenzung folgt eine (positive) Beschreibung dessen, was die Gerichte im Rahmen der Verbandsklage zu prüfen haben. Dabei knüpft das Bundesverwaltungsgericht an die von ihm selbst entwickelten allgemeinen Grundsätze für die Kontrolle planerischer Abwägungsentscheidungen an.[33] Diese werden so umformuliert, dass eine spezielle „Formel" für die Abwägungskontrolle im Rahmen von Verbandsklagen entsteht:

„Dagegen unterliegt es voller gerichtlicher Prüfung, ob – erstens – hinsichtlich naturschutzrechtlicher Belange eine Abwägung überhaupt stattgefunden hat, ob – zweitens – in die Abwägung an naturschutzrechtlichen Belangen eingestellt wurde, was nach Lage der Dinge einzustellen war, ob – drittens – die Bedeutung der naturschutzrechtlichen Belange verkannt und ob – viertens – der Ausgleich zwischen den von der Planung berührten öffentlichen und privaten Belangen in einer Weise vorgenommen wurde, die zur objektiven Gewichtigkeit der naturschutzrechtlichen Belange außer Verhältnis steht (...). Innerhalb des so gezogenen Rahmens kann das Abwägungsgebot nicht als verletzt angesehen werden, wenn sich die zur Planung und Entscheidung berufene Behörde in der Kollision zwischen verschiedenen Belangen zur Bevorzugung des einen und damit notwendigerweise für die Zurückstellung eines anderen entschieden hat (...). Das gilt – vorbehaltlich abweichender gemeinschaftsrechtlicher Bestimmungen – auch für naturschutzrechtliche Belange im Rahmen des § 51c Abs. 1 NatSchG."[34]

Zusammengefasst ergibt sich demnach, dass die Abwägungsentscheidung bei der Planfeststellung nur einer teilweisen Kontrolle unterzogen werden soll. Es wird eine Beschränkung der Prüfung auf die hinreichende Berücksichtigung von „naturschutzrechtlichen Belangen" angenommen. Eine weiter gehende Kontrolle soll nur bei „missbräuchlicher Abwägung" in Betracht kommen. Ob dies auch für die Überprüfung der Anwendung gemeinschaftsrechtlicher Bestimmungen gilt, wird offen gelassen. Da die Regelung der Rügebefugnis in § 51c Abs. 1 NatSchG Schleswig-Holstein der in § 61 Abs. 2 Nr. 1 BNatSchG n.F. entspricht, ist davon auszugehen, dass diese Grundsätze nunmehr für alle Fällen, in denen Verbandsklagen gegen Planfeststellungen erhoben werden, maßgeblich sind.

5.2.2 Fallbeispiel „Bau der A 20" (Ostsee-Autobahn)[35]

5.2.2.1 Beschränkung der Kontrolle auf bestimmte Belange

Bei der Anwendung der dargestellten Grundsätze auf den Fall der A 20 befasst sich das Bundesverwaltungsgericht zunächst mit der Frage, welche der vom Kläger geltend gemachten Abwägungsmängel näher zu prüfen sind. Dabei werden die folgenden Punkte genannt, die nach Auffassung des Gerichts von der Kontrolle ausgeschlossen sind, weil es nicht um naturschutzrechtliche Fragen geht: die Prognose des Verkehrsbedarfs, die Beur-

---

[33] Grundlegend BVerwGE 34, 301, 309, vgl. auch BVerwGE 45, 309, 314.
[34] BVerwG, Urteil vom 19.05.1998, 4 A 9/97, BVerwGE 107, 1 ff. = NuR 1998, 544, 545.
[35] BVerwG, Urteil vom 19.05.1998, 4 A 9/97, BVerwGE 107, 1 ff. = NuR 1998, 544, 545 f., Fall Nr. 101 der Tabelle in Anhang II.

teilung der verkehrlichen Netzwirkung der geplanten Straße, die Kostenberechnung und die Lärmberechnung sowie die Beurteilung der Luftschadstoffimmissionen.

Für den Bereich des Immissionsschutz wird in diesem Zusammenhang ausgeführt, dass zwar nach § 3 Abs. 2 BImSchG „schädliche Umwelteinwirkungen" auch gegenüber der Natur auftreten können, diese „Sichtweise des § 3 Abs. 2 BImSchG" sei aber nicht darauf gerichtet, *„gerade Belange des Naturschutzes zu wahren"*, denn das sei *„nach der gesetzgeberischen Konzeption vielmehr Gegenstand der besonderen Gesetze des Naturschutzes".* Allerdings hat das Gericht offenbar selbst Zweifel daran, dass sich immissionsschutz- und naturschutzbezogene Regelungen generell so einfach voneinander unterscheiden und abgrenzen lassen. In den folgenden Ausführungen heißt es dann nämlich: *„Es mag im Einzelfall möglich sein, dass immissionsschutzrechtlich zu beurteilende Einwirkungen zugleich naturschutzrechtlich zu beurteilende Beeinträchtigungen darstellen."* Diese Möglichkeit könnte zum Beispiel bei Grenzwerten für Luftschadstoffemissionen bestehen, wenn diese (auch) dazu dienen, Vorsorge gegen Waldschäden zu treffen.[36] Deswegen sollte immer genau geprüft werden, welche Schutzziele eine immissionsschutzrechtliche Regelung hat. Das Bundesverwaltungsgericht beschäftigt sich dann auch im konkreten Fall noch weiter mit dem Immissionsschutz und begründet näher, warum eventuelle Fehler der Planungsbehörden in diesem Bereich nicht gerügt werden konnten.

In diesem Zusammenhang geht das Bundesverwaltungsgericht auch noch auf die Frage ein, ob die planerische Entscheidung hinsichtlich der Belange, die nicht geltend gemacht werden können, auf erkennbar vorgeschobenen Gründen oder auf einer missbräuchlichen Abwägung zu Lasten des Naturschutzes beruht. Es stellt dazu nur fest, eine derartige Sachlage werde nicht bereits dadurch begründet, dass *„der Planfeststellungsbehörde – wie der Kläger vorträgt – eine Reihe von Rechtsfehlern vorzuhalten ist, die sich nach seiner Auffassung auf die fachplanerische Abwägung ausgewirkt haben".*[37] Unter welchen Voraussetzungen ein Missbrauch angenommen werden könnte, wird dann jedoch nicht weiter geklärt.

5.2.2.2 Kontrolle der Planrechtfertigung und der planerischen Abwägung

Bei der Abwägungskontrolle geht das Bundesverwaltungsgericht zuerst auf die Frage ein, ob die – von den Klägern angegriffene – sog. Planrechtfertigung zutreffend bejaht worden war. Es lässt dabei allerdings ausdrücklich offen, ob deren Fehlerhaftigkeit mit einer Verbandsklage überhaupt gerügt werden kann. Nach seiner Auffassung unterliegt die Rechtfertigung hinsichtlich des verkehrlichen Bedarfs nämlich ohnehin nicht der gerichtlichen Überprüfung, weil dieser Bedarf durch § 1 Abs. 1 Fernstraßenausbaugesetz in Verbindung mit der Anlage zu diesem Gesetz festgestellt wird. Das Gericht weist aber auch darauf hin, dass das konkrete Vorhaben trotz dieser gesetzlichen Bedarfsfestlegung in der nach § 17 Abs. 1 FStrG gebotenen Abwägung der übrigen öffentlichen und privaten Be-

---

[36] Dieser Aspekt spielt vor allem bei der 13. BImSchV für Großfeuerungsanlagen eine Rolle – siehe dazu BVerwGE 69, 37 ff.
[37] BVerwG, Urteil vom 19.05.1998, 4 A 9/97, BVerwGE 107, 1 ff. = NuR 1998, 544, 545 f.

lange noch scheitern kann.[38] Insbesondere eine fehlerhafte Berücksichtigung des Naturschutzes in der planerischen Abwägung könnte also einen erheblichen Fehler darstellen.

Die folgende Überprüfung der planerischen Abwägung beschäftigt sich zunächst mit der Frage, ob bei der Festlegung der Trasse für die A 20 die möglichen Alternativen – auch hinsichtlich der Belange des Naturschutzes – ausreichend untersucht worden sind.[39] Dabei geht des Bundesverwaltungsgericht ohne weitere Begründung davon aus, dass insoweit eine Klage- und Rügebefugnis der Verbände besteht. Das Gericht stellt allerdings – im Anschluss an andere Entscheidungen – klar, dass sich die gerichtliche Kontrolle hier nur auf die Frage erstreckt, ob die jeweils gewählte Trassenführung den rechtlichen Anforderungen genügt, und nicht auch darauf, ob eine andere Trassenvariante rechtlich zulässig gewesen wäre.

Auf dieser Grundlage prüft das Bundesverwaltungsgericht dann, ob die Wahl der Südtrasse für die Umfahrung von Lübeck einen Abwägungsmangel darstellt, weil – wie der Kläger meinte – die ebenfalls untersuchte Nordvariante mit erheblich geringeren Auswirkungen auf Natur und Landschaft verbunden gewesen wäre. Das Gericht kommt dabei zu dem Ergebnis, dass die Begründung der Planungsbehörde für die Wahl der Südtrasse – trotz eventueller Nachteile für den Naturschutz – nicht zu beanstanden sei, da sich die Trassenwahl insbesondere mit verkehrsplanerischen Gründen rechtfertigen lasse.[40] Die bei dieser Kontrolle der Alternativenprüfung angestellten Überlegungen deuteten darauf hin, dass der Vorhabenträger hierbei über recht große Spielräume verfügt. In seiner späteren Rechtsprechung hat das Gericht die zu beachtenden Maßstäbe aber differenzierter herausgearbeitet, insbesondere auch im Fall der A 20.[41]

5.2.2.3   Beachtung der FFH-Richtlinie

Den Schwerpunkt im ersten Urteil zur A 20 bilden die Ausführungen des Bundesverwaltungsgerichts zur Beachtung der FFH-Richtlinie. Dabei setzt sich das Gericht erstmals mit der sehr umstrittene Frage auseinander, ob die FFH-Richtlinie aufgrund der abgelaufenen Umsetzungsfristen unmittelbare Rechtswirkungen entfalteten konnte, obwohl die von der Kommission aufzustellende Gemeinschaftsliste der zum Schutzgebietsnetz „Natura 2000" gehörenden Gebiete noch nicht vorlag. Die dazu entwickelte Auffassung[42], dass die FFH-Richtlinie trotz der unvollständigen Umsetzung eine „Vorwirkung" für Gebiete entfalte, die als Europäische Vogelschutzgebiete oder als Gebiete von gemein-

---

[38] BVerwG, Urteil vom 19.05.1998, 4 A 9/97, BVerwGE 107, 1 ff. = NuR 1998, 544, 546.
[39] BVerwG, Urteil vom 19.05.1998, 4 A 9/97, BVerwGE 107, 1 ff. = NuR 1998, 544, 546 ff.
[40] BVerwG, Urteil vom 19.05.1998, 4 A 9/97, BVerwGE 107, 1 ff. = NuR 1998, 544, 547.
[41] BVerwG, Urteil vom 31.01.2002 – 4 A 21.01 – ZUR 2002, 403, 407 f. = Verbandsklage gegen den folgenden Planungsabschnitt, der die umstrittene Wakenitz-Querung betraf; dabei wird unter anderem ausgeführt, dass sich die Nordumfahrung auch aus ökologischen Gründen nicht als vorzugswürdige Alternative aufdrängt; vgl. zur Berücksichtigung unverhältnismäßig hoher Baukosten bei der Entscheidung über die Auswahl von Alternativen auch BVerwGE 110, 302, 310 ff. (B 1 Ortsumgehung Hildesheim).
[42] BVerwG, Urteil vom 19.05.1998, 4 A 9/97, BVerwGE 107, 1 ff. = NuR 1998, 544, 548 ff.

schaftlicher Bedeutung („potenzielle FFH-Gebiete") in Betracht kommen, wird in der Literatur teilweise abgelehnt.[43]

Auf diesen Streit muss hier nicht näher eingegangen werden. Für die Klage- und Rügebefugnis von Verbänden kommt es darauf insofern nicht an, als sowohl die Regelungen der FFH-Richtlinie als auch die zu ihrer Umsetzung dienenden Vorschriften des nationalen Rechts eindeutig dem Naturschutzrecht zuzuordnen sind. Deswegen ist eine Rüge der Verletzung solcher Vorschriften nach allen landesrechtlichen Verbandsklageregelungen[44] sowie nach § 61 Abs. 2 Nr. 1 BNatSchG n.F. ohne weiteres möglich. In der Entscheidung zur A 20 wird auf diese Frage zwar nicht weiter eingegangen. Das Bundesverwaltungsgericht hat die Zulässigkeit solcher Rügen aber in späteren Entscheidungen ausdrücklich bejaht.[45]

Aus dem ersten Urteil zur A 20 lässt sich auch noch nicht eindeutig entnehmen, welche Folgen die „Vorwirkung" der FFH-Richtlinie haben soll. Das Bundesverwaltungsgericht hat aber inzwischen durch weitere Entscheidungen geklärt, dass bei „potenziellen FFH-Gebieten", bei denen sich nach ihrer Meldung die Aufnahme in die von der Kommission nach Art. 4 Abs. 2 FFH-Richtlinie zu erstellende Gemeinschaftsliste „aufdrängt", die Zulässigkeit eines das Gebiet berührenden Vorhabens an den Anforderungen des Art. 6 Abs. 3 und 4 FFH-Richtlinie zu messen ist.[46] Diese Voraussetzungen sind vor allem bei prioritären Lebensräumen oder Arten regelmäßig erfüllt.[47] Ist hingegen die Aufnahme eines Gebietes in die Gemeinschaftsliste nicht hinreichend sicher, soll sich aus der „Vorwirkung" (nur) das Verbot ergeben, das Gebiet so nachhaltig zu beeinträchtigen, dass es für eine Meldung und Aufnahme in die Gemeinschaftsliste nicht mehr in Betracht kommt.[48] Auch in diesen Fällen ist es aber aus praktischer Sicht sinnvoll zu prüfen, ob die Erhaltungsziele der Richtlinie für die betroffenen Gebiete in der planerischen Abwägung ausreichend berücksichtigt worden sind.[49] Außerdem ist zu beachten, dass Art. 6 Abs. 3 und 4 FFH-Richtlinie (§ 34 BNatSchG n.F.) nach Auffassung des Bundesverwaltungsgerichts nicht im Rahmen der herkömmlichen planerischen Abwägung zu prüfen ist, sondern dass sich daraus ein – auch bei der speziell vorgesehene Alternativenprüfung – strikt zu beachtendes Vermeidungsgebot ohne Gestaltungsspielräume ergibt.[50]

Die konkrete Überprüfung der Berücksichtigung von Vogelschutz- und FFH-Gebieten im ersten Urteil zur A 20 stützte sich hingegen in erster Linie auf das planeri-

---

[43] Gegen eine Direktwirkung der FFH-Richtlinie z.B. Stüber, NuR 1998, 531 ff.; grundsätzlich dafür Niederstadt, NuR 1998, 515, 519 ff.; differenzierend Gellermann (1998), S. 81 ff. und S. 92 ff.; siehe ferner Halama, NVwZ 2001, 506 ff. – jeweils m.w.N.

[44] Vgl. Kühling/Herrmann (2000), Rn. 679 ff.

[45] BVerwGE 110, 302, 306 f. (B 1 - Ortsumgehung Hildesheim); BVerwG, 4 A 28.01, ZUR 2003, 22 ff. (A 44 Hessisch Lichtenau).

[46] So BVerwG, 4 A 28.01, ZUR 2003, 22, unter Bezugnahme auf die – nicht so eindeutige – Entscheidung BVerwG, 4 A 18/99, ZUR 2001, 214 ff = BVerwGE 112, 140.

[47] BVerwG, 4 A 28.01, ZUR 2003, 22 f.

[48] BVerwG, 4 A 28.01, ZUR 2003, 22; BVerwG, 4 A 18/99, ZUR 2001, 214 ff. = BVerwGE 112, 140.

[49] Vgl. zu den praktischen Konsequenzen der „Vorwirkung" auch Halama, NVwZ 2001, 506 ff.

[50] BVerwG, 4 A 28.01, ZUR 2003, 22 ff. (A 44 Hessisch Lichtenau).

sche Abwägungsgebot.[51] Dabei unterstellte das Bundesverwaltungsgericht, dass die geplante Südtrasse durch Vogelschutzgebiete und FFH-Gebiete im Sinne des Gemeinschaftsrechts führen könnte. Es berücksichtigte ferner, dass sich die Klage gegen die Planfeststellung eines Streckenabschnitts richtete, der diese Gebiete noch nicht berührte. Vor diesem Hintergrund sah das Gericht zwar einen Abwägungsfehler darin, dass die Planungsbehörde das Gemeinschaftsrecht für nicht anwendbar gehalten hatte. Es hielt diesen Fehler jedoch für unerheblich, weil das Abwägungsergebnis dadurch nicht beeinflusst worden sei (§ 17 Abs. 6c Satz 1 FStrG). Aus der Begründung des Planfeststellungsbeschlusses ergebe sich, dass die Planungsbehörde die Querung der gemeinschaftsrechtlich relevanten Gebiete im folgenden Streckenabschnitt durchaus als problematisch erkannt und die Lösung dieses Problems der Detailplanung für diesen Abschnitt überlassen habe. Dieser Verweis auf die weitere Planung sei zulässig, denn dabei könnten auch neue Erkenntnisse über die rechtliche Bedeutung der betroffenen Gebiete noch berücksichtigt werden. Außerdem sah das Gericht keine unüberwindbaren Hindernisse für die weitere Planung, denn es nahm an, dass eine erhebliche Beeinträchtigung dieser Gebiete im folgenden Streckenabschnitt noch durch geeignete Maßnahmen – insbesondere durch eine Untertunnelung – vermeidbar sei.

Diese Argumentation ist mit dem Hinweis kritisiert worden, dass ein umweltschonender Tunnelbau ganz erhebliche Kosten verursacht und deshalb von der Planungsbehörde wohl gar nicht ernsthaft erwogen worden war.[52] Bei der Planfeststellung für den folgenden Abschnitt, der die ökologisch wertvolle Wakenitzniederung durchschneidet, ist der Tunnelbau als Alternative dann auch tatsächlich aus Kostengründen verworfen worden. Das Bundesverwaltungsgericht hat dies in der Entscheidung über die dagegen erhobene Verbandsklage für zulässig gehalten.[53] Dabei geht das Gericht allerdings – anders als bei dem zuvor erörterten Urteil – aufgrund einer genaueren Aufklärung des Sachverhalts davon aus, dass das betroffene Gebiet gar nicht als faktisches Vogelschutzgebiet oder potenzielles FFH-Gebietes einzuordnen ist. Die strengen Vorgaben der FFH-Richtlinie mussten deshalb auch nicht angewendet werden. Deswegen stützt sich das Gericht ausdrücklich (nur) auf die im nationalen Recht zum herkömmlichen Abwägungsgebot entwickelten Grundsätze. Danach wird es für zulässig gehalten, dass selbst gewichtige Naturschutzbelange in der Konkurrenz mit gegenläufigen Belangen unter Einschluss von Kostengesichtspunkten zurückgestellt werden können, so dass in diesem Fall auf einen teuren Tunnelbau – der aus ökologischer Sicht eindeutig die günstigste Alternative gewesen wäre – verzichtet werden konnte.[54] Unabhängig davon ist festzuhalten, dass die hier näher zu betrachtende Rügebefugnis der Verbände für diese Punkte auch bei dieser zweiten Entscheidung zur A 20 bejaht worden ist.

---

[51] BVerwG, Urteil vom 19.05.1998, 4 A 9/97, BVerwGE 107, 1 ff. = NuR 1998, 544, 548 ff.
[52] Vgl. Kühling/Herrmann (2000), Rn. 683.
[53] Vgl. BVerwG, 4 A 21.01, ZUR 2002, 403 ff.
[54] BVerwG, 4 A 21.01, ZUR 2002, 403, 408; ebenso BVerwGE 110, 302, 310 f.

5.2.3 Fallbeispiel „Emssperrwerk bei Papenburg" (Planergänzung)[55]

Mit der Planfeststellung für das Emssperrwerk zwischen Gandersum und Nendrop hat sich das VG Oldenburg mehrfach auseinandergesetzt. Zunächst waren die Naturschutzverbände mit Anträgen im einstweiligen Rechtsschutz, also auf Anordnung der aufschiebenden Wirkung der Klage nach § 80 Abs. 5 VwGO, erfolgreich.[56] Daraufhin hat die Planungsbehörde zusätzliche Verträglichkeitsprüfungen und Alternativuntersuchungen durchgeführt und am 22.07.1999 einen Planergänzungsbeschluss erlassen. Gegen dessen sofortige Vollziehbarkeit ist erneut gerichtlich vorgegangen worden. In diesem Fall – der hier näher betrachtet werden soll – hat das VG Oldenburg die Anträge der Naturschutzverbände auf einsteiligen Rechtsschutz aber zurückgewiesen.[57]

5.2.3.1 Kontrolle der Anwendung von Verfahrensvorschriften

In der Entscheidung des VG Oldenburg geht es zunächst um die Frage, ob geltend gemacht werden konnte, dass das Planfeststellungsverfahren von einer nicht zuständigen Behörde durchgeführt worden war. Dazu führt das Gericht aus, dass die Klagebefugnisse der Verbände durch § 60c Abs. 1 NNatSchG – der insoweit der Regelung in Schleswig-Holstein (siehe 5.2.1) entspricht – beschränkt sei. Danach könne eine falsche Anwendung von Zuständigkeitsregelungen nicht gerügt werden, weil es nicht um Vorschriften gehe, die auch den Belangen des Naturschutzes dienen sollen. Das Gericht bezieht sich dabei auf die vom Bundesverwaltungsgericht entwickelten Grundsätze (siehe 5.2.1) und tritt der Auffassung der Naturschutzverbände, es sei eine allgemeine Prüfung der Rechtmäßigkeit durchzuführen, ausdrücklich entgegen.[58]

Außerdem beschäftigt sich das VG Oldenburg mit der Frage, ob die Naturschutzverbände im Verfahren ausreichend beteiligt worden sind. Ein Verfahrensfehler in diesem Bereich ist nach Auffassung des Gerichts grundsätzlich auch mit der Verbandsklage angreifbar, weil sich dadurch eine Verkürzung von naturschutzfachlichen Gesichtspunkten ergeben könnte. Im konkreten Fall wird die Beteiligung aber als ausreichend angesehen.[59]

5.2.3.2 Kontrolle der Planrechtfertigung und der planerischen Abwägung

Bei der Planrechtfertigung stellt das VG Oldenburg fest, dass diese nicht zum Gegenstand einer Verbandsklage gemacht werden kann. Dabei gehe es nach der Rechtsprechung des Bundesverwaltungsgerichts[60] im Hinblick auf die sog. enteignungsrechtliche Vorwirkung der Planfeststellung nämlich nur darum, ob ein Vorhaben überhaupt aus vernünftigen Gründen des Allgemeinwohls geboten erscheint. Die Frage nach der Rechtfer-

---

[55] Fall Nr. 61 der Tabelle in Anhang II.
[56] VG Oldenburg, 1 B 3334/98; OVG Lüneburg, 3 M 5512/98.
[57] VG Oldenburg, Beschluss vom 26.10.1999, 1 B 3319/99, NuR 2000, 398 ff.
[58] VG Oldenburg, Beschluss vom 26.10.1999, 1 B 3319/99, NuR 2000, 398 f.
[59] VG Oldenburg, Beschluss vom 26.10.1999, 1 B 3319/99, NuR 2000, 398, 399 f.
[60] BVerwGE 71, 166, 167 ff.; 72, 282, 284; 84, 31, 36.

tigung von Eingriffen in Natur und Landschaft spiele hier also keine Rolle. Eine gerichtliche Kontrolle im Rahmen der Verbandsklage komme daher nicht in Betracht.[61]

Das VG Oldenburg prüft dann allerdings, ob die zur Rechtfertigung der Planung angeführten Gründe offensichtlich nur vorgeschoben sind. Einen solchen Fall hält das VG Oldenburg zwar nicht für gegeben. Nach Aktenlage sei davon auszugehen, dass das Sperrwerk nicht nur – wie die Verbände meinen – zur Förderung der Region Papenburg und der dort ansässigen Meyer-Werft dienen soll, sondern dass auch die – von der Planungsbehörde angeführten – Gründe des Küstenschutzes für die Errichtung sprächen.[62] Die weitere Prüfung kommt jedoch zu dem Ergebnis, dass die Auffassung der Planungsbehörde, dass Sperrwerk rechtfertige sich *allein* aus Gründen des Küstenschutzes, nicht zutrifft. Das Gericht sieht darin einen Abwägungsfehler, den es jedoch nach § 75 Abs. 1a VwVfG für unerheblich hält, weil er das Abwägungsergebnis nicht beeinflusst habe. Neben dem Küstenschutz sei die ebenfalls beabsichtigte Förderung der Region Papenburg als zusätzliche, gleichgewichtige Rechtfertigung anzusehen, die noch zu einer Verstärkung der für das Vorhaben sprechenden öffentlichen Interessen führe.[63]

Die Überprüfung dieser Fragen war offenbar geboten, weil die Planungsbehörde den Küstenschutz in der Planbegründung sehr einseitig in den Vordergrund gestellt hatte, obwohl die vorgesehene Staumöglichkeit der Ems wohl in erster Linie der Wirtschaftsförderung dienen sollte. Eine rechtliche Grundlage für die relativ ausführliche Untersuchung dieses Punktes in einer Verbandsklage wird vom VG Oldenburg allerdings nicht genannt. Deswegen kann nur vermutet werden, dass das Gericht dabei die Überlegungen des Bundesverwaltungsgerichts aufgreift, wonach die Beurteilung von nicht naturschutzbezogenen Belangen dann mit einer Verbandsklage kontrollierbar ist, wenn es sich um erkennbar vorgeschobene Gründe oder um eine missbräuchliche Abwägung handelt (siehe 5.2.1). Auf die Berücksichtigung der Belange des Naturschutzes im Rahmen der Abwägung wird in diesem Zusammenhang übrigens überhaupt nicht eingegangen.

5.2.3.3 Beachtung der FFH-Richtlinie

Die Berücksichtigung der Belange des Naturschutzes prüft das VG Oldenburg nur im Zusammenhang mit der Frage nach der Beachtung von § 19c BNatSchG a.F. (§ 34 BNatSchG n.F.). Die Anwendbarkeit dieser zur Umsetzung von Art. 6 Abs. 2 bis 4 FFH-Richtlinie dienenden Regelungen ist in diesem Fall allerdings fraglich. Das Bundesverwaltungsgericht stützt sich bei seinen Entscheidungen bisher aufgrund der noch immer bestehenden Defizite bei der Umsetzung des Gemeinschaftsrechts unmittelbar auf die FFH-Richtlinie (im Einzelnen dazu 5.2.2.3). Für die in der Planung zu beachtenden Anforderungen an die Zulässigkeit von Vorhaben, die gemeinschaftsrechtlich relevante Gebiete beeinträchtigen könnten, ergeben sich dadurch allerdings keine Unterschiede.

---

[61] VG Oldenburg, Beschluss vom 26.10.1999, 1 B 3319/99, NuR 2000, 398, 400.
[62] VG Oldenburg, Beschluss vom 26.10.1999, 1 B 3319/99, NuR 2000, 398, 400.
[63] VG Oldenburg, Beschluss vom 26.10.1999, 1 B 3319/99, NuR 2000, 398, 400.

Das VG Oldenburg bejaht die Anwendbarkeit des § 19c BNatSchG a.F. (§ 34 BNatSchG n.F.) sowohl bei einem Europäischen Vogelschutzgebiet[64] als auch bei einem potenziellen FFH-Gebiet[65]. Es versteht die Bestimmung dabei als „zwingende rechtliche Vorschrift", die nicht im Rahmen der Kontrolle der planerischen Abwägung, sondern unabhängig davon zu prüfen sei.[66] Zwar sehe auch § 19c Abs. 3 BNatSchG a.F. (§ 34 Abs. 3 BNatSchG n.F.) eine Abwägung der Belange des Naturschutzes mit anderen öffentlichen Belangen vor. Dabei hat die Behörde aber nach Auffassung des VG Oldenburg keinen Gestaltungsspielraum, sondern ihre Entscheidung soll voll überprüfbar sein.[67]

Bei dem Europäischen Vogelschutzgebiet „Ems-Außendeichflächen und Sände von Terborg bis Emden" geht das VG Oldenburg davon aus, dass die vorgesehene Inanspruchnahme von Flächen nicht zu erheblichen Beeinträchtigungen im Sinne von § 19c Abs. 2 BNatSchG a.F. (§ 34 Abs. 2 BNatSchG n.F.) führt. Dabei prüft das Gericht die Beachtung der genannten Vorschrift – soweit ersichtlich – in vollem Umfang.[68] Bei dem potenziellen FFH-Gebiet „Unterems von Papenburg bis Dollart" nimmt das VG Oldenburg hingegen eine erhebliche Beeinträchtigung an, weil mehr als vier Hektar „atlantische Salzwiesen" überbaut werden sollen. Deswegen kam es bei diesem Punkt darauf an, ob nach § 19c Abs. 3 BNatSchG a.F. (§ 34 Abs. 3 BNatSchG n.F.) – ausnahmsweise – die Zulassung des Projekts möglich war, weil es dafür zwingende Gründe des öffentlichen Interesses gab. Bei der dazu erforderlichen Abwägung geht das Gericht davon aus, dass die Verbände nur eine auf die Berücksichtigung der Belange des Naturschutzes beschränkte Rügebefugnis haben, und leitet daraus eine entsprechende Beschränkung der gerichtlichen Kontrollbefugnisse ab.

An diesem Punkt knüpft das VG Oldenburg ausdrücklich an die im Fall der A 20 vom Bundesverwaltungsgericht für die Abwägungskontrolle entwickelten Grundsätze an (siehe 5.2.1). Es hält jedoch trotzdem eine nähere Begründung für notwendig, weil es bei § 19c BNatSchG a.F. (§ 34 BNatSchG n.F.) – anders als beim planerischen Abwägungsgebot – um eine spezielle Regelung des Naturschutzrechts geht. Der Wortlaut von § 60c NNatSchG könnte nämlich so verstanden werden, dass die Anwendung solcher Vorschrift einer vollen gerichtlichen Kontrolle unterliegen soll. Das VG Oldenburg setzt sich deshalb näher mit dieser Frage auseinander. Es führt dazu aus, die Verbandsklage sei (lediglich) eine „Fortsetzung" der Verbandsbeteiligung im Verwaltungsverfahren, die ihrerseits auf eine Einsichtnahme in die Unterlagen beschränkt sei, die unmittelbar Natur und Landschaft betreffen. Die Verbände würden im Verwaltungsverfahren als „Anwälte der Natur" und nicht als Sachwalter anderer Belange hinzugezogen, so dass sich auch die Rü-

---

[64] VG Oldenburg, Beschluss vom 26.10.1999, 1 B 3319/99, NuR 2000, 398, 401.
[65] VG Oldenburg, Beschluss vom 26.10.1999, 1 B 3319/99, NuR 2000, 398, 403.
[66] VG Oldenburg, Beschluss vom 26.10.1999, 1 B 3319/99, NuR 2000, 398, 401 und 404.
[67] Anderer Auffassung dazu Koch, NuR 2000, 374, 378: nur Rechtskontrolle des Gerichts, das einen „Entscheidungsspielraum der zuständigen Stelle zu wahren hat".
[68] VG Oldenburg, Beschluss vom 26.10.1999, 1 B 3319/99, NuR 2000, 398, 402.

gemöglichkeit bei der Klage nur auf die Berücksichtigung der Belange des Naturschutzes erstrecken könne.[69]

Allerdings sieht das VG Oldenburg, dass bei einer derart beschränkten Kontrolle eine fehlerhafte Einschätzung von naturschutzfremden Belangen, die zu einer Zurückstellung des Naturschutzes in der Abwägung führt, nicht erfasst werden kann. Deswegen hält es bei den naturschutzfremden Belangen – ebenfalls in Anlehnung an das Bundesverwaltungsgericht (siehe 5.2.1) – „eine Art grobe Missbrauchskontrolle" für möglich. Bezogen auf den konkreten Fall stellt das VG Oldenburg hierzu dann noch einmal fest, dass die für das Projekt sprechenden Gesichtspunkte des Küstenschutzes und der regionalen Wirtschaftsförderung nicht (missbräuchlich) vorgeschoben sind, sondern gegenüber der Beeinträchtigung des potentiellen FFH-Gebiets als vorrangig bewertet werden konnten.[70]

Anschließend wird noch auf die nach § 19c Abs. 3 Nr. 2 BNatSchG a.F. (§ 34 Abs. 3 Nr. 2 BNatSchG n.F.) erforderliche Prüfung von Alternativen eingegangen. Auch an diesem Punkt geht das VG Oldenburg davon aus, dass die Rügebefugnis der Verbände – entsprechend den vorangehenden Ausführungen – auf die Frage einer richtigen Bewertung der Umweltbelange beschränkt ist. Dazu stellt es fest, dass die mit dem Sperrwerk verbundenen Beeinträchtigungen des potentiellen FFH-Gebiets zwar deutlich größer sind als es bei einer Deicherhöhung der Fall wäre. Eine Deicherhöhung sowie andere Varianten würden jedoch nur dem angestrebten Küstenschutz dienen. Sie könnten deswegen nicht als wirkliche Alternativen zu dem Sperrwerk angesehen werden, weil nur mit diesem auch die – über den Küstenschutz hinaus – beabsichtigte Förderung der Region Papenburg zu erreichen sei.[71] Diese Argumentation ist mit den Überlegungen des Bundesverwaltungsgerichts zur Alternativenprüfung in dem ersten Urteil zur A 20 vergleichbar (siehe 5.2.2.2).

5.2.4 Fallbeispiel „Trinkwassertalsperre Leibis-Lichte"[72]

In Thüringen hat ein Umweltverband versucht, vorläufigen Rechtsschutz gegen die sofortige Vollziehung des Planfeststellungsbeschlusses für eine Trinkwassertalsperre im Tal der Lichte zu erlangen. Auch in diesem Fall ging es um die gerichtliche Kontrolle der planerischen Abwägung sowie der Anwendung von § 19c BNatSchG a.F. (§ 34 BNatSchG n.F.) oder der FFH-Richtlinie. Das VG Gera hat diesen Antrag abgewiesen.

---

[69] VG Oldenburg, Beschluss vom 26.10.1999, 1 B 3319/99, NuR 2000, 398, 403.
[70] VG Oldenburg, Beschluss vom 26.10.1999, 1 B 3319/99, NuR 2000, 398, 404.
[71] VG Oldenburg, Beschluss vom 26.10.1999, 1 B 3319/99, NuR 2000, 398, 404.
[72] VG Gera, Beschluss vom 16.08.1999, Beschluss vom 16.08.1999, NuR 2000, 393 ff., Fall Nr. 113 der Tabelle in Anhang II.

5.2.4.1 Kontrolle der Planrechtfertigung und der planerischen Abwägung

Auch das VG Gera nimmt Bezug auf die Grundsätze, die das Bundesverwaltungsgericht in seiner ersten Entscheidung zur A 20 für die Abwägungskontrolle entwickelt hat, um die Reichweite der gerichtlichen Kontrolle bei der vorliegenden Verbandsklage zu bestimmen.[73] Dabei hätte es an sich die Frage klären müssen, ob diese aus dem schleswig-holsteinischen Landesrecht abgeleiteten Grundsätze auf das thüringische Landesrecht übertragbar sind. Darauf ist das VG Gera jedoch nicht eingegangen, obwohl die Rügebefugnis der Verbände durch § 46 Abs. 2 Nr. 3 VorlThürNatSchG auf die Verletzung von Vorschriften der Naturschutzgesetze beschränkt wurde. Auf eine Überprüfung von Regelungen, die auch den Belangen des Naturschutzes zu dienen bestimmt sind, konnte die Klage somit – anders als in Schleswig-Holstein – nicht gestützt werden. Dieser Umstand sprach eindeutig gegen die Übertragbarkeit der Grundsätze des Bundesverwaltungsgerichts auf den vom VG Gera zu entscheidenden Fall. Inzwischen ist allerdings durch die bundesweit vereinheitlichend wirkende Regelung des § 61 Abs. 2 Nr. 1 BNatSchG n.F. geklärt, dass zukünftig bei allen Klagen gegen Planfeststellungsverfahren die Beachtung des Abwägungsgebots – als einer auch dem Naturschutz dienenden Rechtsnorm – gerügt werden kann.

Anders als das VG Oldenburg wendet das VG Gera die Grundsätze für die Kontrolle der Abwägung auch auf die Planrechtfertigung an, beschränkt sich dabei allerdings auf die Betrachtung naturschutzrechtlicher Belange. Dadurch kommt das VG Gera zwangsläufig zu dem Ergebnis, dass die Verbände eventuelle Fehler bei den behördlichen Berechnungen des Trinkwasserbedarfs und der Bevölkerungsentwicklung nicht rügen konnten.[74]

Außerdem prüft das VG Gera im Rahmen der Abwägungskontrolle, ob die möglichen Alternativen zum Bau der geplanten Talsperre im Planfeststellungsverfahren ausreichend berücksichtigt worden sind. Dabei nimmt es wiederum ausdrücklich Bezug auf das Bundesverwaltungsgericht und führt dann aus, dass die sich aufdrängenden oder nahe liegenden Alternativen für die Sicherung der Trinkwasserversorgung nachvollziehbar geprüft und ausgeschieden worden sind.[75]

5.2.4.2 Beachtung der FFH-Richtlinie

Wie schon das VG Oldenburg scheint auch das VG Gera von einer direkten Anwendbarkeit des § 19c BNatSchG a.F. (§ 34 BNatSchG n.F.) auszugehen, während das Bundesverwaltungsgericht bisher unmittelbar auf Art. 6 Abs. 3 und 4 FFH-Richtlinie zurückgreift. Für die inhaltlichen Anforderungen an die Zulässigkeit des Vorhabens ergeben sich dadurch allerdings keine Unterschiede (siehe schon 5.2.3.3). Ferner sieht auch das VG Gera die Überprüfung von § 19c BNatSchG a.F. (§ 34 BNatSchG n.F.) als eigenständigen Punkt, der neben die Kontrolle der planerischen Abwägung tritt. Dieser Ansatz entspricht den Überlegungen des VG Oldenburg. Das VG Gera geht jedoch davon aus, dass die

---

[73] VG Gera, Beschluss vom 16.08.1999, Beschluss vom 16.08.1999, NuR 2000, 393, 394 – siehe auch 5.2.1.
[74] VG Gera, Beschluss vom 16.08.1999, Beschluss vom 16.08.1999, NuR 2000, 393, 394.
[75] VG Gera, Beschluss vom 16.08.1999, Beschluss vom 16.08.1999, NuR 2000, 393, 394.

aufgrund der beschränkten Rügebefugnis für Abwägungskontrolle entwickelten Grundsätze bei § 19c BNatSchG a.F. (§ 34 BNatSchG n.F.) nicht gelten, da „*es sich um eine naturschutzrechtliche Norm handelt, deren Verletzung der Antragsteller nach § 46 Vorl ThürNatSchG geltend machen kann*". Es hält also – anders als das VG Oldenburg – die Anwendung von § 19c BNatSchG a.F. (§ 34 BNatSchG n.F.) auch bei den naturschutzfremden Belangen für voll überprüfbar.[76]

Bezogen auf den konkreten Fall stellt das VG Gera fest, dass das geplante Projekt die Vogelschutzgebiete und (ausgewiesenen) Naturschutzgebiete Meuraer Heide und Schwarzatal, in denen sich auch prioritäre Arten und prioritäre Biotope befinden, in ihren Schutzzwecken erheblich und nachhaltig beeinträchtigen kann. Zulässig ist dies nach § 19c Abs. 4 BNatSchG a.F. (§ 34 Abs. 4 BNatSchG n.F.) nur, wenn zwingende Gründe des überwiegenden öffentlichen Interesses für das Projekt sprechen. Diese Gründe könnten sich nach Auffassung des Gerichts daraus ergeben, dass es im vorliegenden Fall um die Sicherung der Trinkwasserversorgung und somit um die Gesundheit des Menschen geht.

In der Gesamtbeurteilung sei aber nach § 19c Abs. 3 BNatSchG a.F. (§ 34 Abs. 3 BNatSchG n.F.) auch zu berücksichtigen, welche Alternativen vorhanden und welche Ausgleichsmaßnahmen geplant seien. In diesem Zusammenhang hält es das Gericht für notwendig, auch die der Gesamtbeurteilung zugrunde gelegte Trinkwasserbedarfsprognose und die dazu erstellte Bevölkerungsberechnung zu überprüfen. Es werden also Gesichtspunkte aufgegriffen, deren Prüfung das Gericht bei der Planrechtfertigung noch abgelehnt hatte. Allerdings wird die Klärung der damit verbundenen Fragen dann dem Hauptsacheverfahren überlassen, so dass die Erfolgsaussichten der Klage offen waren und über den einstweiligen Rechtsschutz im Wege einer Interessenabwägung entschieden werden musste. Dabei schätzte das VG Gera die Gefahren für die Trinkwasserversorgung höher ein als die in den Schutzgebieten zu erwartenden Beeinträchtigungen.

5.2.5 Schlussfolgerungen

Das Bundesverwaltungsgericht hat – noch ausgehend von landesrechtlichen Vorschriften – für die Rügebefugnisse für Verbandsklagen spezielle Grundsätze entwickelt, nach denen sich die Prüfung der Berücksichtigung von naturschutzrechtlichen Belange in der Abwägung auch bei den sog. Vereinsklagen gegen Planfeststellungen nach § 61 Abs. 2 Nr. 1 BNatSchG n.F. richten kann. Damit ist die Reichweite der gerichtlichen Überprüfung von Planfeststellungen auch für die Zukunft bereits grundsätzlich geklärt (siehe insgesamt dazu 5.2.1).

Die nähere Betrachtung der drei beschriebenen Fallbeispiele zeigt allerdings, dass sich bei der Anwendung der Grundsätze des Bundesverwaltungsgerichts mehrere Fragen ergeben haben, deren abschließende Klärung noch aussteht. Das betrifft zunächst die Kon-

---

[76] VG Gera, Beschluss vom 16.08.1999, Beschluss vom 16.08.1999, NuR 2000, 393, 395.

trolle der Planrechtfertigung, die vom VG Oldenburg und vom VG Gera unterschiedlich gehandhabt worden ist (dazu 5.2.5.1). Hinzu kommt die Frage, inwieweit die Gerichte mit einer „Missbrauchskontrolle" über die grundsätzlich auf naturschutzrechtliche Belange beschränkte Abwägungskontrolle hinausgehen dürfen oder müssen (dazu 5.2.5.2). Schließlich ist zu untersuchen, welche Maßstäbe bei der praktisch sehr wichtigen Kontrolle der Anwendung von § 19c BNatSchG a.F. (§ 34 BNatSchG n.F.) gelten, der die Zulässigkeit von Projekten regelt, die zur Beeinträchtigung von Natura 2000 – Schutzgebieten führen (dazu 5.2.5.3).

5.2.5.1 Kontrolle der Planrechtfertigung

Das Bundesverwaltungsgericht konnte in dem beschriebenen Fall der A 20 die Frage, ob mit einer Verbandsklage auch Fehler bei der Planrechtfertigung gerügt werden können, offen lassen, weil der Bedarf bei Fernstraßen gesetzlich festgestellt wird (siehe 5.2.2.2). Auch in neueren Entscheidungen ist diese Frage – soweit ersichtlich – nicht weiter geklärt worden. In den beiden anderen Fallbeispielen werden dazu jedoch unterschiedliche Standpunkte vertreten. Das VG Gera geht grundsätzlich von einer Überprüfbarkeit der Planrechtfertigung aus (siehe 5.2.4.1), während das VG Oldenburg die Überprüfung der Planrechtfertigung ganz ablehnt (siehe 5.2.3.2).

Die Frage nach der Planrechtfertigung zielt nur darauf, in einem „ersten Schritt" festzustellen, ob überhaupt öffentliche Belange für ein planfeststellungsbedürftiges Vorhaben sprechen. Dies ist in erster Linie im Hinblick auf eine mögliche Enteignung privater Grundstücke interessant, die nach Art. 14 Abs. 3 GG nur mit Gründen des Allgemeinwohls gerechtfertigt werden kann. Auf den Naturschutz kommt es dabei in aller Regel (noch) nicht an, weil dieser Belang in der Praxis kaum für ein planfeststellungsbedürftiges Vorhaben sprechen dürfte. Zumindest wird es regelmäßig auch entgegenstehende Belange des Naturschutzes geben, die (erst) in der Abwägung, die insoweit durch die Planrechtfertigung nicht vorbestimmt wird, eine Rolle spielen. Die Abwägungskontrolle kann also als „zweiter Schritt" der gerichtlichen Überprüfung ohne weiteres zu dem Ergebnis kommen, dass ein Vorhaben – trotz der dafür sprechenden öffentlichen Belange – an den Belangen des Naturschutzes oder anderen entgegenstehenden Belangen scheitert.[77] Deswegen ist es konsequent und auch mit Rücksicht auf den Naturschutz hinnehmbar, wenn die Planrechtfertigung bei Verbandsklagen nicht kontrolliert wird. Der Auffassung des VG Oldenburg kann daher zugestimmt werden.

5.2.5.2 Beschränkung der Abwägungskontrolle und „Missbrauchskontrolle"

In § 61 Abs. 2 Nr. 1 BNatSchG n.F. – wie auch schon in den Landesnaturschutzgesetzen – ist eine Beschränkung der Rügebefugnis bei Verbands- oder Vereinsklagen ausdrücklich vorgesehen. Diese Regelungen beeinflussen auch die Erfolgsaussichten und sind somit nicht im Sinne der potenziellen Kläger. Da die Verbandsklage allerdings mit dem Ziel

---

[77] So ausdrücklich BVerwG, NuR 1998, 544, 546 (siehe auch 5.2.2).

eingeführt worden ist, speziell den im Bereich des Naturschutzes bestehenden Vollzugsdefiziten entgegenzuwirken, erscheint eine entsprechende Beschränkung der Rügebefugnis auf den ersten Blick durchaus konsequent. Dafür könnte auch sprechen, dass die den anerkannten Verbänden eingeräumten Rechte auf eine Verfahrensbeteiligung (§§ 58 und 60 BNatSchG n.F.) ebenfalls (nur) eine bessere Berücksichtigung des Naturschutzes gewährleisten sollen.

Es gibt also durchaus Argumente dafür, bei Verbands- oder Vereinsklagen die Kontrolle der planerischen Abwägung auf Fehler zu beschränken, die zu Lasten des Naturschutzes gehen. Fraglich ist allerdings, ob die vom Bundesverwaltungsgericht zur Umsetzung dieser Beschränkung für die Abwägungskontrolle entwickelte „Formel" (siehe 5.2.1) dem Sinn und Zweck der Verbandsklageregelungen entspricht. Nach Auffassung des Gerichts soll der Naturschutz nämlich zumindest bei der Überprüfung einer richtigen Ermittlung und Bewertung der betroffenen Belange „isoliert" betrachtet werden. Dies hat zur Folge, dass die Kontrolle gerade nicht alle Abwägungsfehler erfasst, die zu Vollzugsdefiziten im Naturschutz führen können. Denn solche Defizite ergeben sich auch dann, wenn die Naturschutzbelange zwar als solche korrekt ermittelt und gewichtet worden sind, den entgegenstehenden Belangen aber ein zu hohes Gewicht beigemessen wird und es deswegen zur Zurückstellung des Naturschutzes kommt. Sofern solche Fehler durch die Gerichte nicht kontrolliert werden (können), wird das Ziel der Verbands- oder Vereinsklage, die Vollzugsdefizite im Bereich des Naturschutzes bei den Planfeststellung abzubauen, zumindest teilweise verfehlt.

Dieses Problem haben auch die Gerichte gesehen. Das Bundesverwaltungsgericht hält in der ersten Entscheidung zur A 20 eine „Missbrauchskontrolle" für möglich, die darauf gerichtet sein soll, grobe Fehler bei der Gewichtung von naturschutzfremden Belangen zu sanktionieren (siehe 5.2.1). Zwar erläutert das Gericht diesen Ansatz nicht weiter. Das VG Oldenburg greift ihn jedoch – bei der Prüfung von § 19c Abs. 3 BNatSchG a.F. (§ 34 BNatSchG n.F.) – auf, und begründet dies wie folgt: *„Allerdings ist nicht zu verkennen, dass gerade im Rahmen von planerischen Entscheidungen die Berücksichtigung und Gewichtung von Gesichtspunkten, die den Belangen des Naturschutzes entgegenstehen, sich mittelbar auf die Umweltbelange auswirken kann. Je stärker naturschutzfremde Gesichtspunkte gewichtet werden, desto leichter ist es, im Rahmen einer Abwägungsentscheidung die Umweltbelange zurücktreten zu lassen. Dies eröffnet dem Gericht (...) eine Art grobe Missbrauchskontrolle auch in Bezug auf andere Gesichtspunkte."*[78]

Für die „Missbrauchskontrolle" spricht, dass sich damit – in bestimmten Fällen – auch eine falsche Gewichtung von naturschutzfremden Belangen, die zu Defiziten bei der Berücksichtigung des Naturschutzes führen kann, erfassen lässt. Sie könnte daher mit einer am Sinn und Zweck orientierten Auslegung der Regelungen für die Verbands- oder Vereinsklagen gerechtfertigt werden. Der Wortlaut des § 61 Abs. 2 Nr. 1 BNatSchG n. F. steht dem nicht entgegen. Dort wird zwar geregelt, dass nur eine Verletzung von auf den Naturschutz bezogenen Vorschriften geltend gemacht werden kann. Wie diese Beschrän-

---

[78] VG Oldenburg, Beschluss vom 26.10.1999, 1 B 3319/99, NuR 2000, 398, 403 f.

kung speziell bei der Kontrolle der planerischen Abwägung umzusetzen ist, lässt sich dem Gesetzestext aber nicht entnehmen. Auch aus den Gesetzesmaterialien geht dazu nichts hervor. Die Auslegung muss daher vor allem auf den Gesetzeszweck abstellen, und dieser spricht für eine Kontrolle, die alle möglicherweise zu Lasten des Naturschutzes gehenden Abwägungsfehler erfasst.

Wenn diese am Gesetzeszweck orientierte Auslegung des § 61 Abs. 2 Nr. 1 BNatSchG n.F. konsequent durchgeführt würde, hätte das allerdings zur Folge, dass nicht nur bei einer offenbar missbräuchlichen Abwägung, sondern in allen Fällen eine Kontrolle der Planung geboten wäre, die alle zu Lasten des Naturschutzes gehenden Abwägungsfehler erfasst. So weit soll eine „Missbrauchskontrolle" aber nicht gehen. Diese zielt nur auf „grobe" Abwägungsfehler, also etwa Fälle, in denen gewichtige Belange für die Rechtfertigung eines Vorhabens offensichtlich fehlen. Zwar sind die Kriterien, nach denen ein „Missbrauch" der Abwägung zu beurteilen ist, bisher nicht näher konkretisiert worden. Das Bundesverwaltungsgericht macht aber deutlich, dass es dafür nicht ausreicht, wenn (nur) ein Abwägungsfehler vorliegt.[79] Damit werden mögliche Lücken bei der Abwägungskontrolle, die zu Lasten des Naturschutzes gehen können, bewusst in Kauf genommen.

Außerdem ist fraglich, wie diese „Zwischenlösung", die einerseits über die an sich von der Rechtsprechung praktizierte enge Auslegung der Verbands- oder Vereinsklageregelungen hinausgeht, andererseits aber die aus Sicht des Naturschutzes gebotene vollständige Kontrolle der planerischen Abwägung nicht ermöglichen will, gerechtfertigt werden kann. In den untersuchten Fallbeispielen wird dies nicht weiter erläutert, und auch die neueren Entscheidungen des Bundesverwaltungsgerichts enthalten dazu – soweit ersichtlich – keine Hinweise. Vor allem mit Blick auf die Entscheidung des VG Oldenburg wird die „Missbrauchskontrolle" deshalb als eine „dogmatisch freischwebende Lösung" kritisiert, die den gesetzlich vorgesehenen Beschränkungen der Rügebefugnis widerspreche.[80]

Ein Ansatzpunkt für die dogmatische Begründung der „Missbrauchskontrolle" könnte zwar aus dem Begriff selbst abzuleiten sein. So hat das Bundesverwaltungsgericht für Ansprüche aus öffentlich-rechtlichen Schuldverhältnissen mehrfach entschieden, dass Rechtsmissbrauch und treuwidriges Verhalten auch im Verhältnis zwischen Staat und Bürger nicht hingenommen werden kann.[81] Damit wird auf einen Rechtsgrundsatz abgestellt, der aus dem in § 242 BGB verankerten Grundsatz von Treu und Glauben hergeleitet wird und allgemeine Geltung beansprucht. Außerdem ist rechtsmissbräuchliches Verhalten im Zusammenhang mit der Erhebung von Klagen als unzulässig angesehen worden.[82]

---

[79] Vgl. BVerwG, NuR 1998,544, 545 f. (siehe auch 5.2.1); das VG Oldenburg prüft die Einschätzung der naturschutzfremden Belangen allerdings recht weitgehend, ohne sich zu den Maßstäben zu äußern (siehe 5.3.2).
[80] So Koch, NuR 2000, 374.
[81] BVerwG, 3 C 7/00, DVBl. 2001, 991 ff., zur Durchsetzung öffentlich-rechtlicher Erstattungsansprüche (unter Hinweis auf OVG Düsseldorf, Urteil v. 17. 11.1983, NVwZ 1985, 118 f.); BVerwG, Urteil v. 16.05.2000 – 4 C 4/99 – NVwZ 2000, 1285, zu Rückforderungen aus einem Folgekostenvertrag.
[82] Siehe insbesondere BVerwG, 4 A 10/99, NVwZ 2001, 427 ff. (unter Hinweis auf BGHZ 44, 367 ff.), wo die Klagebefugnis eines anerkannten Naturschutzverbandes bei rechtsmissbräuchlicher Begründung der Eigentümerstellung

Die beschriebenen Fallkonstellationen sind jedoch mit der bei einer Überprüfung von Abwägungsentscheidungen bestehenden Situation nicht vergleichbar. Die typischen Fälle des Rechtsmissbrauchs sind dadurch gekennzeichnet, dass ein an sich bestehendes Recht – wie beispielsweise ein Klagerecht – in missbräuchlicher Weise durchgesetzt oder ausgenutzt werden soll. Wenn eine Zulassungsbehörde im Rahmen des Planfeststellungsverfahrens eine Abwägung vornimmt, geht es aber nicht um die Durchsetzung bestehender Rechtspositionen, sondern darum, die durch ein bestimmtes Vorhaben betroffenen Belange zu einem Ausgleich zu bringen und dadurch die Rechtslage neu zu gestalten. Wenn in einem solchen Entscheidungsprozess etwas falsch gemacht wird, ist das etwas anderes als die Ausnutzung einer bestehenden Rechtsposition. Gerade weil dabei die Rechtslage neu gestaltet und häufig in bestehende Rechtspositionen eingegriffen wird, ist die Abwägungsentscheidung – wie andere Verwaltungsentscheidungen auch – gerichtlich überprüfbar.

Die gerichtliche Überprüfung von Planfeststellungen muss sich zwar an § 75 Abs. 1a Satz 1 VwVfG orientieren, wonach Fehler im Abwägungs*vorgang* nur erheblich sind, wenn sie das Abwägungs*ergebnis* offensichtlich beeinflusst haben.[83] Auch für diese Feststellung ist es aber unerheblich, ob der Fehler „missbräuchlich" oder auf andere Weise zustande gekommen ist. Entscheidend ist nur, ob ein „erheblicher" Fehler vorliegt. Dies ist bei Mängeln im Abwägungsvorgang, also bei der Zusammenstellung des Abwägungsmaterials und bei der Gewichtung von Belangen, vor allem dann fraglich, wenn das Abwägungsergebnis ausgewogen und sachgerecht erscheint. Die Möglichkeit, dass ein Fehler im Abwägungsvorgang das Ergebnis beeinflusst hat, besteht jedoch nicht nur bei einer „missbräuchlichen" Abwägung, sondern grundsätzlich in allen Fällen, in denen wesentliche Belange übersehen oder fehlgewichtet worden sind. Das kann sowohl die Belange des Naturschutzes als auch wirtschaftliche Belange betreffen. Liegt ein nach diesen Grundsätzen „erheblicher" Fehler vor, ist die Entscheidung rechtswidrig. Das gilt auch dann, wenn der Fehler durch ein ergänzendes Verfahren behoben werden kann (§ 75 Abs. 1a Satz 2 VwVfG). Nach diesen Grundsätzen spielt es also keine Rolle, ob der Abwägungsfehler auf „Missbrauch" beruht, weil ein Belang absichtlich völlig überbewertet worden ist, oder ob insoweit ein Versehen vorliegt.

Aus der nach § 61 Abs. 2 Nr. 1 BNatSchG n. F. oder entsprechenden landesrechtlichen Regelungen bei der Verbands- oder Vereinsklage geltenden Beschränkung der Rüge- und Kontrollbefugnis auf eine Verletzung von naturschutzbezogenen Vorschriften ergibt sich – wie schon dargelegt – nichts anderes. Diese Klagemöglichkeit ist zum Abbau von Vollzugsdefiziten im Naturschutzrecht geschaffen worden, so dass die dafür geltenden Regelungen nach ihrem Sinn und Zweck auf eine möglichst effektive gerichtliche Kontrolle dieses Bereichs gerichtet sind. Dieses Ziel ist bei Abwägungsentscheidungen aber eben nur dadurch zu erreichen, dass die Überprüfung auch Fehler bei der Berücksichti-

---

an einem „Sperrgrundstück" verneint wird; zu der damit vorgenommenen Abweichung von der bisherigen Rechtsprechung kritisch Masing, NVwZ 2002, 810 ff.

[83] Im Einzelnen dazu Kühling/Herrmann (2000), Rn. 330 ff. – mit zahlreichen Nachweisen.

gung naturschutzfremder Belange erfasst, die sich negativ auf die Berücksichtigung der Naturschutzbelange ausgewirkt haben können.

Die vom Bundesverwaltungsgericht entwickelten Grundsätze für eine „isolierte" Kontrolle der Belange des Naturschutzes und eine ergänzende „Missbrauchskontrolle" stellen sich demnach als zu enge Auslegung der Regelung für die Rügebefugnis dar. Das gilt auch für die Position des VG Oldenburg, das die Beschränkung der Rügebefugnis ergänzend zum Bundesverwaltungsgericht damit begründet, dass die Naturschutzverbände auch im Verwaltungsverfahren nur als Sachwalter für die Belange des Naturschutzes beteiligt würden.[84] Zwar verfolgt die Verbandsbeteiligung diesen Zweck, daraus lässt sich aber nicht ableiten, dass die Rügebefugnis bei einer Verbands- oder Vereinsklage auf eine „isolierte" Betrachtung dieser Belange beschränkt sein muss. Es ist nämlich ein Unterschied, ob es um die Beteiligung am Planfeststellungsverfahren oder um die Kontrolle der am Ende dieses Verfahrens getroffenen Abwägungsentscheidung geht. Das Verfahren dient (nur) zur Vorbereitung der Abwägungsentscheidung. Hier sollen die Verbände oder Vereine ihren besonderen Sachverstand im Bereich des Naturschutzes einbringen, damit diese Belange besser berücksichtigt werden können. Zugleich werden die Träger öffentlicher Belange sowie die Bürger beteiligt, um ihren Sachverstand und ihre Interessen einzubringen. Sobald die Zulassungsbehörde eine Abwägung vorgenommen und über das Vorhaben entschieden hat, geht es jedoch darum, dass die Verbände oder Vereine – da andere Kläger dies grundsätzlich nicht können – gegen den Planfeststellungsbeschluss klagen und speziell die Verletzung von naturschutzbezogenen Vorschriften geltend machen dürfen. Die Regelungen für die Verbands- oder Vereinsklage haben also eine weiter gehende Zielsetzung als die Beteiligungsvorschriften, nämlich die Kontrolle und Sanktionierung von Vollzugsdefiziten im Naturschutzrecht, zu denen es trotz der Verbandsbeteiligung im Verfahren kommen kann.

Zusammenfassend ergibt sich, dass die vom Bundesverwaltungsgericht entwickelte Beschränkung der Abwägungskontrolle auf die Betrachtung der naturschutzrechtlichen Belange und auf eine ergänzende „Missbrauchskontrolle" nicht geeignet ist, alle bei einer Planfeststellung möglichen Vollzugsdefizite im Bereich des Naturschutzes zu erfassen. Eine an Sinn und Zweck der Verbands- oder Vereinsklage orientierte Auslegung der einschlägigen Regelungen ergibt stattdessen, dass die planerische Abwägung bei solchen Klagen auf alle Fehler – insbesondere Fehlgewichtungen – überprüfbar sein muss, die eine ungerechtfertigte Zurückstellung naturschutzrechtlicher Belange bewirken können. Nur eine derart umfassende Kontrolle entspricht auch der Struktur der planerischen Abwägung. Diese ist nämlich auf eine Gesamtbetrachtung aller Belange ausgerichtet, so dass mit einer auf einzelne Belange beschränkten Kontrolle die Richtigkeit des Ergebnisses in der Regel nicht zutreffend beurteilt werden kann.[85]

Solange sich diese Auffassung in der Rechtsprechung nicht durchsetzt, ist eine Erweiterung der gerichtlichen Kontrolle allerdings nur durch eine Änderung der Regelungen für

---

[84] VG Oldenburg, Beschluss vom 26.10.1999, 1 B 3319/99, NuR 2000, 398, 403 – siehe auch 5.2.3.3.

[85] Vgl. dazu auch die kritische Betrachtung der Rechtsprechung zur Abwägungskontrolle in der Fachplanung von Masing, NVwZ 2002, 810 (812) – m.w.N.

die Klage- und Rügebefugnis in § 61 Abs. 1 Nr. 2 BNatSchG n.F. oder auf der Länderebene zu erwarten. Einen in diese Richtung gehenden Vorschlag enthält bereits § 45 Abs. 1 Satz 3 Nr. 3 UGB-KomE, der vorsieht, dass sich die Rügebefugnis bei Planfeststellungen[86] auf alle dem Schutz der Umwelt dienenden Rechtsvorschriften erstrecken soll. Das Umweltgesetzbuch wird aber wohl noch auf sich warten lassen. Neue Impulse für die Verbandsklage sind daher wohl durch die Umsetzung der Aarhus-Konvention zu erwarten (siehe dazu Kapitel 6).

5.2.5.3 Beachtung der FFH-Richtlinie

Die Frage nach einer ausreichenden Beachtung der FFH-Richtlinie bildet in den drei untersuchten Fallbeispielen den Schwerpunkt der gerichtlichen Prüfung. Die Analyse dieser Beispiele in den vorstehenden Abschnitten hat zunächst gezeigt, dass die dazu vom Bundesverwaltungsgericht im Fall der A 20 angestellten Überlegungen teilweise noch etwas unklar waren und durch spätere Entscheidungen konkretisiert worden sind (siehe 5.2.2.3). Das VG Oldenburg und das VG Gera haben sich zwar an dem ersten Urteil zur A 20 orientiert, so dass die rechtlichen Ansatzpunkten ihrer Prüfung an sich übereinstimmen. Im Detail vertreten die beiden Gerichte jedoch etwas unterschiedliche Auffassungen, die teilweise den später dazu ergangenen Entscheidungen des Bundesverwaltungsgerichts nicht ganz entsprechen (siehe 5.2.3.3 und 5.2.4.2).

Auf diese Unterschiede zwischen den Fallbeispielen muss hier aber nicht weiter eingegangen werden. Für zukünftige Verfahren ist entscheidend, dass nach dem gegenwärtigen Stand der höchstrichterlichen Rechtsprechung für die Kontrolle einer Beachtung der FFH-Richtlinie und der daraus abgeleiteten Regelungen (§ 19c BNatSchG a.F. / § 34 BNatSchG n.F.) bei Verbandsklagen im Wesentlichen folgendes gilt (im Einzelnen dazu schon 5.2.2.3):

- Eine Verletzung dieser Regelungen kann nach § 61 Abs. 2 Nr. 1 BNatSchG n.F. auf jeden Fall gerügt werden, da es sich um naturschutzrechtliche Vorschriften handelt.
- Sofern sich bei „potenziellen FFH-Gebieten" nach ihrer Meldung die Aufnahme in die von der Kommission zu erstellende Gemeinschaftsliste „aufdrängt", richtet sich die Zulässigkeit von Vorhaben, die solche Gebiete beeinträchtigen, unmittelbar nach den Anforderungen des Art. 6 Abs. 3 und 4 FFH-Richtlinie. Ist hingegen die Aufnahme eines Gebietes in die Gemeinschaftsliste nicht hinreichend sicher, ergibt sich aus der „Vorwirkung" der FFH-Richtlinie (nur) eine Art „Erhaltungsgebot" im Hinblick auf die Meldung und Aufnahme des Gebiets in die Gemeinschaftsliste.

---

[86] In § 45 Abs. 1 Satz 3 Nr. 3 UGB-KomE wird auf die „Vorhabengenehmigung nach § 81 Abs. 3" Bezug genommen, der die Vorhaben unterliegen würden, die nach geltendem Recht planfeststellungsbedürftig sind.

- Aus Art. 6 Abs. 3 und 4 FFH-Richtlinie, der jetzt durch § 34 BNatSchG n.F. umgesetzt wird, ergibt sich ein – auch bei der speziell vorgesehenen Alternativenprüfung – strikt zu beachtendes Vermeidungsgebot ohne Gestaltungsspielräume, das nicht dem herkömmlichen planerischen Abwägungsgebot unterliegt.

Ergänzend ist darauf hinzuweisen, dass für Gebiete, die nicht zu besonderen Schutzgebieten im Sinne des Art. 4 Abs. 1 Nr. 1 Vogelschutzrichtlinie erklärt worden sind, obwohl die dafür geltenden Kriterien erfüllt sind (sog. faktische Vogelschutzgebiete), die besonders strengen Schutzstandard des Art. 1 Abs. 1 Vogelschutzrichtlinie gelten.[87]

Damit sind die Rahmenbedingungen, die für die Beachtung der FFH-Richtlinie und der zu ihrer Umsetzung erlassenen Regelungen – vor allem für § 34 BNatSchG n.F. und für die entsprechende Regelungen des Landesrechts – gelten, weitgehend geklärt. Fraglich ist allerdings noch, was genau damit gemeint ist, dass die Vorgaben der FFH-Richtlinie als „strikte" Regelungen eingeordnet werden. In den untersuchten Fallbeispielen werden aus dieser Einordnung nämlich unterschiedliche Schlussfolgerungen gezogen. Während das VG Oldenburg die Auffassung vertritt, dass – wie bei der planerischen Abwägung – auch bei der Abwägung nach Art. 6 Abs. 4 FFH-Richtlinie (zunächst umgesetzt durch § 19c Abs. 3 BNatSchG a.F. / § 34 Abs. 3 BNatSchG n.F.) nur die Berücksichtigung der Belange des Naturschutzes gerügt und kontrolliert werden kann, geht das VG Gera von einer vollständigen gerichtlichen Überprüfbarkeit dieser speziellen Abwägungsentscheidung aus.

Das VG Oldenburg meint, dass die Grundsätze für die Kontrolle der (allgemeinen) planerischen Abwägung und die dafür in der Rechtsprechung entwickelten Beschränkungen (im Einzelnen vorstehend 5.2.5.2) auch auf die in Art. 6 Abs. 4 FFH-Richtlinie (§ 34 Abs. 3 und 4 BNatSchG n.F.) vorgesehene Abwägungsentscheidung anzuwenden sind. Dagegen spricht jedoch, dass in Art. 6 Abs. 4 FFH-Richtlinie ein eigenständiges „Prüfungsprogramm" für die Zulassung von Projekten aufgestellt worden ist. Dabei geht es zwar auch um eine Abwägung zwischen den Belangen des Naturschutzes und anderen öffentlichen Interessen, es handelt sich aber um eine schutzgebietsbezogene Abwägung, die sich an speziell aus der Sicht des Naturschutzes formulierten Kriterien orientieren muss, wie sie in dieser Form für die (allgemeine) planerische Abwägung nicht gelten.[88] Hinzu kommt, dass nach dem Sinn und Zweck des Art 6 Abs. 4 FFH-Richtlinie eine Zulassung von Vorhaben, die zu Beeinträchtigungen von FFH-Gebieten oder Vogelschutzgebieten führen, nur ausnahmsweise möglich sein soll. Auch das Bundesverwaltungsgericht hebt diesen Ausnahmecharakter der Regelung hervor und leitet daraus ein striktes Vermeidungsgebot ab, welches „nur beiseite geschoben werden darf, soweit dies mit der Konzeption größtmöglicher Schonung der durch die FFH-Richtlinie geschützten Rechtsgüter vereinbar ist".[89]

Demnach ergibt sich, dass sich die für Verbandsklagen geltende Beschränkung der Rügebefugnis bei einer Überprüfung der Beachtung der FFH-Richtlinie und insbesondere bei

---

[87] EuGH, C 374/98, NuR 2001, 210 f.; BVerwG, 4 VR 13.00 – BVerwGE 112, 140 ff. = NuR 2002, 153, 154.
[88] Vgl. dazu auch Koch, NuR 2000, 374, 377 f.
[89] BVerwG, Urteil v. 17.05.2002 – 4 A 28.01 – ZUR 2003, 22, 24 (A 44 – Hessisch Lichtenau).

der auch hierbei erforderlichen Abwägungskontrolle (§ 34 Abs. 3 und 4 BNatSchG n.F. oder entsprechende landesrechtliche Vorschriften) nicht auswirkt. Da es um speziell auf die Wahrung der Belange des Naturschutzes dienende Vorschriften geht, die „strikt" zu beachten sind, unterliegt ihre Anwendung einer vollständigen Kontrolle. Auf die Frage, ob die von der Rechtsprechung für die Kontrolle der (allgemeinen) planerischen Abwägungen entwickelten Grundsätze dem Sinn und Zweck der Verbandsklage gerecht werden (siehe dazu vorstehend 5.2.5.2), kommt es in diesem Zusammenhang also nicht an.

5.3 Die Auswirkungen der beschränkten Klagebefugnisse bei Beteiligungsklagen

Die Beteiligungsrechte der Verbände an bestimmten Planungs- und Genehmigungsverfahren bilden die Basis der naturschutzrechtlichen Verbandsklage, denn die Beteiligung an den Verfahren dient der Einbringung der Naturschutzbelange und ist deshalb zugleich eine Voraussetzung für die Zulässigkeit der Klagen (siehe 2.3.4 und 3.1.3). Da sowohl die Beteiligungsrechte als auch die altruistischen Verbandsklagemöglichkeiten in den Landesnaturschutzgesetzen an das Vorliegen von bestimmten Verfahrensarten – etwa eines Planfeststellungsverfahrens – gekoppelt sind, ist es möglich, dass die zuständige Genehmigungs- oder Planfeststellungsbehörde durch die Wahl eines anderen Verfahrenstyps die Verbandsbeteiligung und die Erhebung einer Klage von vornherein verhindert. Eine solche Situation ergab sich vor allem im Zusammenhang mit § 29 Abs. 1 Nr. 4 BNatSchG a.F., der ein Beteiligungsrecht der anerkannten Naturschutzverbände bei Planfeststellungsverfahren statuierte, die mit Eingriffen in Natur und Landschaft verbunden waren. Nachdem seit 1993 durch die sog. Beschleunigungsgesetze weitgehende Möglichkeiten des Ausweichens in das einfachere Plangenehmigungsverfahren geschaffen worden waren, sahen sich die anerkannten Naturschutzverbände häufig um ihr Recht auf Mitwirkung bei Planfeststellungsverfahren gebracht.

Die Problematik des Ausweichens auf Plangenehmigungsverfahren wird durch die neuen Regelungen im Bundesnaturschutzgesetz nur zum Teil entschärft, obwohl Plangenehmigungen dort in den Beteiligungskatalog aufgenommen wurden (§ 58 Abs. 1 Nr. 3 BNatSchG n.F.). Da die Beteiligungsrechte jedoch nur für Verfahren bestehen, für die eine Öffentlichkeitsbeteiligung vorgesehen ist, wird die Verbandsbeteiligung regelmäßig nur in fernstraßenrechtlichen Vorhaben, die in den neuen Bundesländern durchgeführt werden sollen und der UVP-Pflicht unterliegen (§ 17 Abs. 1b FStrG i.V.m. § 9 Abs. 3 UVPG), zum Tragen kommen. Andere Plangenehmigungsverfahren erfolgen in der Regel weiterhin ohne Öffentlichkeitsbeteiligung.

In vielen Fällen eines Ausweichens der Behörden auf Verfahren, in denen keine Beteiligungsrechte bestanden, entschlossen sich die Naturschutzverbände, ihr Recht auf Mitwirkung auf gerichtlichem Weg zu erzwingen. Diese Klagen werden als Beteiligungs- oder Partizipationserzwingungsklagen und auch als „egoistische" Verbandsklagen bezeichnet, weil die Verbände damit (nur) die Wahrung ihrer Beteiligungsrechte durchsetzen können. Dies ist ein wesentlicher Unterschied zu den altruistischen Verbandsklagen. Es besteht aber ein wichtiger Zusammenhang zwischen diesen beiden Klagearten, weil das Ausweichen der Behörden auf Verfahren ohne Beteiligungsrechte oft dazu führt, dass auch die Möglichkeit zur Erhebung einer altruistischen Verbandsklage ausgeschlossen wird. Der Grund dafür ist die schon angesprochene Verknüpfung dieser Verbandsklage mit den Beteiligungsrechten. Allerdings besteht eine solche Klagemöglichkeit nur bei einem Teil der Verwaltungsverfahren, die einer Verbandsbeteiligung unterliegen. Deswegen wird immer wieder versucht, mit den Partizipationserzwingungsklagen die Durchführung eines ganz bestimmten Verfahrens zu erreichen, und zwar auch in Fällen, in denen die Verbände an dem tatsächlich durchgeführten Verfahren beteiligt worden sind. Diese Klagen zielen dann darauf, mit der Erzwingung des anderen Verfahrens eine – auf die inhaltliche Überprüfung der Entscheidung gerichtete – altruistische Verbandsklage zu ermöglichen.

Im folgenden wird nach einer Darstellung der durch die Rechtsprechung für die Partizipationserzwingungsklagen entwickelten Grundsätze (dazu 5.3.1) als erstes Fallbeispiel eine Entscheidung des VG Weimar näher betrachtet, in der es darum geht, ob ein Anspruch auf die Durchführung und Beteiligung an einem bestimmten Verfahren – nämlich dem Planfeststellungsverfahren – oder lediglich ein einheitliches Beteiligungsrecht für alle Mitwirkungsfälle besteht (dazu 5.3.2). Danach sind zwei vom OVG Lüneburg entschiedene Fälle zu erörtern, in denen es um die Durchsetzung von Beteiligungsrechten der Verbände im Zusammenhang mit der Aufstellung von Bebauungsplänen geht. Es gibt zwar bisher keine gesetzlichen Regelungen, die eine Verbandsbeteiligung oder Verbandsklage bei Bebauungsplänen vorsehen. Bei bestimmten Fallkonstellationen stellt sich jedoch die Frage, ob eine Überprüfung dieser Pläne zur Durchsetzung von bei anderen Verfahren bestehenden Beteiligungsrechten geboten ist (dazu 5.3.3 und 5.3.4). Abschließend ist dann auf die Schlussfolgerungen einzugehen, die aus diesen und ähnlichen Beispielen gezogen werden können.

5.3.1 Grundsätze für die Klage- und Rügebefugnis

Bei der Durchsetzung der in §§ 58 und 60 BNatSchG n.F. und in den Landesgesetzen verankerten Beteiligungsrechte können sich die Naturschutzverbände auf die herkömmliche Klagebefugnis in § 42 Abs. 2 VwGO stützen. Das Bundesverwaltungsgericht erkennt in ständiger Rechtsprechung an, dass es sich bei den Beteiligungsrechten der Verbände im Natschutzrecht um eigene, subjektiv-öffentliche Rechte im Sinne dieser Vorschrift handelt, die als solche geltend gemacht werden können, um entweder – soweit dies noch möglich ist – die Beteiligung durchzusetzen oder eine Aufhebung der ohne Beteiligung getroffenen Verwaltungsentscheidung zu erreichen.[90] Außerdem wird anerkannt, dass eine gezielte Umgehung des Beteiligungsrechts durch Ausweichen in ein anderes Verfahren die Aufhebung der angefochtenen Genehmigung rechtfertigt.[91] Allerdings wird von den Ge-

---

[90] Grundlegend BVerwGE 87, 62, 70 ff.; siehe auch BVerwG, 11 A 49/96, ZUR 1998, 76 ff.; zustimmend Bender/Sparwasser/Engel (2000), Kap.5, Rn. 268 ff.; Balleis (1996), S. 222 ff.; Phillip (1998), S. 22 ff.; anderer Ansicht bezüglich der Zulässigkeit einer Klage nach Beendigung des Verwaltungsverfahrens jedoch Ziekow/Siegel (2000), S. 95 ff.

[91] Vgl. BVerwG, 11 A 43.96, – NVwZ 1998, 279, 280.

richten gründlich geprüft, ob für die Behörde tatsächlich die Verpflichtung bestand, dass von den Verbänden geforderte Verfahren durchzuführen.[92] Dabei wird nur selten eine rechtswidrige Verfahrenswahl festgestellt und der angefochtene Bescheid aufgehoben.[93] Dies liegt auch daran, dass eine sog. faktische Beteiligung, das heißt eine Beteiligung der Verbände trotz fehlender Beteiligungsrechte, als zusätzliches Argument dafür angeführt werden kann, dass keine mutwillige Umgehung der Verbandsrechte vorliegt.[94]

Darüber hinaus ist auch die Frage der erneuten Beteiligung von Verbänden, wenn sich während des laufenden Verfahrens neue, naturschutzrechtlich relevante Fragestellungen ergeben, durch die Rechtsprechung eindeutig geklärt worden. Ist eine neue naturschutzrechtliche Bewertung der Situation erforderlich, müssen die Verbände auch erneut gehört werden. Das gilt sowohl für neue, den Naturschutz betreffende Untersuchungen bei unveränderter Planung als auch für eine Änderung der Planunterlagen: *„Aus § 73 Abs. 8 VwVfG und der behördenstützenden Funktion des Beteiligungsrechts der Naturschutzverbände aus § 29 Abs. 1 BNatSchG ergibt sich, dass eine erneute Anhörung jedenfalls dann geboten ist, wenn auch den Naturschutzbehörden nochmals Gelegenheit zur Stellungnahme einzuräumen ist. Das ist dann der Fall, wenn ihr Aufgabenbereich durch die Planänderung erstmals oder stärker betroffen wird."*[95] In diesem Zusammenhang ist auch noch einmal auf den Fall der „Wohnbebauung im Naturpark Märkische Schweiz" hinzuweisen (siehe 5.1.3), in dem das Gericht eine erneute Beteiligung selbst unter dem Umstand für erforderlich hielt, dass sich der Inhalt der Stellungnahme des Verbandes zu dem geänderten Vorhaben bereits abzeichnete.[96]

5.3.2 Fallbeispiel „Rahmenbetriebsplan Alter Stollberg"[97]

Die Klage des BUND Thüringen richtete sich gegen die Zulassung eines Rahmenbetriebsplans, mit dem in der Nähe von Nordhausen der Abbau von Gips gestattet worden war. Der Verband war zwar im Rahmen seines Beteiligungsrechts an dem Rahmenbetriebsplanverfahren gemäß § 45 Abs. 1 Nr. 5 VorlThürNatSchG beteiligt worden und hatte dabei geltend gemacht, dass die Zulassung in einem Planfeststellungsverfahren mit Umweltverträglichkeitsprüfung hätte erfolgen müssen. Der Rahmenbetriebsplan wurde dann aber ohne das vom Verband geforderte Verfahren zugelassen. Dagegen klagte der Verband mit dem Argument, dass § 45 Abs. 1 Nr. 4 und 5 VorlThürNatSchG Mitwirkungsrechte unterschiedlicher Art enthalte. Es müsse zwischen der Beteiligung an (einfachen) Rahmenbetriebsplanverfahren und Planfeststellungsverfahren unterschieden werden. In einem Planfeststellungsverfahren seien die für die Erfassung der Belange des Naturschutzes maßgeblichen Bewertungsgrundlagen sehr viel umfassender als in anderen

---

[92] Vgl. u.a. VG Osnabrück, Beschl. v. 07.09.1998, 2 B 59/98; OVG Frankfurt/Oder, Urteil v. 14.07.2000, 4 A 115/99; VG Aachen, Urt. v. 10.11.1999, 3 K 2040/96; VG Cottbus, Urt. v. 14.04.2000, 3 K 1827/98.
[93] Vgl. z.B. VG Cottbus, Urt. v. 14.04.2000, 3 K 1827/98.
[94] Vgl. z.B. VG Aachen, Urt. v. 10.11.1999, 3 K 2040/96.
[95] So BVerwG, Urt. v. 12.11.1997 - 11 A 49/96 – ZUR 1998, 76, 77.
[96] Siehe OVG Frankfurt/Oder, Beschl. v. 27.08.1998, 3 A 161/97, UA. S. 10.
[97] VG Weimar, Urt. V. 10.03.1998, 7 K 1509/95 WE; Fall Nr. 112 der Tabelle in Anhang II.

Verfahren. Zudem könnte gegen die Planfeststellung eine altruistische Verbandsklage erhoben werden.

Die Klagebefugnis ist vom VG Weimar gemäß § 42 Abs. 2 VwGO i.V.m. § 29 Abs. 1 Nr. 4 BNatSchG, § 45 Abs. 1 VorlThüNatSchG mit dem Argument bejaht worden, dass die Verletzung des dort genannten Beteiligungsrechts nicht nach jeder Betrachtungsweise ausgeschlossen sei. Insbesondere die Frage, ob sich in § 45 Abs. 1 VorlThürNatSchG mehrere Beteiligungsrechte unterschiedlicher Qualität finden ließen, müsse in der Prüfung der Begründetheit diskutiert werden. Die Begründetheit der Klage ist vom Gericht jedoch verneint worden, da es zu dem Schluss kommt, dass § 45 Abs. 1 VorlThürNatSchG ein einheitliches Beteiligungsrecht beinhalte, gegen welches nicht verstoßen worden sei. Dem Kläger sei eine umfassende Akteneinsicht sowie die Gelegenheit zur Stellungnahme eingeräumt worden, die auch dem Beteiligungsrecht in § 29 Abs. 1 BNatSchG voll entspreche.

In der Prüfung der Frage nach der Einheitlichkeit des Mitwirkungsrechts werden vom VG Weimar verschiedene Aspekte angeführt. Im Wortlaut der Vorschriften (sowohl bundes- als auch landesrechtlich) sei nur im Singular von „der" Mitwirkung und „dem" Anhörungsrecht die Rede, nicht von „den Rechten". Auch würde der Zweck der Vorschrift, die schützenswerten Belange von Natur und Landschaft in Verwaltungsverfahren verstärkt einzubringen, kein Recht auf die richtige Verfahrensart beinhalten; sobald die Belange eingebracht werden könnten, erschöpfe sich damit das Beteiligungsrecht. Weiterhin führt das Gericht aus, dass die Wahl der richtigen Verfahrensart durch die Behörde Ausfluss ihrer objektiven Pflicht zum rechtmäßigen Handeln wäre und daher Gegenstand der Rechtmäßigkeitsprüfung sei. Da der Gesetzgeber auf Bundesebene aber auf die Einführung einer altruistischen Verbandsklage verzichtet habe, sei den Verbänden diese Prüfung jedoch bewusst verwehrt worden. Die Geltendmachung einer Beeinträchtigung des subjektiven Beteiligungsrechts sei von einer anderen Qualität als die Möglichkeit, verwaltungsbehördliche Entscheidungen ohne Betroffenheit in subjektiven Rechten überprüfen zu lassen. Abgesehen davon sei hier ja keine Beteiligung umgangen worden, da auch für das gewählte Verfahren eine Beteiligung vorgeschrieben war. Im Übrigen sei die Wahl des Verfahrens - Rahmenbetriebsplan ohne Planfeststellung und UVP - durch die Vorschriften des Einigungsvertrages gerechtfertigt.

5.3.3 Fallbeispiel „Bebauungsplan Hertmann I"[98]

Auch im Normenkontrollverfahren gegen den Bebauungsplan Hertmann I beantragte ein Verband vorläufigen Rechtsschutz, da die zuständige Behörde in rechtswidriger Weise die Aufstellung eines Grünordnungsplans unterlassen und damit sein bei dieser naturschutzrechtlichen Planung bestehendes Beteiligungsrecht umgangen habe. Außerdem machte der Verband geltend, dass der Bebauungsplan im Hinblick auf die Berücksichtigung der Belange des Natur- und Landschaftsschutzes abwägungsfehlerhaft sei, weil der zur Aufbereitung dieser Belange dienende Grünordnungsplan fehle.

---
[98] OVG Lüneburg, Beschl. v. 23.12.1998, 1 M 4466/98; Fall Nr. 60 der Tabelle in Anhang II.

Das OVG Lüneburg als in der ersten Instanz zuständiges Gericht hielt den Antrag für zulässig aber nicht begründet. Die Zulässigkeit ergebe sich aus § 47 Abs. 2 Satz 1 VwGO, wonach jede natürliche oder juristische Person einen Normenkontrollantrag stellen kann, wenn sie geltend zu machen vermag, durch die angegriffene Norm in ihren Rechten verletzt zu sein. Die Geltendmachung der Verletzung der Beteiligungsrechte reiche hier für eine Klagebefugnis aus. Der Antrag sei aber nicht begründet, da keine Beteiligungsrechte des Verbandes durch die Planung verletzt würden. Das Gericht erkennt zwar an, dass der Grünordnungsplan im Rechtssinne erforderlich gewesen wäre und dass daher eine Umgehung der in § 60a Nr. 2 NNatSchG verankerten Beteiligungsrechte vorliege. Für die Rechtswidrigkeit des Bebauungsplanes spiele dies indes nur dann eine Rolle, wenn Belange des Natur- und Landschaftsschutzes dadurch unverhältnismäßig gering bewertet worden seien. Für die gerichtliche Überprüfung dieser Bewertung fehle dem Verband aber die Rügebefugnis, da unter materiell-rechtlichen Gesichtspunkten kein Klagerecht gegen Bebauungspläne bestehe.

Auch für formell-rechtliche Rügen sah das OVG Lüneburg keine Grundlage, da kein Beteiligungsrecht der Verbände an der Aufstellung von Bebauungsplänen bestehe. Selbst bei rechtmäßiger Aufstellung (d.h. hier vorheriges Aufstellen und Einbeziehung eines Grünordnungsplans) könnte der Verband nicht den Bebauungsplan wegen Verletzung von Beteiligungsrechten angreifen, sondern müsste die Rechtsverletzung bezogen auf den Grünordnungsplan geltend machen. Das Gericht hält es zwar für möglich, dass mit dieser Auslegung eine „Einladung" einhergehe, die bei der Landschaftsplanung bestehenden Beteiligungsrechte zu umgehen und so einen indirekten Einfluss der Verbände auf Inhalte von Bebauungsplänen zu verhindern. Es führt jedoch weiter aus, dem NNatSchG lasse sich nicht mit Eindeutigkeit entnehmen, dass eine rechtswidrig umgangene Beteiligung an einem nur vorbereitenden Plan zur Nichtigkeit des erst auf späterer Stufe entstehenden Bebauungsplanes führen solle.

5.3.4 Fallbeispiel „Windpark Weener"[99]

Im Falle des Windparks rügte der Verband im Eilverfahren die nicht erfolgte Beteiligung am Genehmigungsverfahren, die ihm gemäß § 60a Nr. 4 lit. e ff NNatSchG bei Bauvorhaben im unbeplanten Außenbereich im Sinne des § 35 BauGB zusteht. Ein erster Antrag auf Gewährung vorläufigen Rechtsschutzes war erfolgreich, weil die Beteiligungsrechte offensichtlich verletzt worden waren. Während des danach weiter laufenden Widerspruchsverfahrens trat jedoch ein Bebauungsplan in Kraft, so dass sich das Bauvorhaben nicht mehr im unbeplanten Außenbereich befand und die Mitwirkungsrechte erloschen. Der Widerspruch des Verbandes wurde daraufhin abgelehnt. Der Verband reichte daraufhin eine Klage sowie erneut einen Antrag auf vorläufigen Rechtsschutz ein und machte geltend, dass der Bebauungsplan nicht rechtswirksam sei.

---

[99] Fall Nr. 59 der Tabelle in Anhang II.

Das VG Oldenburg[100] diskutierte in der Eilentscheidung die Nichtigkeit des Bebauungsplans auf Grund der Nichtbeachtung naturschutzrechtlicher Vorschriften. Diese Frage war für das Bestehen der Beteiligungsrechte des Verbands entscheidend, da nach Ansicht des Gerichts nur ein rechtswirksamer Bebauungsplan eine Ausschlusswirkung entfalten könnte, während das Vorhaben bei Nichtigkeit des Plans nach wie vor im Außenbereich gelegen hätte. In der summarischen Prüfung kam das Gericht dann tatsächlich zu dem Schluss, dass ein nichtiger Bebauungsplan vorlag. Es verwies in seiner Begründung auf § 1a Abs. 2 Nr. 4 BauGB, wonach bei der bauplanungsrechtlichen Abwägung die Vorschriften des Bundesnaturschutzgesetzes über die Zulässigkeit oder Durchführung von Eingriffen in europäische Vogelschutzgebiete anzuwenden sind. Da es sich bei dieser Vorschrift um eine strikte naturschutzrechtliche Spezialregelung handle, verbleibe für eine bauplanungsrechtliche, jene Belange überwindende Abwägung kein Raum mehr. Außerdem ging das Gericht davon aus, dass nach den vorliegenden Unterlagen gewichtige Gründe dafür sprachen, dass der Bebauungsplan ein europäisches Vogelschutzgebiet beeinträchtigen könnte. Die dafür geltenden Vorschriften seien aber wegen einer fehlenden förmlichen Ausweisung des Gebietes nicht weiter beachtet worden. Im Ergebnis ging das Gericht deshalb vom Fortbestehen der Beteiligungsrechte und der Antragsbefugnis des Verbandes aus und gab dem gegen die Baugenehmigung gerichteten Antrag auf vorläufigen Rechtsschutz schon wegen der unterlassenen Beteiligung statt.

Gegen diesen Beschluss legte die beklagte Gemeinde Beschwerde beim OVG Lüneburg[101] ein. Das Oberverwaltungsgericht gab der Beschwerde mit der Begründung statt, dass dem Verband die Antragsbefugnis für das vorliegende Verfahren fehle. Zum Zeitpunkt der Erteilung der Widerspruchsbescheide sei der Bebauungsplan bereits in Kraft getreten gewesen und die Baugenehmigung sei daher nach § 30 BauGB für einen beplanten Bereich und nicht nach § 35 BauGB für ein Vorhaben im Außenbereich zu erteilen gewesen. Es hätten demzufolge keine Beteiligungs- und Klagerechte bestanden. Die Ansicht des Verwaltungsgerichts, es sei eine inzidente Überprüfung des Bebauungsplans geboten, die den Weg zur Verbandsbeteiligung und auch zur Prüfung der Voraussetzungen für eine Verbandsklage nach § 60c Abs. 1 und 2 NNatSchG eröffne, lehnte das Oberverwaltungsgericht ab. Der Landesgesetzgeber habe vielmehr ausdrücklich nur eine Verbandsbeteiligung bei Bauvorhaben im Außenbereich gewährt und damit bewusst auf die Aufnahme von Bebauungsplänen und somit auch auf die Eröffnung der Möglichkeit einer Normenkontrolle für die Verbände verzichtet.

Außerdem erwähnt das Oberverwaltungsgericht die Verknüpfung der Verbandsbeteiligung mit den Klagerechten und führt an, dass abgesehen von der fehlenden Klagebefugnis auch kein Mitwirkungsrecht bei der Aufstellung von Bebauungsplänen bestanden habe. Die Klagebefugnis stütze sich aber immer auf eine vorherige Mitwirkung im Verfahren. Einen Umgehungstatbestand zur Aushebelung der Mitwirkungsrechte konnte das Gericht ebenfalls nicht erkennen. Die Aufstellung eines Bebauungsplanes sei vielmehr städtebaulich erforderlich gewesen.

---

[100] VG Oldenburg, Beschl. v. 29.04.1999, 4 B 1050/99.
[101] OVG Lüneburg, Beschl. v. 28.07.1999, 1 M 2281/99.

5.3.5 Schlussfolgerungen

Die dargestellten Fallbeispiele zeigen, dass es trotz der grundsätzlichen, durch die Rechtsprechung anerkannten Klagemöglichkeiten zur sog. Partizipationserzwingung und bei der Umgehung von Beteiligungsrechten (siehe 5.3.1) einige Fälle gibt, in denen solche Verbandsklagen trotz eines Verstoßes gegen die Beteiligungsrechte erfolglos bleiben. Dabei geht es in der Regel um Fallkonstellationen, in denen zwar offenkundig Defizite bei der Verbandsbeteiligung vorliegen, die Beteiligungs- und Klagevorschriften vom Wortlaut her aber eher gegen ein Klagerecht sprechen. Die Gerichte lehnen eine Klagebefugnis in solchen Fällen häufig aufgrund einer engen Auslegung dieser Vorschriften mit formalen Argumenten ab (siehe auch schon 5.1.6). Dies ist vom Ansatz her nicht zu beanstanden, es stellt sich aber gerade bei den vorstehend beschriebenen Fällen die Frage, ob die Gerichte die Beteiligungs- und Klageregelungen teilweise nicht doch zu eng auslegen.

Der Fall „Rahmenbetriebsplan Alter Stollberg" (siehe 5.3.2) ist ein typisches Beispiel für eine Klage, mit der gerügt wird, dass sich ein Verstoß gegen die Beteiligungsrechte durch den Verzicht auf ein Planfeststellungsverfahren ergibt. Hierbei können sich die Verbände auf die für dieses Verfahren geltenden Beteiligungsvorschriften (§ 29 Abs. 1 Nr. 4 BNatSchG a.F. / § 58 Abs. 1 Nr. 2 BNatSchG n.F. oder entsprechende landesrechtliche Regelungen) und die daraus von der Rechtsprechung abgeleiteten Klagerechte stützen.[102] Deswegen ist die Klage in dem Beispielsfall als zulässig angesehen worden. Die Begründetheit wurde jedoch verneint, weil in dem durchgeführten (anderen) Verfahren ebenfalls ein Beteiligungsrecht bestand und weil der Verband auch beteiligt worden war. Bei der Klage ging es also offenbar nicht um die Beteiligung als solche, sondern vielmehr darum, ein Planfeststellungsverfahren zu erzwingen, um damit die Möglichkeit für eine altruistische Verbandsklage zu eröffnen. Auch in diesen Fällen kann eine auf die Beteiligungsrechte gestützte Klage erfolgreich sein, wenn eine bewusste Umgehung des Planfeststellungsverfahrens vorliegt.[103] Diese Situation war in dem Beispielsfall aber nicht gegeben.

In dem Fall „Bebauungsplan Hertmann I" (siehe 5.3.4) geht es darum, dass die Verbandsbeteiligung bei einem Verfahren durchgesetzt werden soll, das den geltenden Beteiligungsvorschriften zwar eindeutig nicht unterliegt, das aber mit einem (anderen) Verfahren verknüpft ist, bei dem eine an sich erforderliche Beteiligung unterblieben ist. In dem erörterten Fall ist es die (unterbliebene) Grünordnungsplanung, deren Erforderlichkeit vom OVG Lüneburg nicht in Frage gestellt wird, so dass der Verband nach § 60a Nr. 2 NNatSchG daran hätte beteiligt werden müssen. Deswegen hält das Gericht eine Verletzung der Beteiligungsrechte auch durchaus für möglich und bejaht die Zulässigkeit der Klage. Fraglich ist allerdings, ob der vorliegende „Beteiligungsfehler" in der Grünordnungsplanung nach dem Sinn und Zweck der Beteiligungsregelung auf den Bebauungsplan „durchschlagen" müsste. Dafür könnte sprechen, dass der Fehler sonst sanktionslos

---

[102] Grundlegend BVerwGE 87, 62, 68 ff. – siehe auch schon 5.3.1.
[103] Vgl. BVerwG, Urt. V. 14.05.1997 – 11 A 43.96 – NVwZ 1998, 279, 280.

bleiben würde, obwohl die Partizipationserzwingungsklage auf die Durchsetzung der Beteiligungsrechte zielt.

Das OVG Lüneburg geht jedoch davon aus, dass Mängel bei der Grünordnungsplanung die Rechtmäßigkeit eines Bebauungsplans nur dann beeinflussen können, wenn sich dadurch Defizite bei der Berücksichtigung der Belange des Naturschutzes ergeben. Daraus lässt sich ableiten, dass auch der vorliegende Fehler bei der Beteiligung nur dann relevant wäre, wenn er sich negativ auf die bei der Bauleitplanung vorzunehmende Abwägung ausgewirkt haben könnte. Dieser Ansatz entspricht der bei einer gerichtlichen Kontrolle der planerischen Abwägung nach § 214 Abs. 3 Satz 2 BauGB üblichen Vorgehensweise. Allerdings prüft das OVG Lüneburg dann nicht mehr, ob der Verfahrensfehler tatsächlich die planerische Abwägung beeinflusst hat. Es lehnt vielmehr insoweit die Zulässigkeit der Klage mit dem Argument ab, ein Abwägungsfehler könne nur mit einer Normenkontrolle nach § 47 VwGO gerügt werden und dafür fehle dem Verband die Antragsbefugnis. Zulässig soll also nur eine formelle Überprüfung des Bebauungsplans im Rahmen der Partizipationserzwingungsklage sein. Diese Überprüfung ergibt, dass ein Beteiligungsrecht bei der Bauleitplanung selbst nicht besteht, so dass insoweit auch kein Fehler vorliegt. Das ist nachvollziehbar, führt jedoch im Ergebnis zu einer echten Lücke bei der Sanktionierung von Beteiligungsfehlern. Die gesetzlich vorgesehene Beteiligung am Verfahren der Grünordnungsplanung könnten die Verbände demnach nur durch eine unmittelbar darauf gerichtete Klage durchzusetzen.

Im Fall „Windpark Weener" ging es zwar auch um einen Bebauungsplan, die Situation ist aber eindeutig anders als bei der zuvor beschriebenen Fallkonstellation. Die Klage richtete sich nämlich nicht gegen den Bebauungsplan, sondern gegen eine Baugenehmigung für ein (ursprünglich) im unbeplanten Außenbereich liegendes Vorhaben und hierfür sah § 60a Nr. 4 Buchst. e ff NNatSchG eine Verbandsbeteiligung vor. Deswegen ist in diesem Fall die Argumentation des OVG Lüneburg, dem Verband fehle die Antragsbefugnis, weil sich die Klage (mittelbar) auf die Überprüfung eines Bebauungsplans richte, schon formal gesehen fragwürdig. Inhaltlich gesehen ging es zwar auch darum, ob der Bebauungsplan wirksam war, die Klärung dieser Frage durch eine sog. inzidente Normenkontrolle war aber schon im Hinblick auf die Klagebefugnis notwendig, weil das Bauvorhaben bei Nichtigkeit des Plans nach wie vor im (unbeplanten) Außenbereich gelegen hätte. Der vom VG Oldenburg gewählte Prüfungsansatz war also richtig und entsprach der sonst bei Nachbarklagen gegen Baugenehmigungen üblichen und durch Art. 20 Abs. 3 GG gebotenen Vorgehensweise.[104] Die Gerichte müssen (inzident) prüfen, ob die für eine Entscheidung maßgeblichen Rechtsnormen wirksam und somit anwendbar sind. Das gilt auch für die als Satzungen erlassenen Bebauungspläne, die Grundlage für eine (angegriffene) Baugenehmigung sind, und zwar unabhängig davon, ob der Kläger auch die Antragsbefugnis für eine sog. prinzipale Normenkontrolle nach § 47 VwGO hat.

---

[104] Im Einzelnen dazu Gierke, in: Brügelmann, Kommentar zum Baugesetzbuch, Stand 9/2002, Rn. 498 ff. – mit zahlreichen Nachweisen.

Die beschriebenen Fallkonstellationen sind also unterschiedlich zu beurteilen. Bei den auf die Erzwingung eines Planfeststellungsverfahrens gerichteten Klagen wird durch die Rechtsprechung in der Regel eine angemessene Durchsetzung der Beteiligungsrechte ermöglicht. Auch gegen eine Umgehung dieser Rechte können die Verbände grundsätzlich vorgehen. Die Grenze der Klagemöglichkeiten ist dann erreicht, wenn das Ausweichen in ein anderes Verfahren – insbesondere auf die Plangenehmigung – zulässig oder eine Beteiligung tatsächlich erfolgt ist. Dies mag im Einzelfall unbefriedigend sein, entspricht aber wohl dem Willen des Gesetzgebers, der die Beteiligungs- und Klagerechte in diesen Fällen bisher weitgehend auf das Planfeststellungsverfahren beschränkt. Anders ist die Situation, wenn sich der Verlust oder die fehlende Durchsetzbarkeit der Beteiligungsrechte z. B. durch die Überlagerung verschiedener Verfahren ergibt, wie in dem Beispiel des Bebauungsplans, der ohne einen Grünordnungsplan aufgestellt worden ist. In derartigen Fällen ergeben sich eindeutige Lücken bei der Sanktionierung von Verletzungen der Beteiligungsrechte, deren Schließung wohl nur vom Gesetzgeber erwartet werden kann.

Insgesamt gesehen führen die vom Gesetzgeber vorgesehenen Beschränkungen der Beteiligungs- und Klagerechte auf bestimmte Verfahren und die enge Auslegung der einschlägigen Vorschriften durch die Rechtsprechung dazu, dass die Partizipationserzwingungsklagen überwiegend erfolglos bleiben.[105] Auch diese Klageart erfüllt jedoch in der Praxis ihre Funktion als Instrument zur Behebung von Vollzugsdefiziten im Naturschutzrecht. Aufgrund der Anerkennung dieser Klagemöglichkeit werden die Verbände von den Behörden nämlich häufig auch an Verfahren beteiligt, bei denen ein Beteiligungsrecht nicht besteht. Die Rechtsprechung bewirkt also eine faktische Erweiterung der Beteiligungsmöglichkeiten und somit eine Verbesserung der Einflussmöglichkeiten von Verbänden zugunsten des Naturschutzes. Allerdings kann durch die Wahl des Verfahrens eine altruistische Klagemöglichkeit ausgeschlossen werden, was die Überprüfbarkeit der Beachtung der vorgebrachten Einwände unmöglich macht. Die Verbesserung der Einflussmöglichkeiten bedeutet daher noch nicht eine Verbesserung des Einflusses. Allein die Erhebung einer Klage kann jedoch auch schon den Vollzug verbessern, wenn daraufhin eine Beteiligung der Verbände von der Behörde nachgeholt wird.[106]

---

[105] Siehe dazu die Übersicht der Verbandsklagen in Anhang II.
[106] So z. B. im Fall „Soleleitung und Erdgashochdruckleitung", VG Frankfurt/Oder, 7 K 1655/99: die geforderten Unterlagen wurden nach Klageerhebung zur Verfügung gestellt und das Verfahren konnte eingestellt werden.

6 Entwicklungsperspektiven der Verbandsklage durch internationale und gemeinschaftsrechtliche Vorgaben

Die Weiterentwicklung der Klagemöglichkeiten im Umwelt- und Naturschutzrecht wird in Zukunft vor allem durch internationale und gemeinschaftsrechtliche Vorgaben bestimmt. Vor allem zwei Prozesse verdienen eine nähere Betrachtung: Zum einen die Umsetzung der Anforderungen, die sich aus der Unterzeichnung der Aarhus-Konvention für Deutschland ergeben (dazu 6.1). Zum anderen die Bestrebungen zur Harmonisierung des Rechtsschutzes in der Europäischen Union, die sich stark mit der Umsetzung der sog. Aarhus-Konvention überlagern (dazu 6.2).

6.1 Die Stärkung der Verbandsklage durch die Aarhus-Konvention

Obwohl bereits zu Beginn der 90er Jahre auf europäischer Ebene eine Richtlinie zur Verbandsklage vorgeschlagen wurde[1], sind erst durch die Unterzeichnung der Aarhus-Konvention 1998 die Möglichkeiten für die Einführung der Verbandsklage auf paneuropäischer Ebene und in der Europäischen Gemeinschaft geschaffen worden. Inzwischen liegen Untersuchungen für den Bereich der EU vor, die zur Bekämpfung der Vollzugsdefizite im Umweltrecht neben einer Verbesserung der Klagemöglichkeiten von Naturschutzverbänden auch den Ausbau von Klagerechten für private Dritte für geboten halten.[2] Die Europäische Union selbst hat die Aarhus-Konvention unterzeichnet und hat die Umsetzung konsequent in entsprechenden Richtlinien bzw. Entwürfen vorangetrieben.[3] Seit dem 30.10.2001 ist die Aarhus-Konvention nach der Ratifizierung des 16. Unterzeichnerstaates und der Hinterlegung der entsprechenden Urkunden im UN-Büro in Kraft getreten.[4] Von den EU-Staaten haben Dänemark (2000), Italien (2001), Frankreich (2002), Portugal (2003) und Belgien (2003) die Konvention ratifiziert, von den Beitrittskandidaten Estland (2001), Ungarn (2001), Lettland (2002), Litauen (2002), Malta (2002 sowie Polen (2002). Weitere EU-Staaten stehen davor.[5]

Mit der Aarhus-Konvention werden erstmals Vorgaben für Ansprüche des Einzelnen auf Information, auf Beteiligung an Verwaltungsverfahren und auf Rechtsschutz im Völ-

---

[1] Vgl. Entwurf einer Richtlinie zur Verbandsklage des Öko-Institutes, in UfU- Tagungsband (1997).

[2] Vgl. u. a. Michel Prieur, Complaints and appeals in the area of environment in the member States of the European Union, March 1998 (www.europa.eu.int/comm/environment/aarhus/index.htm), Epiney, Sollberger, (2001).

[3] Vgl. Commission Proposal of 29 June 2000 for a European Parliament and Council Directive on public access to environmental information (OJ C 337 of 28.11.2000, p.156); Commission Proposal of 18 January 2001 for a European Parliament and Council Directive providing public participation in respect of the drawing up of certain plans and programms relating to the environment and amending Council Directives 85/337/EEC (environmental impact assessment) and 96/61/EC (integrated pollution prevention and control) – OJ C 154 of 29.05.2001, p. 123; Second working document on access to justice in environmental matters, siehe www.europa.eu.int/comm/environment/aarhus/index.htm; Richtlinie 2003/4/EG des Europäischen Parlaments und des Rates vom 28.Januar 2003 über den Zugang der Öffentlichkeit zu Umweltinformationen und zur Aufhebung der Richtlinie 90/313/EWG des Rates, Richtlinie 2003/35/EG des Europäischen Parlaments und des Rates vom 26. Mai über die Beteiligung der Öffentlichkeit bei der Ausarbeitung bestimmter umweltbezogener Pläne und Programme und zur Änderung der Richtlinien 85/337/EWG und 96/61/EG des Rates in Bezug auf die Öffentlichkeitsbeteiligung und den Zugang zu Gerichten.

[4] Mittlerweile haben 25 Unterzeichnerstaaten die Konvention ratifiziert (Stand 30.6.2003), Deutschland hat in diversen Protokollen zur Vorbereitung auf die erste Vertragsstaatenkonferenz im Oktober 2002 in Lucca/Italien das Jahr 2004 als Ratifizierungszeitpunkt genannt. (siehe www.unece.org).

[5] Schweden, Niederlande, Großbritannien, Finnland, Spanien 2003, EU frühestens 2003 (siehe o.g. Internetadresse).

kerrecht verankert, um den Schutz der Umwelt auch für zukünftige Generationen zu verbessern. Dieses Ziel soll durch die Etablierung von Mindeststandards in drei Bereichen erreicht werden, nämlich durch die Verankerung von Rechten auf den Zugang zu Umweltinformationen (erste Säule), auf Öffentlichkeitsbeteiligung (zweite Säule) und auf den Zugang zu Gerichtsverfahren (dritte Säule).[6] Damit wird völkerrechtlich anerkannt, dass der Umwelt- und Naturschutz oft nur durch die Beteiligung sowie durch Kontroll- und Klagerechte einzelner Bürger und nicht-staatlicher Initiativen oder -Organisationen gewährleistet werden kann. Durch die Absichtserklärung, die Etablierung der drei Säulen auch im Rahmen internationaler Organisationen voranzutreiben, kommt der Aarhus-Konvention außerdem weltweite Bedeutung zu.[7] Insbesondere in den Staaten Osteuropas werden dadurch die Bemühungen für die Umsetzung demokratischer und rechtsstaatlicher Prinzipien erheblich gestärkt.

6.1.1 Entstehung und Würdigung der Aarhus-Konvention

Im Jahre 1995 fand in Sofia (Bulgarien) die 3. Pan-Europäische Ministerkonferenz „Umwelt für Europa" statt. Auf dieser Konferenz wurde ein Rahmenpapier über den Zugang zu Informationen über die Umwelt und die Öffentlichkeitsbeteiligung an Entscheidungsverfahren im Umweltbereich durch die europäischen Umweltminister gebilligt[8]. Damit war der Durchbruch hin zu konkreten Verhandlungen für eine internationale Konvention zum Thema Partizipation im Umweltschutz erreicht. Vorausgegangen waren jahrelange Verhandlungsprozesse[9] vor allem von Seiten der europäischen Nichtregierungsorganisationen[10], der zuständigen Generaldirektion der Europäischen Kommission sowie des Regional Environmental Center (REC)[11] in Budapest.

Es begann 1996 ein Verhandlungsprozess von insgesamt 10 Sitzungen, an dem von Anfang an auch Nichtregierungsorganisationen (NGO) aktiv beteiligt waren.[12] Dieser Verhandlungsmarathon verlief, obwohl in vielen Punkten aus Sicht der NGO nicht immer zufrieden stellend, insgesamt so konstruktiv, dass bereits zwei Jahre später der ausgehandelte Text zur Unterschrift vorlag. Es war kein Zufall, dass die feierliche Unterzeichnung der Konvention in Aarhus, Dänemark stattfand. Denn neben Dänemark, welches

---

[6] Siehe NGO-Resolution zur Konferenz am 22.6.1998 in Aarhus unter: www.participate/aarhus/resolution.htm.

[7] Inzwischen hat sich eine weltweite Initiative zur Umsetzung der Aarhus-Konvention gebildet, die die Umsetzung entsprechender Prinzipien und Inhalte weltweit vorantreibt, www. accessinitiative.org.

[8] Ministerial Conference „Environment for Europe": Guidelines on the Access to Environmental Information and Public Participation in Environmental Decision-Making, vgl. Burhenne/Robinson, International Protection of the Environment (Fn.9), Dokument Nr.25-10-95/1.

[9] Der Sofia-Prozess begann praktisch im Juni 1991 nach der ersten europäischen Ministerkonferenz in Dobris, Tschechien.

[10] Im Vorfeld der Sofia-Konferenz bildete sich parallel zur Umweltministerkonferenz 1994 in Brüssel ein Zusammenschluß verschiedener europäischer Nichtregierungsorganisationen, die fortan vorab zu den jeweiligen Ministerkonferenzen tagten. Ein Schwerpunkt dieses Zusammenschlusses war die Förderung der Öffentlichkeitsbeteiligung im Umweltschutz.

[11] Siehe www.rec.org.

[12] Siehe Hintergrundpapier "Indroducing the Aarhus Convention", by Jeremy Wates, EEB and Friends of the Earth Ireland, Chisinau, Pan-European Eco Forum Conference on Public Partizipation, 1999, so haben auf der abschließenden 10. Sitzung der Verhandlungsteilnehmer am 19.3.1998 in Genf u.a. das REC, die World Conservation Union (IUCN), GLOBE, die Environmental NGO`s Coalition sowie die International Council of Environmental Law teilgenommen.

durch die großzügige finanzielle Unterstützung vor allem von osteuropäischen Staaten und von NGO häufig die Teilnahme an vorzubereitenden Sitzungen und Konferenzen und damit einen gesamteuropäischen Partizipationsprozess innerhalb der Verhandlungsphase erst ermöglichte, hatten auch die Niederlande, Norwegen, Belgien und Polen großen Anteil daran, dass die Verhandlungsergebnisse bestimmte partizipatorische Standards beinhalteten.

Neben der konservativen Haltung der Europäischen Kommission wurde, außer der türkischen - und russischen - vor allem die Rolle der deutschen Verhandlungsdelegation - nicht nur seitens der NGO-Vertreter - als negativ gewertet. Nachdem man in den letzten Verhandlungsrunden insbesondere der deutschen Seite in vielen strittigen Punkten vor allem zum Thema „Zugang zu Gerichten" entgegenkam, indem weitreichende Ausstiegsklauseln paraphiert wurden, weigerte sich die deutsche Seite dennoch in Aarhus anlässlich der 4. Pan-Europäischen Ministerkonferenz die Konvention zu unterzeichnen. Dies wurde bei den NGO und einigen Regierungsvertretern als „adding insult to injury"[13] wahrgenommen und ist sicher auch ein Grund für die schwerfällige Rezeption der Aarhus-Konvention seitens der Fachöffentlichkeit sowie der Öffentlichkeit insgesamt in Deutschland, auch nach der Unterzeichnung durch die rot-grüne Bundesregierung Ende 1998.

6.1.2 Die Klagemöglichkeiten nach der Aarhus-Konvention

Die Aarhus-Konvention eröffnet mehrere Möglichkeiten der Klage gegen Verstöße des Umweltrechts. Die am klarsten formulierten sind folgende Klagerechte:
- Gerichtliche Überprüfung des Zugangs zu Umweltinformationen gemäß Artikel 4 (Art. 9 I).
- Gerichtliche Überprüfung der Beteiligung an Entscheidungen über bestimmte Tätigkeiten im Rahmen von Art. 6 (Art. 9 II).

Außerdem werden auf weiteren Gebieten bestimmte Klagerechte vorgesehen, die jedoch unter nationale Vorbehalte gestellt oder so offen formuliert sind, dass weiterer Konkretisierungsbedarf besteht:
- Gerichtliche Überprüfung der Beteiligung bei Plänen, Programmen und Politiken (Art. 9 II).
- Gerichtliche Überprüfung bei normativen Instrumenten (Art. 9 II).
- Gerichtliche Überprüfung bei sonstigen Verstößen gegen innerstaatliches Umweltrecht (Art. 9 III).

Diese verschiedenen Ansatzpunkte der Aarhus-Konvention für die Erweiterung von Klagerechten werden im Folgenden näher betrachtet.

6.1.2.1 Gerichtliche Überprüfung des Zugangs zu Umweltinformationen

Der Zugang zu Umweltinformationen ist gemäß Art. 4 Aarhus-Konvention ein Popularanspruch und steht sowohl jeder Person als auch der Öffentlichkeit[14] zu, worunter anerkannte Umweltverbände aber auch sonstige Umweltvereine und sogar nicht in Vereins-

---
[13] In diesem Zusammenhang etwa „die Beleidigung nach der Verwässerung", siehe DNR-EU-Rundschreiben 7/98 S. 24 ff.
[14] Im Sinne des Art. 2 Abs. 4 Aarhus-Konvention.

strukturen oder sonstigen rechtlichen Zusammenschlüssen agierende Bürgerinitiativen gezählt werden dürften. Bei Verletzungen des Umweltinformationsrechts sieht Art. 9 Abs. 1 Aarhus-Konvention ein gerichtliches Überprüfungsverfahren vor. Dieses Verfahren kommt in Betracht, wenn *„ein nach Artikel 4 gestellter Antrag auf Informationen nicht beachtet, fälschlicherweise ganz oder teilweise abgelehnt, unzulänglich beantwortet oder auf andere Weise nicht in Übereinstimmung mit dem genannten Artikel bearbeitet worden ist."*

Das Recht zur Einleitung des Überprüfungsverfahrens genießen auch anerkannte Umweltverbände, allerdings handelt es sich dabei nicht um eine altruistische, sondern um eine egoistische Verbandsklage zur Durchsetzung von (eigenen) Informationsansprüchen, auch wenn die Motive seitens des anerkannten Verbandes möglicherweise ähnlich gelagert sind, wie bei einer altruistischen Verbandsklage.

6.1.2.2 Gerichtliche Überprüfung der Beteiligung an Entscheidungen über bestimmte Tätigkeiten

Gemäß Art. 6 der Aarhus-Konvention ist die Öffentlichkeit bei behördlichen Zulassungsverfahren gemäß Anhang I der Konvention sowie darüber hinaus auch bei sonstigen Tätigkeiten mit erheblichen Auswirkungen auf die Umwelt zu beteiligen.[15] Bei Verletzungen dieser Beteiligungsrechte steht nach Art. 9 Abs. 2 Aarhus-Konvention der betroffenen Öffentlichkeit mit einem ausreichenden Interesse ein nationales Überprüfungsverfahren, mithin der verwaltungsgerichtliche Klageweg offen. Dieses im deutschen Verwaltungsprozessrecht nicht bekannte ausreichende Interesse als Zulässigkeitsvoraussetzung kann national weiter eingeschränkt werden, wenn dies im Verwaltungsprozessrecht der jeweiligen Vertragspartei so vorgesehen ist.[16] Die Voraussetzung, wonach nur die betroffene Öffentlichkeit klagebefugt ist, legt den Schluss nahe, dass Verbände mit umweltschutzbezogener Zielsetzung in jedem Fall gemeint sind.[17] Das dürfte demnach den Beteiligungs- und Klagerechten im Sinne der §§ 58 und 60 BNatSchG n. F. entsprechen.

Welche Tätigkeiten von einem Überprüfungsverfahren erfasst sind, leitet sich zunächst aus Anhang I der Aarhus-Konvention ab. Hierunter fallen in der Regel Tatbestände, die im deutschen Recht einem Planfeststellungsverfahren oder sonstigen Zulassungsverfahren, etwa nach dem Bundes-Immissionsschutzgesetz unterliegen. Allerdings geht der Anhang I über den derzeit in Deutschland bestehenden Anwendungsbereich für Verbandsklagen hinaus und erstreckt sich beispielsweise auch auf Plangenehmigungsverfahren und insbesondere auch auf Genehmigungsverfahren nach dem Bundesimmissionsschutzgesetz, die in Deutschland bisher nicht der Verbandsklage unterliegen. Für die Reichweite der Klagemöglichkeit sieht Art. 9 Abs. 2 Aarhus-Konvention vor, dass die anerkannten Verbände damit sowohl die verfahrensrechtliche als auch die materiell-rechtliche Rechtmäßigkeit von Entscheidungen, Handlungen oder Unterlassungen gerichtlich kontrollieren lassen

---

[15] Bei den im Anhang I aufgeführten Tätigkeiten macht die Konvention zusätzlich die Übereinstimmung mit innerstaatlichem Recht zur Bedingung, vgl. Art. 6 Abs. 1 lit. a Aarhus-Konvention.
[16] Vgl. Art. 9 Abs. 2 Uabs. 1 lit. b Aarhus-Konvention; vgl. auch Epiney/Sollberger, (2002) S. 325.
[17] So auch Epiney/Sollberger (2002) S. 327.

können. Auch diese Vorgaben gehen also über die bei der Verbandsklage in Deutschland geltenden Regelungen hinaus.[18]

6.1.2.3 Gerichtliche Überprüfung der Beteiligung bei Plänen, Programmen und Politiken

Nach Art. 7 Aarhus-Konvention ist der Öffentlichkeit eine Beteiligungsmöglichkeit auch bei der Vorbereitung von umweltbezogenen Plänen und Programmen sowie in gewissem Umfang bei der Vorbereitung umweltbezogener Politiken zu gewähren. In Art. 9 Abs. 2 Aarhus-Konvention wird das gerichtliche Überprüfungsverfahren mit der Einschränkung, dass dies nach dem jeweiligen innerstaatlichen Recht so vorgesehen ist, auch auf den Anwendungsbereich von Art. 7 Aarhus-Konvention bezogen. Diese Bedingung stellt die Klagemöglichkeit bei Verletzungen der Beteiligungsrechte bei der Aufstellung von Plänen, Programmen und Politiken unter den Vorbehalt nationaler Regelungen.

6.1.2.4 Gerichtliche Überprüfung bei normativen Instrumenten

Nach Art. 8 Aarhus-Konvention ist die Öffentlichkeit auch dann effektiv zu beteiligen, wenn durch Behörden exekutive Vorschriften und sonstige allgemein anwendbare rechtsverbindliche Bestimmungen, die eine erhebliche Auswirkung auf die Umwelt haben können, erarbeitet und rechtsverbindlich erlassen werden sollen. Auch bei dieser Beteiligungsmöglichkeit wird die gerichtliche Überprüfung von Verstößen allerdings auch unter den Vorbehalt der in nationalen Rechtsvorschriften enthaltenen Regelungen gestellt.

6.1.2.5 Gerichtliche Überprüfung bei sonstigen Verstößen gegen innerstaatliches Umweltrecht

Die Regelung in Art. 9 Abs. 3 Aarhus-Konvention knüpft im Unterschied zu den vorher dargestellten Überprüfungsmöglichkeiten nicht an konkrete Beteiligungsrechte an, sondern beschreibt eine allgemeine und umfassende gerichtliche Überprüfung bei Verstößen gegen innerstaatliches Umweltrecht. Allerdings lässt die Konvention die Klarheit darüber vermissen, welche Fälle und in welcher Weise solche Überprüfungsmöglichkeiten ausgestaltet werden sollen. Konkrete Verpflichtungen zur Umsetzung des Art. 9 Abs. 3 Aarhus-Konvention müssen somit aus dem Gesamtkontext der Konvention, seinem Entstehungs- und Verhandlungsprozess sowie dem Geist und dem Ziel der Konvention ermittelt werden. Hilfreich dabei sind erste Schritte der Europäischen Kommission zur Konkretisierung dieser Regelung, die bereits in europaweit diskutierten Arbeitspapieren dokumentiert sind[19] und von einem sehr weitgehenden Klagerecht der anerkannten Verbände für sämtliche behördliche Handlungen und begangenen Unterlassungen ausgehen.

---

[18] Siehe hierzu 2 und 3.
[19] Vgl. www.europa.eu.int/comm/environment/aarhus/index.htm.

6.2 Tendenzen auf der Ebene der Europäischen Union

Die europäische Union hat neben den einzelnen Mitgliedsstaaten die Aarhus-Konvention als Erstunterzeichner 1998 paraphiert. Somit ergibt sich für Deutschland und alle anderen EU-Staaten, dass neben den Verpflichtungen, die als Signatarstaat eingegangen wurden, die Konvention auch über den Ratifizierungsprozess der EU relevant wird. Selbst bei zögerlicher nationaler Ratifizierung, wie in Deutschland, können so Vorgaben geschaffen werden, die eine Umsetzung wesentlicher Teile der Konvention in entsprechendes nationales Recht herbeiführen. Die Bemühen der EU, den Konventionsinhalt der drei wesentlichen Säulen, in entsprechende Richtlinien umzusetzen und in Kraft zu setzen, ist bereits deutlich erkennbar und wird nachfolgend kurz vorgestellt.

6.2.1 Zur ersten Säule - Umweltinformationsrichtlinie

Am schnellsten wurde die Umsetzung der ersten Säule, bei der es um den Zugang zu Umweltinformationen geht, realisiert. Eine entsprechende Richtlinie liegt inzwischen vor. Sie wurde am 14. 2. 2003 veröffentlicht und ist somit in Kraft gesetzt worden.[20]

Bereits am 3. Juli 2000 nahm die Europäische Kommission den Vorschlag für eine neue Richtlinie über den Zugang zu Umweltinformationen an, der auf eine Weiterentwicklung der hierzu bereits seit 1990 geltenden Richtlinie 90/313/EWG[21] zielte.[22] Dieser Vorschlag ist von den verschiedenen Stellungnahmen begleitet worden und wurde durch die zweite Lesung des Europäischen Parlamentes noch einmal wesentlich überarbeitet.[23] Da die Änderungen im Verhältnis zur bisherigen Umweltinformationsrichtlinie wesentlich sind, ersetzt die neue Richtlinie die alte vollständig. Der Anwendungsbereich der neuen Richtlinie wird durch eine deutlich erweiterte Definition der Begriffe Umweltinformationen und Behörde gekennzeichnet. Deshalb wird die neue Richtlinie auch umweltschutznahe Bereiche wie das Verbraucherschutzrecht, das Gentechnikrecht, den Gesundheitsschutz und den Denkmalschutz betreffen. In Art. 6 Abs. 1 der neuen Richtlinie ist auch der Zugang zu Gerichten in den Fällen, in denen das Recht auf Umweltinformation verletzt wird, geregelt. Dieses Recht gewährleistet auch anerkannten Verbänden die weitgehende Überprüfung ihres Umweltinformationsanspruches und setzt damit Art. 9 Abs. 1 Aarhus-Konvention um.

6.2.2 Zur zweiten Säule – Zugang zu Entscheidungsverfahren

Für den mit der zweiten Säule angestrebten Zugang zu Entscheidungsverfahren gibt es seit 25.06.2003 ebenfalls eine veröffentlichte Richtlinie der EU-Kommission und des eu-

---

[20] Vgl. Richtlinie 2003/4/EG des Europäischen Parlaments und des Rates über den Zugang der Öffentlichkeit zu Umweltinformationen und zur Aufhebung der Richtlinie 90/313/EWG, www.europa.eu.int/comm/environment/aarhus/index.htm.

[21] Vgl. ABl. L 158 vom 23.6. 1990, S. 56.

[22] Vgl. hierzu ABL C 337 E vom 28.11.2000, S 156, und ABL C 240 E vom 28.8. 2001, S. 289.

[23] Vgl. ABl. C 116 vom 20.4. 2001, S. 43; ABl. C 148 vom 18.5. 2001, S. 9, Standpunkt des Europäischen Parlamentes vom 14. März 2001 (ABl. C 343 vom 5.12. 20001, S. 165), Gemeinsamer Standpunkt des Rates vom 28. Januar 2002 (ABl. C 113 E vom 14.5. 2002, S. 1) und Standpunkt des Europäischen Parlamentes vom 30. Mai 2002.

ropäischen Parlamentes (sog. Öffentlichkeitsrichtlinie).[24] In dieser Richtlinie werden bereits Teile des Art. 9 Abs. 2 Aarhus-Konvention aufgegriffen. Dem trägt der Vorschlag der Kommission dadurch Rechnung, dass der Zugang zu Gerichten in der UVP-II-Richtlinie[25] in einem Art. 10a[26] und auch in die IVU-Richtlinie[27] in einem Art. 15a[28] verankert werden. Hiervon sind Verstöße gegen die Anforderungen dieser Richtlinie im Rahmen von Zulassungsverfahren betroffen, die dann u. a. von anerkannten Verbänden geltend gemacht werden können.

Der Anwendungsbereich der Öffentlichkeitsrichtlinie der EU ist mit den Klagemöglichkeiten anerkannter Verbände in Deutschland nicht identisch. Zwar sind mit den Planfeststellungsverfahren die aus Sicht des Naturschutzes wichtigsten Zulassungsverfahren in Deutschland durch anerkannte Verbände angreifbar. Aber bei den immissionsschutzrechtlich genehmigungsbedürftigen Anlagen und im Bereich der Plangenehmigungsverfahren werden sich aus der Öffentlichkeitsrichtlinie Anforderungen ergeben, die auf eine Ausweitung des Anwendungsbereichs der Verbandsklage in Deutschland hinaus laufen.

6.2.3 Zur dritten Säule – Zugang zu Gerichtsverfahren

Weitgehend neu sind die Bemühungen, auch die verbliebenen Anforderungen der dritten Säule der Aarhus-Konvention in das Gemeinschaftsrecht umzusetzen. Hierzu hat die Generaldirektion Umwelt Diskussionspapiere erarbeitet, welche den Art. 9 Abs. 3 Aarhus-Konvention aufgreifen.[29] Dabei soll im Unterschied zu den Klagerechten bei der Verletzung von Umweltinformationsrechten oder bei Entscheidungsverfahren eine Klagemöglichkeit dann eröffnet werden, wenn eine Behörde gegen Umweltvorschriften verstößt oder dagegen verstoßen haben könnte.[30] Dieser weitgehende Ansatz entspricht den ursprünglichen Zielen der Konvention und vor allem den Intentionen der nicht-staatlichen Organisationen, die eine möglichst voraussetzungslose Klagemöglichkeit von Umweltverbänden für die Durchsetzung der umweltrechtlichen Standards in Europa als notwendig

---

[24] Siehe Presseerklärung der EU-Kommission vom 26.1.2001 unter www.europa.eu.int/rapid/start/cgi/guesten.ksh?p_action.gettxt=gt&.../118|0|RAPID&Ig=D sowie Vorschlag für eine Richtlinie des Europäischen Parlamentes und des Rates über die Beteiligung der Öffentlichkeit bei der Ausarbeitung bestimmter umweltbezogener Pläne und Programme und zur Änderung der Richtlinien 85/337/EWG und 96/61/EG des Rates, vgl. KOM (2000) 839 endg., KOM (2001) 779 endg.

[25] Vgl. Richtlinie 85/337/EWG.

[26] Der Entwurf zu Artikel 10a UVP-Richtlinie lautet: „Die Mitgliedsstaaten stellen im rahmen ihrer innerstaatlichen Rechtsvorschriften sicher, dass die betroffene Öffentlichkeit Zugang zu einem Überprüfungsverfahren vor einem Gericht oder einer anderen auf gesetzlicher Grundlage geschaffenen Stelle hat, um die verfahrensrechtliche Rechtmäßigkeit von Entscheidungen, Handlungen oder Unterlassungen anzufechten, für die die Bestimmungen dieser Richtlinie über die Öffentlichkeitsbeteiligung gelten. Die betreffenden Verfahren werden zügig und zu nicht übermäßig hohen Kosten durchgeführt."

[27] Vgl. Richtlinie 96/61/EG.

[28] Der Entwurf IVU-Richtlinie lautet: „Die Mitgliedsstaaten stellen im Rahmen ihrer innerstaatlichen Rechtsvorschriften sicher, dass die betroffene Öffentlichkeit Zugang zu einem Überprüfungsverfahren vor einem Gericht oder einer anderen auf gesetzlicher Grundlage geschaffenen Stelle hat, um die materiellrechtliche und verfahrensrechtliche Rechtmäßigkeit von Entscheidungen, Handlungen oder Unterlassungen anzufechten, für die die Bestimmungen dieser Richtlinie über die Öffentlichkeitsbeteiligung gelten. Die betreffenden Verfahren werden zügig und zu nicht übermäßig hohen Kosten durchgeführt."

[29] Vgl. Zweite Arbeitsunterlage vom 22.7.2002, Generaldirektion Umwelt vom 22.7.2002.

[30] Vgl. Zweite Arbeitsunterlage vom 22.7.2002, Generaldirektion Umwelt vom 22.7.2002, S. 5.

ansehen. Die Diskussionspapiere der Kommission sehen also neue interessante Varianten der Umsetzung sowohl der dritten Säule der Aarhus-Konvention als auch zur Durchsetzung von Umweltvorschriften und der Verringerung vorhandener Mängel bei der Durchsetzung dieser Vorschriften auf europäischer Ebene mit nicht unerheblichen Folgen für die Klagemöglichkeiten von Dritten und Umweltverbänden in Deutschland vor.[31] Der nächste Schritt der EU-Kommission ist der Vorschlag einer entsprechenden Richtlinie.

Es bleibt abzuwarten, was sich daraus in den kommenden Jahren für konkrete Vorgaben zur Erweiterung der Möglichkeiten für eine gerichtliche Kontrolle durch die Umweltschutzverbände entwickelt.

---

[31] Vgl. ebenda S. 2, Ziel.

Anhang I

Bundesregelungen der Verbandsmitwirkung und –klage
Landesregelungen der Verbandsmitwirkung und –klage
Klagetatbestände ausserhalb Bundesrecht

Bundesregelungen zur Verbandsmitwirkung und –klage

Bisherige Regelungen des BNatSchG a.F.
Mitwirkungsbefugnis (§ 29 BNatSchG)

Allgemeine Voraussetzungen
• Anerkennung gemäß § 29 Abs.2 BNatSchG • Verein wird durch das Vorhaben in seinen satzungsmäßigen Aufgaben berührt
Mitwirkungsbefugnis
gemäß § 29 Abs.1 Satz 1, Nr.1-4 BNatSchG ist Gelegenheit zur Äußerung sowie zur Einsicht in die einschlägigen Sachverständigengutachten zu geben: 1. bei der Vorbereitung von Verordnungen und anderen im Range unter dem Gesetz stehenden Rechtsvorschriften der für Naturschutz und Landschaftspflege zuständigen Behörden 2. bei der Vorbereitung von Programmen und Plänen im Sinne der §§ 5 und 6, soweit sie dem einzelnen gegenüber verbindlich sind, 3. vor Befreiungen von Verboten und Geboten, die zum Schutz von Naturschutzgebieten und Nationalparken erlassen sind, 4. in Planfeststellungsverfahren über Vorhaben, die mit Eingriffen in Natur und Landschaft im Sinne des § 8 verbunden sind

Neue Regelungen des BNatSchG n.F.
Mitwirkungsbefugnis von auf Bundesebene anerkannten Vereinen (§ 58 BNatSchG)

Allgemeine Voraussetzungen
• Anerkennung gemäß § 59 BNatSchG • Verein wird durch das Vorhaben in seinen satzungsmäßigen Aufgaben berührt
Mitwirkungsbefugnis
gemäß § 58 Abs. 1 Nr. 1-3 BNatSchG ist Gelegenheit zur Äußerung sowie zur Einsicht in die einschlägigen Sachverständigengutachten zu geben: 1. bei der Vorbereitung von Verordnungen und anderen im Range unter dem Gesetz stehenden Rechtsvorschriften auf dem Gebiet des Naturschutzes und der Landschaftspflege durch die Bundesregierung oder das Bundesministerium für Umwelt, Naturschutz und Reaktorsicherheit, 2. in Planfeststellungsverfahren, die von Behörden des Bundes durchgeführt werden, soweit es sich um Vorhaben handelt, die mit Eingriffen in Natur und Landschaft verbunden sind und der Verein einen Tätigkeitsbereich hat, der das Gebiet der Länder umfasst, auf die sich das Verfahren bezieht, 3. bei Plangenehmigungen, die von den Behörden des Bundes erlassen werden, die anstelle einer Planfeststellung im Sinne der Nummer 2 treten und für die eine Öffentlichkeitsbeteiligung vorgesehen ist Abs. 1 Nr. 2 und 3 gilt auch für von den Ländern im Rahmen des § 60 anerkannte Vereine, soweit diese in ihrem Tätigkeitsbereich betroffen sind

Mitwirkungsbefugnis von auf Landesebene anerkannten Vereinen (§ 60 BNatSchG n.F.)

Allgemeine Voraussetzungen
- Anerkennung gemäß Ländervorschriften nach Maßgabe des § 60 Abs. 2 und 3 BNatSchG n.F.

Mitwirkungsbefugnis

gemäß § 60 Abs.2 Satz 1 Nr.1-7 BNatSchG n.F. ist Gelegenheit zur Äußerung sowie zur Einsicht in die einschlägigen Sachverständigengutachten zu geben:
1. bei der Vorbereitung von Verordnungen und anderen im Range unter dem Gesetz stehenden Rechtsvorschriften der für Naturschutz und Landschaftspflege zuständigen Behörden der Länder,
2. bei der Vorbereitung von Programmen und Plänen im Sinne der §§ 15 und 16,
3. bei der Vorbereitung von Plänen im Sinne des § 35 Satz 1 Nr.2,
4. bei der Vorbereitung von Programmen staatlicher und sonstiger öffentlicher Stellen zur Wiederansiedlung von Tieren und Pflanzen verdrängter wild lebender Arten in der freien Natur,
5. vor Befreiungen von Verboten und Geboten zum Schutz von Naturschutzgebieten, Nationalparken, Biosphärenreservaten, und sonstigen Schutzgebieten im Rahmen des § 33Abs. 2,
6. in Planfeststellungsverfahren, die von Behörden der Länder durchgeführt werden, soweit es sich um Vorhaben handelt, die mit Eingriffen in Natur und Landschaft verbunden sind,
7. bei Plangenehmigungen, die von den Behörden der Länder erlassen werden, die anstelle einer Planfeststellung im Sinne der Nummer 6 treten, soweit eine Öffentlichkeitsbeteiligung nach § 17 Abs. 1 b Bundesfernstraßengesetz vorgesehen ist.

Klagebefugnis von bundes- oder landesrechtlich anerkannten Vereinen (§ 61 BNatSchG n.F.)

Allgemeine Voraussetzungen
- Verwaltungsakt widerspricht Vorschriften dieses Gesetzes, Rechtsvorschriften, die aufgrund oder im Rahmen dieses Gesetzes erlassen worden sind oder fortgelten, oder anderen Rechtsvorschriften, die bei Erlass des Verwaltungsaktes zu beachten und zumindest auch den Belangen des Naturschutzes und der Landschaftspflege zu dienen bestimmt sind
- Verein muss in seinem satzungsmäßigen Aufgabenbereich berührt sein, soweit sich die Anerkennung darauf bezieht
- Verein muss zur Mitwirkung nach § 58 Abs. 1 Nr. 2 und 3 oder nach landesrechtlichen Vorschriften im Rahmen des § 60 Abs. 2 Nr. 5 bis 6 berechtigt gewesen sein und sich hierbei in der Sache geäußert haben oder es ist ihm keine Gelegenheit zur Äußerung gegeben worden
- Erlass, Ablehnung oder Unterlassung des Verwaltungsakts darf nicht auf Grund einer Entscheidung in einem verwaltungsgerichtlichen Streitverfahren erfolgt sein
- Hat der Verein im Verwaltungsverfahren Gelegenheit zur Äußerung gehabt, ist er im Verfahren über den Rechtsbehelf mit allen Einwendungen ausgeschlossen, die er im Verwaltungsverfahren nicht geltend gemacht hat, aber aufgrund der ihm überlassenen oder von ihm eingesehenen Unterlagen zum Gegenstand seiner Äußerung hätte machen können.

Klagebefugnis

Gemäß § 61 Abs. 1 Nr. 1 und 2 BNatSchG n.F.:
- Befreiungen von Verboten und Geboten zum Schutz von Naturschutzgebieten, Nationalparken, und sonstigen Schutzgebieten im Rahmen des § 33 Abs. 2,
- Planfeststellungsbeschlüsse über Vorhaben, die mit Eingriffen in Natur und Landschaft verbunden sind sowie Plangenehmigungen, soweit eine Öffentlichkeitsbeteiligung vorgesehen ist.

Landesregelungen zur Verbandsmitwirkung und -klage

Da die meisten Landesregelungen seit der Verabschiedung des BNatSchG n.F. noch nicht angepasst sind, beziehen sich viele noch auf die Vorschriften des BNatSchG a.F. und verweisen darauf.
Die Datumsangaben beziehen sich auf den Stand der letzten Änderung des Gesetzes, unabhängig davon, ob die Verbandsregelungen dabei geändert wurden.

Baden-Württemberg (20.11.01)
Mitwirkungsbefugnis (§§ 51 und 63 NatSchG B-W)

Allgemeine Voraussetzungen
gemäß § 51 Abs. 3 NatSchG B-W: anerkannter rechtsfähiger Zusammenschluss von Naturschutzverbänden muss existieren
Mitwirkungsbefugnis
gemäß § 63 II NatSchG B-W: • Landesnaturschutzverband ist vor Befreiungen von Vorschriften der Rechtsverordnungen anzuhören, soweit das Vorhaben ein NSG oder flächenhaftes Naturdenkmal nicht nur unwesentlich betrifft oder in LSG zu Eingriffen besonderer Tragweite oder einer schwerwiegenden Beeinträchtigung überörtlicher Interessen der erholungssuchenden Bevölkerung führen kann gemäß § 51 Abs.4 und 5 NatSchG B-W: • Landesnaturschutzverband kann verlangen, dass Weisungen nächsthöherer Behörde einzuholen sind, wenn zuständige Behörde entgegen seiner Stellungnahme entscheiden will • Behörden und Einrichtungen des Naturschutzes sollen über die gesetzlichen Beteiligungspflichten hinaus die Zusammenarbeit mit den Naturschutzverbänden pflegen

Bayern (24.12.02)
Mitwirkungsbefugnis (Art. 42 BayNatSchG)

Allgemeine Voraussetzungen
Es gilt § 29 BNatSchG
Mitwirkungsbefugnis
Es gilt § 29 BNatSchG

Berlin (17.07.01)
Mitwirkungsbefugnis (§ 39a NatSchGBln)

Allgemeine Voraussetzungen
• Anerkennung gemäß § 39 Abs.1 NatSchGBln
Mitwirkungsbefugnis
• die Mitwirkungsrechte gemäß § 29 Abs.1 Satz 1 Nr.1-4 BNatSchG • gemäß § 39a Abs.1 Nr.1-5 NatSchGBln: 1. bei der Vorbereitung von Vorschriften des Landesrechts, deren Erlass die Belange des Naturschutzes und der Landschaftspflege berührt, dies gilt nicht, wenn nach anderen Vorschriften die Beteiligung von Bürgern vorgesehen ist 2. vor Befreiung von Vorschriften dieses Gesetzes, des Bundesnaturschutzgesetzes oder auf Grund dieser Gesetze erlassener Rechtsverordnungen sowie von Vorschriften einer Rechtsverordnung zur Festsetzung eines Wasserschutzgebietes nach § 19 des WHG und des § 22 des Berliner Wassergesetzes 3. vor der Erteilung von Genehmigungen für die Errichtung oder wesentliche Änderung von Anlagen in oder an oberirdischen Gewässern, soweit mit dem beantragten Vorhaben ein Eingriff in Natur und

Landschaft im Sinne von § 14 dieses Gesetzes verbunden ist,
4. vor der Zulassung von Vorhaben, die mit nicht vermeidbaren und nicht ausgleichbaren Eingriffen in Natur und Landschaft verbunden sind.
5. bei der Aufstellung von Landschaftsprogrammen und von Landschaftsplänen
- bei häufig oder regelmäßig wiederkehrenden, gleich gelagerte Sachverhalte betreffenden Anträgen auf Befreiungen oder Genehmigungen ist der Vorschrift des Satzes 1 Nr.2-4 Genüge getan, wenn eine Mitwirkung der Verbände bei der erstmaligen Befreiung oder Genehmigung erfolgt ist.
- bei Vorhaben, deren Auswirkungen auf Natur und Landschaft gering sind, kann von der Beteiligung abgesehen werden

Klagebefugnis (§ 39b NatSchGBln)

Allgemeine Voraussetzungen
• Verwaltungsakt einer Landesbehörde, der den Vorschriften des Bundesnaturschutzgesetzes, des Landesnaturschutzgesetzes, den auf Grund dieser Gesetze erlassenen oder fortgeltenden Rechtsvorschriften oder anderen Rechtsvorschriften widerspricht, die auch den Belangen des Naturschutzes und der Landschaftspflege zu dienen bestimmt sind
• Verein muss in seinem satzungsmäßigen Aufgabenbereich berührt sein
• Verein muss sich im Falle des Erlasses eines Verwaltungsakts in der Sache geäußert haben oder es muss ihm Gelegenheit zur Äußerung gegeben worden sein
• Erlass, Ablehnung oder Unterlassung des Verwaltungsakts darf nicht auf Grund einer Entscheidung in einem verwaltungsgerichtlichen Streitverfahren erfolgt sein
• Klagebefugnis gilt auch, wenn zu Unrecht andere Verwaltungsakte ergangen sind, für die das Gesetz keine Mitwirkung vorsieht
Klagebefugnis
• § 29 Abs.1 Satz 1 Nrn.3 und 4 BNatSchG
• § 39a Abs.1 Nrn. 2 bis 4 NatSchGBln

Brandenburg (18.12.97)

Mitwirkungsbefugnis (§ 63 BbgNatSchG)

Allgemeine Voraussetzungen
Anerkennung gemäß § 63 Abs.1 BbgNatSchG i.V.m. § 29 Abs.2 und 3 BNatSchG
Mitwirkungsbefugnis
• die Mitwirkungsrechte gemäß § 29 Abs.1 Satz 1 Nrn.1-4 BNatSchG
• gemäß § 63 Abs.2 Satz 1 Nrn. 1-2 BbgNatSchG:
1. vor der Erteilung von Befreiungen von Vorschriften dieses Gesetzes, des Bundesnaturschutzgesetzes oder auf Grund dieser Gesetze erlassener Rechtsverordnungen sowie
2. von Ausnahmegenehmigungen nach § 36 BbgNatSchG

Klagebefugnis (§ 65 BbgNatSchG)

Allgemeine Voraussetzungen
• Vorliegen eines Verwaltungsakts, durch den ein rechtlicher oder tatsächlicher Zustand bewirkt worden ist, der den Vorschriften des Bundesnaturschutzgesetzes, dieses Gesetzes oder den aufgrund dieser Gesetze erlassenen oder fortgeltenden Rechtsvorschriften nicht entspricht.
• Verein muss in seinem satzungsmäßigen Aufgabenbereich berührt sein.
• der Verein muss von seinen Mitwirkungsrechten nach § 63 BbgNatSchG bzw. § 29 BNatSchG Gebrauch gemacht haben oder ihm ist keine Gelegenheit zur Äußerung gegeben worden.
• Erlass, Ablehnung oder Unterlassung des Verwaltungsakts darf nicht auf Grund einer Entscheidung in einem verwaltungsgerichtlichen Streitverfahren erfolgt sein.
Klagebefugnis

- § 29 Abs.1 Satz 1 Nr.3 und 4 BNatSchG
- § 63 Abs.2 Nr.1 oder 2 BbgNatSchG

Klagebefugnis (Art. 39 Abs.8 BbgVerf.)

Die Verbandsklage ist zulässig. Anerkannte Umweltverbände haben das Recht auf Beteiligung an Verwaltungsverfahren, die die natürlichen Lebensgrundlagen betreffen. Das Nähere regelt ein Gesetz.

Bremen (28.5.02)

Mitwirkungsbefugnis (§ 43 BremNatSchG)

Allgemeine Voraussetzungen
- Anerkennung gemäß § 43 Abs.2 BremNatSchG
- Verein muss in seinem satzungsgemäßen Aufgabenbereich berührt sein

Mitwirkungsbefugnis

gemäß § 43 Abs.1 Satz 1 Nrn.1-4 BremNatSchG:
1. bei der Vorbereitung von Verordnungen und anderen im Range unter dem Gesetz stehenden Rechtsvorschriften der Naturschutzbehörden
2. bei der Vorbereitung des Programms und der Pläne nach § 4 Abs.2 (Landschaftsprogramm und -pläne)
3. vor Befreiungen von Verboten und Geboten zum Schutz von Naturschutzgebieten und nach § 26b ausgewiesenen Schutzgebieten von gemeinschaftlicher Bedeutung und Vogelschutzgebieten
4. in Planfeststellungsverfahren über Vorhaben, die mit Eingriffen in Natur und Landschaft nach § 11 verbunden sind

Klagebefugnis (§ 44 BremNatSchG)

Allgemeine Voraussetzungen
- Verwaltungsakt einer Landesbehörde oder Gemeinde widerspricht den Vorschriften des Bundesnaturschutzgesetzes, des Landesnaturschutzgesetzes oder den aufgrund dieser Gesetze erlassenen oder fortgeltenden Rechtsverordnungen
- Verein muss in seinem satzungsmäßigen Aufgabenbereich berührt sein
- der Verein muss im Falle einer Anfechtungsklage von seinen Mitwirkungsrechten nach § 43 Abs.1 Satz 1 Nrn. 3 und 4 Bremer NatSchG Gebrauch gemacht haben
- Erlass, Ablehnung oder Unterlassung des Verwaltungsakts darf nicht auf Grund einer Entscheidung in einem verwaltungsgerichtlichen Streitverfahren erfolgt sein

Klagebefugnis

gemäß § 43 Abs.1 Satz1 Nrn. 3 und 4 Bremer NatSchG, soweit Mitwirkungsrecht zustand oder zustehen würde

Hamburg (17.12.02)

Mitwirkungsbefugnis (§ 40 HmbNatSchG)

Allgemeine Voraussetzungen

Anerkennung gemäß § 29 Abs.2 BNatSchG

Mitwirkungsbefugnis

- die Mitwirkungsrechte gemäß § 29 Abs.1 Satz1 Nrn.1-4 BNatSchG
- gemäß § 40 Abs.1 HmbNatSchG:
1. bei der Vorbereitung von Gesetzen, die die Belange des Naturschutzes und der Landschaftspflege erheblich berühren,
2. bei der Vorbereitung von überwiegend die Belange des Naturschutzes und der Landschaftspflege regelnden Verordnungen,
3. vor Befreiungen und Ausnahmen von Verboten und Geboten, die zum Schutz eines Gebietes von gemeinschaftlicher Bedeutung, eines Europäischen Vogelschutzgebietes oder eines Naturdenkmals erlassen sind, oder die zum Schutz eines gesetzlich geschützten Biotops im Sinne des § 28 Abs.1 bestehen,
4. bei der Vorbereitung von Plänen im Sinne des § 3,
5. bei der Vorbereitung von Plänen im Sinne des § 15 Abs. 5,
6. vor Plangenehmigungen über Vorhaben, die mit Eingriffen in Natur und Landschaft im Sinne des § 9 verbunden sind,
7. vor immissionsschutzrechtlichen Genehmigungen von Vorhaben, die mit Eingriffen in Natur und Landschaft im Sinne des § 9 oder mit stofflichen Belastungen im Sinne des § 19e des Bundesnaturschutzgesetzes verbunden sind,
8. bei der Vorbereitung von wasserwirtschaftlichen Rahmenplänen nach § 36 des Wasserhaushaltsgesetzes in der Fassung vom 12. November 1996, zuletzt geändert am 3. Mai 2000, und von Bewirtschaftungsplänen nach § 36b des Wasserhaushaltsgesetzes,
9. vor wasserrechtlichen Entscheidungen über das Einleiten von Abwasser, das Aufstauen von oberirdischen Gewässern, das Ablassen aufgestauten Wassers sowie über das Benutzen oder Absenken von Grundwasser, soweit sie mit Eingriffen in Natur und Landschaft im Sinne des § 9 verbunden sind,
10. bei der Vorbereitung von forstlichen Rahmenplänen nach § 2 des Landeswaldgesetzes und
11. vor waldrechtlichen Entscheidungen über die Rodung oder Umwandlung von Wald sowie über die Erstaufforstung von Flächen.

Klagebefugnis (§ 41 HmbNatSchG)

Allgemeine Voraussetzungen

- Verein muss in seinem satzungsmäßigen Aufgabenbereich berührt sein
- Die Klage ist zulässig, wenn nicht bereits darüber in einem verwaltungsgerichtlichen Verfahren entschieden worden ist
- Verein hat von seinem Recht auf Mitwirkung Gebrauch gemacht
- Verein kann eine Anfechtungsklage erheben oder vorläufigen Rechtsschutz beantragen
- Verein muss geltend machen, dass die behördliche Entscheidung Rechtsvorschriften zum Schutz von Natur und Landschaft widerspricht, und insbesondere, dass die Voraussetzungen für eine stattgebende Entscheidung nach den genannten Vorschriften nicht vorliegen oder dass die zuständige Behörde das ihr eingeräumte Ermessen fehlerhaft ausgeübt hat
- Klage ist nicht zulässig, wenn die behördliche Entscheidung
  1. Ein Vorhaben im Hafengebiet nach dem Hafenentwicklungsgesetz,
  2. Eine öffentliche oder private Hochwasserschutzanlage,
  3. Die Flugzeugproduktion am Standort Finkenwerder und den Sonderlandeplatz oder
  4. Die Bundesautobahn A 252
  betrifft.

Klagebefugnis
- § 29 Abs.1 BNatSchG - § 40 Abs.1 Nr.3, 6, 7, 9 und 11 HmbNatSchG Auch gegeben, wenn an Stelle einer Planfeststellung rechtswidrig eine andere Genehmigung erteilt worden ist oder wenn dem Verein nicht die nach § 40 Abs.1 und § 42 gebotene Gelegenheit zur Mitwirkung

gewährt wurde

Hessen (18.6.02)
Mitwirkungsbefugnis (§ 35 HeNatSchG)

Allgemeine Voraussetzungen
Anerkennung gemäß § 29 Abs.2 BNatSchG
Mitwirkungsbefugnis
• die Mitwirkungsrechte gemäß § 29 Abs.1 Satz 1Nrn.1-4 BNatSchG • gemäß § 35 Abs.1 Nrn.1 -9 HeNatSchG: 1. bei der Vorbereitung von Vorschriften des Landesrechts durch die Landesregierung, deren Erlass die Belange des Naturschutzes und der Landschaftspflege wesentlich berührt, 2. vor Befreiungen von Vorschriften der auf Grund des Vierten Abschnittes des Gesetzes erlassenen Rechtsverordnungen 3. der Vorbereitung von Landschaftsplänen sowie bei der Aufstellung des Landschaftsprogramms, 4. Planfeststellungsverfahren für Vorhaben, die mit Eingriffen in Natur und Landschaft verbunden sind, sowie Plangenehmigungen, soweit eine Öffentlichkeitsbeteiligung vorgesehen ist und bei Bebauungsplänen, die solche Planfeststellungen ersetzen, 5. Bewilligungen nach § 8 WHG, 6. gehobenen Erlaubnissen nach § 20 Hessisches Wassergesetz für das Entnehmen von Grundwasser, wenn die zugelassene jährliche Entnahmemenge größer ist als 500 000 Kubikmeter, 7. Erlaubnissen für das Aufstauen und Absenken von oberirdischen Fließgewässern, 8. bergrechtlichen Betriebsplänen nach § 52 Bundesberggesetz, soweit die Gewinnung von Bodenschätzen im Tagebau zugelassen wird und wenn die beanspruchte Gesamtfläche mehr als 5 ha beträgt, 9. Genehmigungen für das Aussetzen und Ansiedeln von Tieren und Pflanzen nach § 25.

Klagebefugnis (§ 36 HeNatSchG)

(aufgehoben)

Mecklenburg-Vorpommern (25.3.02)
Mitwirkungsbefugnis (§ 64 LNatSchG M-V)

Allgemeine Voraussetzungen
gemäß § 63 LNatSchG M-V:
Anerkennung nach § 29 Abs.4 BNatschG
Mitwirkungsbefugnis
gemäß § 64 LNatSchG M-V: 1. bei der Vorbereitung von Gesetzen, Rechtsverordnungen und anderen im Range unter dem Gesetz stehenden Vorschriften, die belange des Naturschutzes und Landschaftspflege berühren können mit Ausnahme von Bauleitplänen, 2. bei Vorbereitung des gutachtlichen Landschaftsprogramms und der gutachtlichen Landschaftsrahmenpläne nach § 12, einschließlich der Anforderungen an andere Raumnutzungen nach § 11 Abs.2, sowie bei der Vorbereitung der örtlichen Landschaftsplanung nach § 13 3. Planfeststellungsverfahren nach Bundes- und Landesrecht, bei Plangenehmigungen sowie bei Entscheidungen über den Verzicht auf eine Planfeststellung oder Plangenehmigung, soweit Bundesrecht nicht entgegensteht, bei Flurbereinigungsverfahren, bei Befreiungen von Vorschriften dieses Gesetzes oder von aufgrund dieses Gesetzes erlassenen Rechtsvorschriften sowie bei der Erteilung von Ausnahmen nach den §§ 20 Abs. 3, 27 Abs. 2 und 36 Abs. .6 Nr. 3, soweit der Verband durch das Vorhaben in seinem für die Anerkennung maßgeblichen satzungsgemäßen

Aufgabenbereich berührt wird

Klagebefugnis (§ 65a LNatSchG M-V)

Allgemeine Voraussetzungen
• Anerkennung gemäß § 59 oder § 63 BNatSchG n.F. • Entscheidung darf nicht in einem verwaltungsgerichtlichen Streitverfahren ergangen sein • Verwaltungsakt, dessen Ablehnung oder Unterlassung widerspricht Vorschriften des Bundesnaturschutzgesetzes, dieses Gesetzes, Rechtsvorschriften, die aufgrund oder im Rahmen dieser Gesetze erlassen worden sind oder fortgelten, oder anderen Rechtsvorschriften, die bei Erlass des Verwaltungsaktes zu beachten und zumindest auch den Belangen des Naturschutzes und der Landschaftspflege zu dienen bestimmt sind • Verein ist in seinem satzungsgemäßen Aufgabenbereich berührt, sofern sich die Anerkennung darauf bezieht • Verein war zur Mitwirkung nach den Vorschriften des Bundesnaturschutzgesetzes oder dieses Gesetzes berechtigt war und er sich hierbei in der Sache geäußert hat oder ihm entgegen der genannten Vorschriften keine Gelegenheit zur Äußerung gegeben worden ist • Verein hat die Einwendungen bereits im Verwaltungsverfahren geltend gemacht, sofern er Gelegenheit zur Äußerung hatte
Klagebefugnis

gemäß § 65a LNatSchG M-V:
  1. Befreiungen von Verboten und Geboten zum Schutz von Naturschutzgebieten, Nationalparken und sonstigen Schutzgebieten im Rahmen des § 33 Abs. 2 des Bundesnaturschutzgesetzes
  2. Planfeststellungsbeschlüsse
  3. Plangenehmigungen, soweit eine Öffentlichkeitsbeteiligung vorgesehen ist
  4. Ausnahmen vom Alleenschutz nach § 27 Abs.2, wenn mehr als zehn Bäume betroffen sind
  5. Ausnahmen vom Horstschutz nach § 36 Abs. 5 Nr. 3,
sofern die Entscheidungen Vorhaben betreffen, die mit Eingriffen in Natur und Landschaft verbunden sind

Niedersachsen (21.03.02)

Mitwirkungsbefugnis (§ 60 a NNatSchG)

Allgemeine Voraussetzungen
• Anerkennung gemäß § 60 NNatSchG i.V.m. § 29 Abs.2 BNatSchG • Verein muss in seinem satzungsmäßigen Aufgabenbereich berührt sein
Mitwirkungsbefugnis

• gemäß § 29 Abs. 1 Satz 1 Nrn.1-4 BNatSchG
• gemäß § 60a NNatSchG:
1. bei der Vorbereitung von Verordnungen, deren Durchführung erhebliche Beeinträchtigungen der Belange von Naturschutz und Landschaftspflege erwarten lässt,
2. bei der Vorbereitung von Programmen und Plänen nach den §§ 4 bis 6 sowie nach § 5 Abs. 3 und § 8 Abs.3 des Niedersächsischen Gesetzes über Raumordnung und Landschaftsplanung
3. bei der Durchführung von Raumordnungsverfahren nach § 6a des Raumordnungsgesetzes des Bundes und nach § 14 des Niedersächsischen Gesetzes über Raumordnung und Landesplanung sowie bei der Bestimmung der Linienführung von Landesstraßen nach § 37 des Niedersächsischen Straßengesetzes, sofern nicht ein Raumordnungsverfahren ergangen ist,
4. vor der Erteilung von
  a) Plangenehmigungen für Bundesverkehrswege, ausgenommen
    aa) die Schienenwege der Deutschen Bundesbahn einschließlich der für den Betrieb der Schienenwege notwendigen Anlagen,
    bb) andere Bundesverkehrswege einschließlich der Flughäfen und der Landeplätze mit beschränktem

Bauschutzbereich, soweit sie in bundeseigener Verwaltung geführt werden,
b) Plangenehmigungen nach
   aa) § 31 Abs. 3 des Kreislaufwirtschafts- und Abfallgesetzes, sofern das Vorhaben im Außenbereich (§ 19 Abs. 1 Nr. 3 des Baugesetzbuchs) durchgeführt werden soll,
   bb) § 87 Abs. 1 des Niedersächsischen Wassergesetzes,
   cc) § 128 des Niedersächsischen Wassergesetzes,
   dd) § 12 des Niedersächsischen Deichgesetzes,
   ee) § 41 Abs. 4 des Flurbereinigungsgesetzes,
c) gehobenen Erlaubnissen nach § 11 des Niedersächsischen Wassergesetzes und Bewilligungen nach § 13 des Niedersächsischen Wassergesetzes,
d) Erlaubnissen nach §10 des Niedersächsischen Wassergesetzes
   aa) für das Entnehmen und Ableiten von Wasser aus oberirdischen Gewässern, wenn die zu nutzende Wassermenge 10 000 m³ je Jahr übersteigt,
   bb) für das Aufstauen und Absenken von oberirdischen Gewässern erster und zweiter Ordnung sowie von stehenden Gewässern dritter Ordnung und von naturnahen Fließgewässern, die Bestandteil des niedersächsischen Fließgewässerschutzsystems sind,
   cc) für das Entnehmen fester Stoffe aus oberirdischen Gewässern erster und zweiter Ordnung sowie von stehenden Gewässern dritter Ordnung und von naturnahen Fließgewässer, die Bestandteil des niedersächsischen Fließgewässerschutzsystems sind,
   dd) für das Einleiten und Einbringen von Stoffen in oberirdischen Gewässer und in das Grundwasser von mehr als 8 m3 je Tag, ausgenommen das Einleiten von Niederschlagswasser aus Regenwasserleitungen,
   ee) für das Einbringen und Einleiten von Stoffen in Küstengewässer,
   ff) für das Entnehmen, Zutagefördern, Zutageleiten und Ableiten von Grundwasser, wenn die Wassermenge   10 000 m³ im Jahr übersteigt,
   gg) für das Aufstauen, Absenken und Ableiten von Grundwasser und für Maßnahmen, die geeignet sind, dauernd oder in einem nicht nur unerheblichen Ausmaß schädliche Veränderungen der physikalischen, chemischen oder biologischen Beschaffenheit des Wassers herbeizuführen,
e) Genehmigungen
   aa) nach § 91 des Niedersächsischen Wassergesetzes, soweit die Vorhaben Gewässer erster und zweiter Ordnung, stehende Gewässer dritter Ordnung oder naturnahe Fließgewässer dritter Ordnung betreffen, die Bestandteil des niedersächsischen Fließgewässerschutzsystems sind,
   bb) nach § 154 des Niedersächsischen Wassergesetzes,
   cc) nach § 156 des Niedersächsischen Wassergesetzes,
   dd) nach den § 13 und 17 des Landeswaldgesetzes für Flächen von über 3 ha,
   ee) von Bodenabbau nach § 19,
   ff) von Bauvorhaben im Außenbereich (§ 19 Abs. 1 Nr. 3 des Baugesetzbuchs), wenn die bauliche Anlage eine Grundfläche von 1000 m² oder eine Höhe von 20 m überschreitet; ausgenommen sind Gruppen von nicht mehr als fünf Windkraftanlagen,
f) Vorbescheiden nach § 20,
g) Ausnahmen und Befreiungen von Geboten und Verboten der Verordnungen zur Festsetzung von Überschwemmungsgebieten nach § 92 des Niedersächsischen Wassergesetzes, soweit hiermit Eingriffe in Natur und Landschaft verbunden sind,
5. beim Verzicht auf eine Planfeststellung
a) nach § 17 Abs. 2 des Bundesfernstraßengesetzes,
b) nach § 38 Abs. 3 des Niedersächsischen Straßengesetzes, soweit mit den Vorhaben Eingriffe in Natur und Landschaft verbunden sind,
6. bei Maßnahmen nach § 5 Abs. 2 und § 21 des Niedersächsischen Deichgesetzes, soweit hiermit Eingriffe in Natur und Landschaft verbunden sind,
7. vor der Erteilung von Ausnahmen und Befreiungen

a) nach § 53, soweit es sich um Befreiungen von Verboten in Verordnungen nach § 26 handelt,
b) nach § 28a Abs. 5 von den Verboten des § 28a Abs. 2 oder nach § 28b Abs. 4 von den Verboten des § 28b Abs. 2, soweit es sich um Vorhaben im Außenbereich (§ 19 Abs. 1 Nr. 3 des Baugesetzbuchs) handelt,
c) nach § 33 Abs. 4 von den Verboten des § 33 Abs. 1,
8. vor der Erteilung von Genehmigungen auf Grund der nach § 71 übergeleiteten Verordnungen.

Klagebefugnis (§ 60c NNatSchG)

Allgemeine Voraussetzungen
- Anerkennung nach § 60 NNatSchG i.V.m. § 29 Abs.2 und 3 BNatschG
- Verein muss in seinem satzungsmäßigen Aufgabenbereich berührt sein
- Erlass, Ablehnung oder Unterlassung des Verwaltungsakts darf nicht auf Grund einer Entscheidung in einem verwaltungsgerichtlichen Streitverfahren erfolgt sein
- Verein hat von seinem Recht auf Mitwirkung in den Fällen des § 60 a Nrn.4, 5, 7 und 8 oder des § 29 Abs.1 Nrn.3 und 4 BNatschG Gebrauch gemacht oder es ist ihm nicht die nach diesen Vorschriften gebotene Gelegenheit dazu gegeben worden
- Verein hat von seinem Recht auf Mitwirkung an Verwaltungsverfahren, welches ihm aufgrund anderer Rechtsvorschriften zusteht, Gebrauch gemacht oder keine Gelegenheit dazu erhalten
- der Verein macht geltend, dass die Maßnahme gegen Vorschriften des Bundesnaturschutzgesetzes, des Landesnaturschutzgesetzes und den auf Grund dieser Gesetzes erlassenen oder fortgeltenden Rechtsvorschriften oder anderen Rechtsvorschriften widerspricht, die auch den Belangen des Naturschutzes und der Landschaftspflege zu dienen bestimmt sind
- Einwendungen sind im Verwaltungsverfahren geltend gemacht worden, sofern Gelegenheit zur Stellungnahme gegeben war

Klagebefugnis
gegen einen Verwaltungsakt nach Maßgabe der VwGO in den Fällen:
- § 29 Abs.1 Nrn.3 und 4 BNatschG
- § 60a Nrn. 4, 5, 7 und 8 NNatSchG
- in Verwaltungsverfahren, in denen dem Verband auf Grund anderer Rechtsvorschriften, die auch den Belangen des Naturschutzes und der Landschaftspflege zu dienen bestimmt sind, eine Beteiligung offen steht

Nordrhein-Westfalen (21.06.00)

Mitwirkungsbefugnis (§ 12 LG NRW)

Allgemeine Voraussetzungen
- Anerkennung nach BNatSchG
- Verein muss in seinen satzungsgemäßen Aufgaben berührt sein
- Mitwirkung muss für die Beurteilung der Auswirkungen auf Natur und Landschaft erforderlich sein

Mitwirkungsbefugnis
- Mitwirkungsrechte gemäß § 29 Abs.1 Satz 1 Nrn.1-4 BNatSchG
- Gemäß § 12 Nrn. 1-5 LG:
1. Bei der Vorbereitung von Verordnungen, deren Durchführung die Belange von Naturschutz und Landschaftspflege wesentlich berührt,
2. Bei der Vorbereitung von Verwaltungsvorschriften der obersten Landesbehörden, deren Erlass die Belange des Naturschutzes und der Landschaftspflege wesentlich berührt,
3. Vor der Erteilung von Genehmigungen und Erlaubnissen
   a) für Abgrabungen nach § 3 des Abgrabungsgesetzes, § 55 des Bundesberggesetzes und § 6 des Bundesimmissionsschutzgesetzes,
   b) nach den §§ 58, 99 Abs. 1 und 113 des Landeswassergesetzes, sofern das Vorhaben mit Eingriffen in Natur und Landschaft verbunden ist,

c) für die Errichtung oder Änderung von Rohrleitungsanlagen für wassergefährdende Stoffe nach § 19a in Verbindung mit § 34 des Wasserhaushaltsgesetzes sowie nach § 18 des Landeswassergesetzes, soweit im Genehmigungsverfahren eine Umweltverträglichkeitsprüfung durchgeführt werden muss,
d) nach den §§ 39 und 41 des Landesforstgesetzes in Fällen von mehr als 3 ha,
e) nach § 31 Abs.3 des Wasserhaushaltsgesetzes,
4. vor der Erteilung von Erlaubnissen nach § 25, von gehobenen Erlaubnissen nach § 25a oder von Bewilligungen nach § 26 des Landeswassergesetzes
   a) für das Entnehmen, Zutagefördern und Ableiten von Grundwasser sowie dessen Einleitung in Gewässer, sofern eine Menge von 600 000 m³ pro Jahr überschritten wird,
   b) für das Entnehmen und Ableiten von Wasser aus oberirdischen Gewässern sowie für dessen Einleitung in Gewässer, sofern die Entnahme oder Einleitung 5 % des Durchflusses des Gewässers überschreitet,
   c) für das Einleiten und Einbringen von Abwasser aus Abwasserbehandlungsanlagen, für die nach § 58 Abs. 2 Landeswassergesetz eine Genehmigung erforderlich ist, soweit im Genehmigungsverfahren dafür eine Umweltverträglichkeitsprüfung durchgeführt werden muss,
5. bei Befreiungen und Ausnahmen von Geboten und Verboten zum Schutz von Naturschutzgebieten, geschützten Landschaftsbestandteilen, Naturdenkmalen sowie von geschützten Biotopen nach § 62, soweit die Besorgnis besteht, dass hiervon eine Beeinträchtigung ausgehen kann.

Klagebefugnis (§ 12b LG NRW)

Allgemeine Voraussetzungen
• Verband macht geltend, dass Verwaltungsakt den Vorschriften des BNatSchG, des Landschaftsgesetzes, den aufgrund dieser Gesetze erlassenen oder fortgeltenden Rechtsvorschriften oder anderen Rechtsvorschriften einschließlich derjenigen der Europäischen Union widerspricht, die auch den Belangen des Naturschutzes und der Landschaftspflege dienen • Verband ist durch Verwaltungsakt in seinen satzungsgemäßen Aufgaben berührt • Verband hat von seinem Mitwirkungsrecht nach § 12 Gebrauch gemacht und er stützt die Klage auf Einwendungen, die bereits Gegenstand seiner Stellungnahme im Verwaltungsverfahren gewesen sind oder die er in diesem Verfahren auf Grund der Unterlagen, die ihm zugänglich gemacht worden sind, nicht hätte vorbringen können • Der Erlass des Verwaltungsakts darf nicht aufgrund einer Entscheidung in einem verwaltungsgerichtlichen Verfahren erfolgt sein
Klagebefugnis
• Verwaltungsakt gemäß § 12 Satz 1 Nrn. 3 bis 5 Landschaftsgesetz NRW • Verwaltungsakt gemäß § 29 Abs. 1 Satz 1 Nrn. 3 und 4 BNatschG

Rheinland-Pfalz (30.11.03)

Mitwirkungsbefugnis (§ 37 LPflegeG R-P)

Allgemeine Voraussetzungen
Anerkennung gemäß § 29 BNatSchG
Mitwirkungsbefugnis
gemäß § 37 Abs.1 LPflegeG können durch die anerkannten Landespflegeorganisationen die nach diesem Gesetz erforderlichen Maßnahmen bei der zuständigen Behörde angeregt werden, auf ihr Verlangen ist die angeregte Maßnahme mit ihnen mündlich zu erörtern

Klagebefugnis (§ 37b LPflegeG R-P)

Allgemeine Voraussetzungen
• Verein muss in seinem satzungsmäßigen Aufgabenbereich berührt sein • Erlass, Ablehnung oder Unterlassung des Verwaltungsakts darf nicht auf Grund einer Entscheidung in

einem verwaltungsgerichtlichen Streitverfahren erfolgt sein
- Verein hat von seinem Recht auf Mitwirkung gemäß § 29 Abs.1 Satz 1 Nrn.3 oder 4 BNatSchG Gebrauch gemacht oder ihm ist keine Gelegenheit zur Mitwirkung gegeben worden
- der Verband geltend macht, dass der Verwaltungsakt einer Behörde des Landes oder einer der Aufsicht des Landes unterstehenden juristischen Person gegen Vorschriften des Bundesnaturschutzgesetzes, des Landesnaturschutzgesetzes und den auf Grund dieser Gesetzes erlassenen oder fortgeltenden Rechtsvorschriften widerspricht

Klagebefugnis
- gegen Verwaltungsakt im Sinne von § 29 Abs.1 Satz1 Nrn.3 oder 4 BNatSchG
- gilt nicht für Verwaltungsakte, durch die die Änderung oder Erweiterung von Vorhaben oder Anlagen zugelassen werden

Saarland (7.11.2001)

Mitwirkungsbefugnis (es gilt § 29 BNatSchG)

Allgemeine Voraussetzungen

Anerkennung gemäß § 29 Abs.2 BNatSchG

Mitwirkungsbefugnis

die Mitwirkungsrechte gemäß § 29 Abs.1 Satz 1 Nrn.1-4 BNatSchG

Klagebefugnis (§ 33 SNG)

Allgemeine Voraussetzungen
- Verein muss in seinem satzungsmäßigen Aufgabenbereich berührt sein
- Erlass, Ablehnung oder Unterlassung des Verwaltungsakts darf nicht auf Grund einer Entscheidung in einem verwaltungsgerichtlichen Streitverfahren erfolgt sein
- Verein hat von seinem Recht auf Mitwirkung gemäß § 29 Abs.1 Satz 1 Nrn.3 und 4 BNatSchG Gebrauch gemacht
- Der Verwaltungsakt verstößt gegen Vorschriften des Bundesnaturschutzgesetzes, des Landesnaturschutzgesetzes, den auf Grund dieser Gesetzes erlassenen Rechtsvorschriften oder anderen Rechtsvorschriften, die auch den Belangen des Naturschutzes und der Landschaftspflege zu dienen bestimmt sind

Klagebefugnis
- Gemäß § 29 Abs.1 Satz 1 Nr. 3 oder 4 BNatSchG
- Auch gegeben, wenn zu Unrecht anstelle der in § 29 Abs.1 Satz 1 Nrn.3 und 4 des Bundesnaturschutzgesetzes genannten Verwaltungsakte andere Verwaltungsakte erlassen wurden

Sachsen (14.12.01)

Mitwirkungsbefugnis (§ 57 Abs.1 SächsNatSchG)

Allgemeine Voraussetzungen

Anerkennung gemäß § 56 SächsNatSchG

Mitwirkungsbefugnis
- die Mitwirkungsrechte gemäß § 29 Abs.1 Satz 1 Nrn.1-4 BNatSchG
- vor der Erteilung von Befreiungen von Geboten und Verboten, die zum Schutz von Biosphärenreservaten, Flächennaturdenkmalen und Landschaftsschutzgebieten erlassen wurden

Klagebefugnis (§ 58 SächsNatSchG)

Allgemeine Voraussetzungen
- Verein muss durch den Erlass oder die Ablehnung eines Verwaltungsaktes in seinem satzungsmäßigen Aufgabenbereich berührt sein
- Erlass, Ablehnung oder Unterlassung des Verwaltungsakts darf nicht auf Grund einer Entscheidung in einem verwaltungsgerichtlichen Streitverfahren erfolgt sein

- Verein hat von seinem Recht auf Mitwirkung fristgemäß Gebrauch gemacht oder sein Mitwirkungsrecht wurde verletzt
- Entscheidungen in Planfeststellungsverfahren gegen Vorschriften des Bundesnaturschutzgesetzes, des Landesnaturschutzgesetzes oder den auf Grund dieser Gesetze erlassenen oder fortgeltenden Rechtsvorschriften verstoßen
- Verein kann Anfechtungs- oder Verpflichtungsklage erheben oder einstweiligen Rechtsschutz beantragen

Klagebefugnis

Gemäß § 58 Abs.1 SächsNatSchG:
1. gegen die Befreiung von Verboten oder Geboten, die zum Schutz von Naturschutzgebieten, Nationalparken, Biosphärenreservaten und Flächennaturdenkmalen erlassen sind
2. gegen die Entscheidung in Planfeststellungsverfahren über Vorhaben, die mit Eingriffen in Natur und Landschaft im Bereich von Naturschutzgebieten, Nationalparken, Biosphärenreservaten oder Flächennaturdenkmalen verbunden sind

Sachsen- Anhalt (19.03.02)

Mitwirkungsbefugnis (§ 51a NatSchG LSA)

Allgemeine Voraussetzungen
- Anerkennung gemäß § 51 NatSchG LSA
- Innerhalb von vier Wochen nach Ankündigung der Maßnahme muss Abgabe einer Stellungnahme angekündigt werden

Mitwirkungsbefugnis
- die Mitwirkungsrechte gemäß § 29 Abs.1 Satz1 Nrn.1-4 BNatSchG
- gemäß § 51a NatSchG LSA
1. bei der Vorbereitung von Verordnungen, welche die Belange von Naturschutz und Landschaftspflege wesentlich berühren
2. bei Raumordnungsverfahren nach § 15 des Raumordnungsgesetzes vom 18.August 1997 (BGBl. I S. 2081, 2102), in Verbindung mit §§ 13 bis 19 des Landesplanungsgesetzes vom 2.Juni 1992 (GVBl. LSA S.390)
3. bei der Vorbereitung des Landschaftsprogramms und von Landschaftsrahmenplänen sowie Landschaftsplänen und Grünordnungsplänen im Sinne dieses Gesetzes
4. bei der Vorbereitung von Plänen im Sinne der §§ 4 und 5 des Landesplanungsgesetzes
5. bei allen Planfeststellungsverfahren nach Bundes- und Landesrecht, in Flurbereinigungsverfahren jedoch nur, soweit sie mit Eingriffen in Natur und Landschaft gemäß § 8 verbunden sind
6. bei Plangenehmigungsverfahren, wenn diese mit Eingriffen in Natur und Landschaft verbunden sind
7. im Rahmen der Zulassung von Rahmenbetriebsplänen nach dem Bundesberggesetz vom 13.August 1980 (BGBl. S. 1310), zuletzt geändert durch Artikel 23 des Justizmitteilungsgesetzes und Gesetzes zur Änderung kostenrechtlicher Vorschriften und anderer Gesetze vom 18.Juni 1997 (BGBl. S. 1430)
8. vor einer Befreiung gemäß § 30 Abs. 5 von Verboten und Geboten, die zum Schutz von Gebieten gemäß der §§ 17 bis 23 erlassen worden sind und Ausnahmen für Maßnahmen im Sinne des § 30 Abs.2 Satz 1
- Verbände haben gemäß § 51a Abs.6 Vorschlagsrecht für die Ausweisung von Schutzgebieten

Klagebefugnis (§ 52 NatSchG LSA)

Allgemeine Voraussetzungen
- Verein muss vom Verwaltungsakt, seiner Ablehnung oder Unterlassung in seinem satzungsmäßigen Aufgabenbereich berührt sein, sofern sich die Anerkennung darauf bezieht
- Erlass, Ablehnung oder Unterlassung des Verwaltungsakts darf nicht auf Grund einer Entscheidung im verwaltungsgerichtlichen Streitverfahren erfolgen
- Verein hat von seinem Recht auf Mitwirkung fristgemäß Gebrauch gemacht oder ihm ist keine

- angemessene Gelegenheit zur Äußerung gegeben worden
- der Verwaltungsakt verstößt gegen Vorschriften des Bundesnaturschutzgesetzes, des Landesnaturschutzgesetzes, den auf Grund dieser Gesetzes erlassenen Rechtsvorschriften oder anderen Rechtsvorschriften, die auch den Belangen des Naturschutzes und der Landschaftspflege zu dienen bestimmt sind
- solche Einwendungen, die der Verein aufgrund der ihm zur Verfügung gestellten Unterlagen zum Gegenstand der Stellungnahme hätte machen können, sind im Rechtbehelfsverfahren ausgeschlossen
- Ein Rechtsbehelf bezüglich der Verletzung der Mitwirkungsrechte muss innerhalb eines Jahres nachdem der Verwaltungsakt Bestandskraft erlangt hat, gerügt werden, ansonsten ist die Verletzung unbeachtlich

Klagebefugnis
• § 29 Abs.1 Satz 1 Nrn. 3 oder 4 BNatschG
• § 51a Abs.1 Nrn.5-7 oder 8 NatSchG LSA

Schleswig Holstein (24.10.99)

Mitwirkungsbefugnis (§§ 51a,b NatSchG Schl.-H.)

Allgemeine Voraussetzungen
Anerkennung gemäß § 51 NatSchG Schl.-H.
Mitwirkungsbefugnis
die Mitwirkungsrechte gemäß § 29 Abs.1 Satz 1 Nrn.1 - 4 BNatSchG

Klagebefugnis (§ 51c NatSchG Schl.-H.)

Allgemeine Voraussetzungen
• Verein muss in seinem satzungsmäßigen Aufgabenbereich berührt sein
• Erlass, Ablehnung oder Unterlassung des Verwaltungsakts darf nicht auf Grund einer Entscheidung in einem verwaltungsgerichtlichen Streitverfahren erfolgt sein
• Verein hat von seinem Recht auf Mitwirkung Gebrauch gemacht
• der Verwaltungsakt verstößt gegen Vorschriften des Bundesnaturschutzgesetzes, des Landesnaturschutzgesetzes, den auf Grund dieser Gesetzes erlassenen Rechtsvorschriften oder fortgeltenden Rechtsvorschriften oder anderen Rechtsvorschriften, die auch den Belangen des Naturschutzes zu dienen bestimmt sind
Klagebefugnis
• gemäß § 29 Abs.1 Satz 1 Nrn. 3 oder 4 BNatSchG
• auch gegeben, wenn zu Unrecht anstelle der in § 29 Abs.1 Satz 1 Nrn.3 und 4 des Bundesnaturschutzgesetzes genannten Verwaltungsakte andere Verwaltungsakte erlassen wurden

Thüringen (29.04.99)

Mitwirkungsbefugnis (§ 45 ThürNatSchG)

Allgemeine Voraussetzungen
• Anerkennung gemäß § 29 Abs.4 BNatSchG
• Inanspruchnahme des Mitwirkungsrechts innerhalb der gesetzten Frist
Mitwirkungsbefugnis
Soweit nicht in anderen Rechtsvorschriften eine inhaltsgleiche oder weitergehende Form der Mitwirkung vorgesehen ist, gemäß § 45 ThürNatSchG: 1. bei der Vorbereitung von Gesetzen, Verordnungen und anderen im Range unter dem Gesetz stehenden Vorschriften des Landesrechts, die die Belange des Naturschutzes und der Landschaftspflege berühren können, 2. bei der Vorbereitung des Landschaftsprogramms und von Landschaftsrahmenplänen im Sinne des § 4 sowie Landschaftsplänen und Grünordnungsplänen im Sinne des § 5,

3. bei der Aufstellung der Flächennutzungsplänen nach § 5 des Baugesetzbuches
4. bei allen raumrelevanten Planfeststellungsverfahren nach Bundes- und Landesrecht und Flurbereinigungsverfahren, die mit Eingriffen in Natur und Landschaft im Sinne des § 6 verbunden sind,
5. vor der Zulassung von Rahmenbetriebsplänen im Sinne des § 52 Abs. 2 Nr.1 des Bundesberggesetzes vom 13.8.1980 (BGBl. I S. 1310), zuletzt geändert durch Gesetz vom 12.2. 1990 (BGBl. I S. 215)
6. vor Befreiungen von Verboten und Geboten, die zum Schutz von Naturschutzgebieten, Landschaftsschutzgebieten und Biosphärenreservaten erlassen worden sind sowie vor der Zulassung von Ausnahmen im Einzelfall für Maßnahmen im Sinne des § 18 Abs.5

Klagebefugnis (§ 46 ThürNatSchG)

Allgemeine Voraussetzungen

- Verein muss in seinem satzungsmäßigen Aufgabenbereich berührt sein
- Keine anderweitige Klage nach § 42 VwGO für denselben Verwaltungsakt erhoben ist
- Verein hat von seinem Recht auf Mitwirkung nach § 45 fristgemäß Gebrauch gemacht
- der Verein geltend macht, dass die Maßnahme gegen Vorschriften des Bundesnaturschutzgesetzes, des Landesnaturschutzgesetzes und den auf Grund dieser Gesetze erlassenen oder fortgeltenden Rechtsvorschriften verstößt

Klagebefugnis

Gemäß § 46 Abs.1 ThürNatSchG:
1. bei der Befreiung von Verboten und Geboten, die zum Schutz von Naturschutzgebieten oder Biosphärenreservaten erlassen sind,
2. bei Entscheidungen in Planfeststellungsverfahren über Vorhaben, die mit Eingriffen in Natur und Landschaft im Bereich von Naturschutzgebieten oder Biosphärenreservaten verbunden sind
auch gegeben, wenn zu Unrecht anstelle der in Absatz 1 Nr.1 und 2 genannten Verwaltungsakte andere Verwaltungsakte erlassen wurden

(Die Regelungen werden für den räumlichen und sachlichen Geltungsbereich und die zeitliche Geltungsdauer des Verkehrswegeplanungsbeschleunigungsgesetz ausgesetzt)

Klagetatbestände in den Bundesländern, die über die bundesrechtlichen Vorgaben hinausgehen

Klagetatbestand (es handelt sich um verkürzte, stichwortartige Darstellungen! Jeweilige Einschränkungen der einzelnen Tatbestände sind in den Landesgesetzen zu finden, siehe Anhang)	Bundesländer, die spezielle Vorschriften dazu erlassen haben
Plangenehmigungen	
für Bundesverkehrswege	Niedersachsen
Sonstige Plangenehmigungen	Niedersachsen
über Vorhaben, die mit Eingriffen in Natur und Landschaft verbunden sind	Hamburg, Sachsen-Anhalt
Erlaubnisse, Bewilligungen	
nach Wasserrecht	Niedersachsen, Hamburg, Nordrhein-Westfalen
Genehmigungen	
nach Landeswaldgesetzen	Niedersachsen, Hamburg, Nordrhein-Westfalen
nach Abgrabungsgesetz	Nordrhein-Westfalen
nach Bundesberggesetz	Nordrhein-Westfalen
von Bodenabbau	Niedersachsen
von Bauvorhaben im Außenbereich	Niedersachsen
nach BImSchG von Vorhaben, die mit Eingriffen in Natur und Landschaft oder mit stofflichen Belastungen gemäß § 19 e Bundesnaturschutzgesetz verbunden sind	Hamburg
nach § 6 BImSchG	Nordrhein-Westfalen
für die Errichtung oder Änderung von Anlagen in oder an oberirdischen Gewässern	Berlin
Vorbescheide bezüglich Genehmigungen von Bodenabbau	Niedersachsen
auf Grund der nach § 71 NNatSchG übergeleiteten Schutzverordnungen	Niedersachsen
Ausnahmen und Befreiungen	
von Vorschriften des Landesnaturschutzgesetzes, Bundesnaturschutzgesetzes oder auf Grund dieser Gesetze erlassener Rechtsverordnungen	Berlin, Brandenburg
von Landschaftsschutzverordnungen	Niedersachsen, Sachsen-Anhalt
von Vorschriften zum Schutz eines geschützten Landschaftsbestandteils	Nordrhein-Westfalen, Sachsen-Anhalt
von Vorschriften zum Schutz eines Naturdenkmals	Hamburg, Nordrhein-Westfalen, Sachsen (Flächennaturdenkmal), Sachsen-Anhalt

von Vorschriften zum Schutz eines Biosphärenservats	Sachsen, Sachsen-Anhalt, Thüringen
von Vorschriften zum Schutz eines Naturparks	Sachsen-Anhalt
von Vorschriften zur Festsetzung von Überschwemmungsgebieten	Niedersachsen
von Vorschriften des § 22 Berliner Wassergesetz	Berlin
vom landesgesetzlichen Biotopschutz	Niedersachsen, Nordrhein-Westfalen, Brandenburg, Bremen, Hamburg, Sachsen-Anhalt, Mecklenburg-Vorpommern
Sonstiges	
Verwaltungsentscheidung zur Zulassung von Vorhaben, die mit nicht vermeidbaren und nicht ausgleichbaren Eingriffen verbunden sind	Berlin
Verwaltungsentscheidung zur Zulassung von Rahmenbetriebsplänen nach Bundesberggesetz	Sachsen-Anhalt
beim Verzicht auf eine Planfeststellung a) nach § 17 Abs. 2 des Bundesfernstraßengesetzes, b) nach § 38 Abs. 3 des Niedersächsischen Straßengesetzes, soweit mit den Vorhaben Eingriffe in Natur und Landschaft verbunden sind	Niedersachsen

Anhang II

Übersicht Verbandsklagen in Deutschland 1996 - 2001
Auswertung niedersächsischer und brandenburgischer Fälle

Übersicht Verbandsklagen in Deutschland 1996 – 2001

Klagearten

- A altruistische Verbandsklagen
- P Partizipationserzwingungsklagen bzw. Klagen, die auch Beteiligungsaspekte beinhalten
- N Normenkontrollantrag
- U Untätigkeitsklage

Status

- E Eilverfahren
- H Hauptsacheverfahren

Klagegegenstand im Sinne des § 29 BNatSchG a.F.

- P Verfahren gegen Planfeststellungsbeschlüsse (incl. Klagen auf Durchführung eines Planfeststellungsverfahrens)
- V Verfahren gegen Verordnungen
- B Verfahren gegen Befreiungsentscheidungen von Verordnungen (incl. Verfahren gegen Ausnahmegenehmigungen vom gesetzl. Biotopschutz
- S Sonstige Verfahren

Die Nummerierungen der Spalte „Instanz" bezeichnen die Nummern der einzelnen Gerichtsverfahren, die Nummerierungen der Spalte „Bezeichnung/Titel des Verfahrens" bezeichnen die Nummern der Fälle (Beispiel: Fall Nr. 1 „Allgemeinverfügung Kormorane" beinhaltet Entscheidung Nr. 1 und Nr. 2).

Bundes-land	Instanz	Akten-zeichen	Bezeichnung/Titel des Verfahrens	Zeit-punkt der Ent-schei-dung	Status Klage-art	Klage-ge-gen-stand	Rechtsbegriffe/Schlagwörter/Anträge	Ergebnis	Fundstelle/Bemer-kungen
Baden-Württem-berg	1. VG Sigmaringen	7 K 980/97	1. Allgemein-Verfügung Kormorane		N	V	Feststellung Kormoran-Verordnung	verloren	NuR 5/2000
	2. VGH Mannheim	5 S 1121/99		10/99				verloren	
	3. VGH Mannheim	5 S 134/00	2. PFB Ortsumgehung Mühlhausen im Zuge der B 39		H P	P	Informationspflicht, Delegation des Mitwirkungsrechts	verloren	NuR 8/2001

Bundes-land	Instanz	Akten-zeichen	Bezeichnung/Titel des Verfahrens	Zeitpunkt der Entscheidung	Status Klageart	Klagegegenstand	Rechtsbegriffe/Schlagwörter/Anträge	Ergebnis	Fundstelle/Bemerkungen
Baden-Württemberg	4. VGH Mannheim	8 S 1961/95	3. Umwandlung eines NATO-Flugplatzes in einen zivilen Verkehrsflughafen	2/96	P	P	Anspruch auf Planfeststellungsverfahren Erschöpfung des Mitwirkungsrechts	verloren	NuR 11/12/1996
	5. VG Freiburg	2 K 750/98	4. Genehmigung nach BImSchG	5/98		S		verloren	
	6. VGH Mannheim	10 S 1600/98			E P		Rechtsposition Dritter nach § 10 BImSchG	verloren	NuR 1999/47-48
Bayern	7. VGH München	8 A 01.40004	5. PFB zum Neubau der A 7	8/2001	H P	P	Verwirkung des Klagerechts	verloren	eigene Unterlagen
	8. BVerwG	4 VR 13.00	6. PFB zur Verlegung und zum Ausbau der B 173	11/01	E P	P	Vogelschutz-Richtlinie, Eingriffe	gewonnen	ZUR 3/2002
	9. VG München	M 1 E 99.1769	7. Stopp eines Bauleitplanverfahrens zur Durchführung eines Raumordnungsverfahrens	6/99	E P	S	Beteiligungsrecht am Raumordnungsverfahren, Bauleitplanverfahren	gewonnen	
	10. VGH München	1 CE 99.2148		10/99	H			verloren	NuR 1/2001 Landesanwaltschaft legte Berufung ein

Anhang II Übersicht Verbandsklagen in Deutschland 1996 - 2001

Bundes-land	Instanz	Akten-zeichen	Bezeichnung/ Titel des Verfahrens	Zeit-punkt der Ent-scheidung	Status Klage-art	Klage ge-gen-stand	Rechtsbegriffe/ Schlagwörter/Anträge	Ergebnis	Fundstelle/ Bemer-kungen
Bayern	11. VGH München	9 N 93.367	8. Nichtigerklärung der NationalparkVO „Bayrischer Wald"	3/96	N	V	Antragsbefugnis, Grundsätze der Weidgerechtigkeit, Mitwirkung gemäß BNatschG	verloren	NuR 11/12/1996
	12. VG ?	?	9. Ausbau einer Kreisstraße im Landkreis Neustadt		H P	P		verloren	
	13. VGH München	8 B 95.1786		8/96	H	P	Beteiligung gemäß § 36 Abs. 3 Nr.1 BayStrWG	verloren	NuR 3/97
	14. BVerwG	4 C 19.95	10. PFB zum Neubau der A 7	12/96	H P	P	Einheitliches Planfeststellungs-verfahren, Qualität des Beteiligungsrechts, ergänzendes Verfahren gemäß § 17 Abs. 6c S.2 FStrG	Teilerfolg	NuR 7/97 PFB ist rechtswidrig, aber durch ergänzendes Verfahren zu heilen
	15. VG Würzburg	W 6 K 97.1256	11. Wasserrechtlicher PFB zur Anlage eines Forellenteiches	10/98	H P	P	Mitwirkungsrechte von Ortsgruppen anerkannter Verbände, ausreichende Beteiligung, Beteiligung an wasserrechtlicher Planfeststellung	gewonnen	NuR 99, 414-416

Bundes- land	Instanz	Akten- zeichen	Bezeichnung/ Titel des Verfahrens	Zeit- punkt der Ent- schei- dung	Status Klage- art	Klage ge- gen- stand	Rechtsbegriffe/ Schlagwörter/Anträge	Ergebnis	Fundstelle/ Bemer- kungen
Berlin	16. VG Berlin	2 A 154.99	12. Änderung des § 14a AGBauGB (fehlende Beteiligung bei Gesetzes- änderung)	10/99	N	V	Zulässigkeit Verwaltungsrechtsweg; Verfassungsrechtliche Streitigkeit	verloren	eigene Unterlagen
	17. VG Berlin	13 A 316.98	13. Baugenehmigung für fünf Wasserrettungs- stationen in Berlin- Köpenick	4/99	E P	S	Eingriffe, Baugenehmigungsver- fahren, wasserbehördliche Verfahren	Teilerfolg	eigene Unterlagen
	18. VG Berlin	13 A 323.98	14. Baugenehmigung für das Teufelsbergplateau	1/99	H	S	Beteiligungsrechte am Baugenehmigungs- verfahren	verloren	eigene Unterlagen
	19. VG Berlin	13 A 102/98	15. Naturschutz- rechtliche Ausnahme- genehmigung Teufelsbergplateau	1/99	H P	B	Klagebefugnis, Beteiligungsrecht gemäß § 39a Abs.1 NatSchGBln, Umgehung des Beteiligungsrechts	gewonnen	eigene Unterlagen

Anhang II Übersicht Verbandsklagen in Deutschland 1996 - 2001

Bundes-land	Instanz	Akten-zeichen	Bezeichnung/Titel des Verfahrens	Zeit-punkt der Ent-schei-dung	Status Klage-art	Klage ge-gen-stand	Rechtsbegriffe/Schlagwörter/Anträge	Ergebnis	Fundstelle/Bemer-kungen
Berlin	20. VG Berlin	1 A 472.98	16. Ausnahme-genehmigung zur Verbreiterung der Straße 635 in Berlin-Müggelheim	12/98	E P	B	Befreiung nach § 30 NatSchGBln, Ausnahme nach § 30 a NatSchGBln, Verhältnis Befreiung zu Ausnahme	verloren	eigene Unterlagen
	21. OVG Berlin	2 SN 30.98		2/99				verloren	
	22. VG Berlin	1 A 449/97	17. Hubertusstraße	?	E	S	Wiederherstellung der aufschiebenden Wirkung gegen die Ausnahmegenehmigung nach § 30a Abs.3 NatSchG Berlin	verloren	eigene Unterlagen, unvoll-ständig
	23. VG Berlin	1 A 54.98	18. Fehlende Befreiung für Bauarbeiten Motzener Str. in Berlin-Marienfelde	3/98	E (P)	B	Befreiung nach § 31 BNatSchG; Antrag auf einstweilige Anordnung zur Verpflichtung zu unterlassen, dass ohne naturschutzrechtliche Befreiung Bauarbeiten unterbleiben müssen	Teilerfolg	eigene Unterlagen

Bundes- land	Instanz	Akten- zeichen	Bezeichnung/ Titel des Verfahrens	Zeit- punkt der Ent- schei- dung	Status Klage- art	Klage ge- gen- stand	Rechtsbegriffe/ Schlagwörter/Anträge	Ergebnis	Fundstelle/ Bemer- kungen
Berlin	24. VG Berlin	1 A 54.98		4/98	E		Antrag des Beklagten auf Aufhebung der Entscheidung des VGs	verloren (G) Aufheb- ung abgewie- sen, aber Beschluss dahin- gehend geändert, dass **Baustopp aufgeho- ben**	eigene Unterlagen, Unterlagen unvoll- ständig Änderung des Sachverhalts durch neues Gutachten, daher Aufhebung Baustopp
	25. OVG Berlin	2 SN 10.98		4/98			Antrag des Beklagten auf Zulassung der Beschwerde vor OVG wegen verändertem Sachverhalt	verloren (G)	
	26. VG Berlin	1 A 96.96 später 13 A 74.96	19. Gorkistraße Baumfällungen	?	E	S	Antrag auf Erlass einer einstweiligen Anordnung auf Einstellung der Rodungen	verloren	eigene Unterlagen

Anhang II Übersicht Verbandsklagen in Deutschland 1996 - 2001

Bundes-land	Instanz	Akten-zeichen	Bezeichnung/ Titel des Verfahrens	Zeit-punkt der Ent-scheidung	Status Klage-art	Klage-gegen-stand	Rechtsbegriffe/ Schlagwörter/Anträge	Ergebnis	Fundstelle/ Bemerkungen
Berlin	27. VG Berlin	19 A 1477/95	20. Baugenehmigung am Kladower Damm, Spandau	12/97	H	S	Verbindlichkeit Flächennutzungsplanung, Vorranggebiete, Außenbereich nach BauGB	verloren	eigene Unterlagen
	28. VG Berlin	1 A 221.97	21. Streckenführung der Love-Parade durch Tiergarten	6/97	E	S	Abgrenzung Versammlung/ kommerzielle Veranstaltung Antrag auf Erlass einer einstweiligen Anordnung, Antrag auf Versagung einer bestimmten Strecke in Berlin	verloren	
	29. OVG Berlin	1 SN 154.97		7/97			Antrag auf Zulassung der Beschwerde	verloren	eigene Unterlagen
	30. VG Berlin	1 A 69.97	22. Bauarbeiten zur Errichtung einer Bohlenbrücke in LSG Tegeler Fließ	3/97	E	S	Eingriff, erhebliche Beeinträchtigung, Befreiung	verloren	eigene Unterlagen
	31. VG Berlin	13 A 113.98	23. Schöneberger Ufer	5/98	E P	S	Beteiligung am Verfahren bezüglich Außenbereichsvorhaben gemäß § 35 BauGB, Eingriff, Innenbereich	Teilerfolg	eigene Unterlagen

Bundes-land	Instanz	Akten-zeichen	Bezeichnung/ Titel des Verfahrens	Zeit-punkt der Ent-schei-dung	Status Klage-art	Klage ge-gen-stand	Rechtsbegriffe/ Schlagwörter/Anträge	Ergebnis	Fundstelle/ Bemer-kungen
Berlin	32. VG Berlin	1 A 450/97 später VG 13 A 231.97	24. Baumfällungen Hubertusstraße	?	E	S	Baumfällungen	verloren	eigene Unterlagen, unvoll-ständig
	33. BVerwG	11 VR 38/95	25. Tiergartentunnel	11/95	E	P	Verbandsklage gegen Bundesbehörden, Zusammentreffen mehrerer Planfest.bedürftiger Vorhaben, Öffentlichkeitsbeteiligung im eisenbahnrechtlichen Linienbestimmungs-verfahren	verloren	NuR 1996 293-297
	34. BVerwG	11 A 86/95		4/96	H	S	Verbandsklage gegen Bundesbehörden, Anspruch auf Planergänzung, Lärmschutz	verloren	NVwZ 9/1996, ZUR 4/96
	35. VG Berlin	13 A 24 96	26. Baugenehmigung Motel Grünau	?	E	S	(aufsch. Wirkung d. Widerspruchs beantragt) Innen-, Außenbereich	verloren	

Anhang II Übersicht Verbandsklagen in Deutschland 1996 - 2001

Bundes- land	Instanz	Akten- zeichen	Bezeichnung/ Titel des Verfahrens	Zeit- punkt der Ent- schei- dung	Status Klage- art	Klage ge- gen- stand	Rechtsbegriffe/ Schlagwörter/Anträge	Ergebnis	Fundstelle/ Bemer- kungen
Berlin	36. OVG Berlin	2 S 14.96		8/96	E			verloren	NuR 11/97 Anmerkung: Hotel wurde nicht gebaut!
	37. VG Berlin	1 A 293.94	27. Wasserrechtl. Teilgen. Für Steganlage in Berlin-Nikolassee	10/96	H	B		verloren	eigene Unterlagen
	38. BVerwG	4 VR 14.99	28. Bundesautobahn A 100/A 113	2/00	E P	P		Vergleich	eigene Unterlagen
	39. BVerwG	4 A 45.99		2/00	H				
Branden- burg	40. VG Frank- furt/Oder	7 L 274/99	29. Befreiungsbescheid für Radwegeausbau in geplanten NSG Groß Schauener Seenkette und LSG Dahme-Heideseen (Amt Storkow)	3/99	E	B	Radwegeausbau, naturschutzrechtliche Befreiung	verloren	eigene Unterlagen, unvoll- ständig
	41. VG Frank- furt/Oder	7 L 575/99		7/99	H			verloren	

Bundes-land	Instanz	Akten-zeichen	Bezeichnung/ Titel des Verfahrens	Zeit-punkt der Ent-schei-dung	Status Klage-art	Klage ge-gen-stand	Rechtsbegriffe/ Schlagwörter/Anträge	Ergebnis	Fundstelle/ Bemer-kungen
Branden-burg	42. VG Cottbus	5 K 482/94	30. Genehmigung des Rahmenbetriebs-planes der Lausitzer Braunkohle AG, Standort Jänschwalde	12/98	H P	P	Entbehrlichkeit eines Planfeststellungsver-fahrens mit UVP	verloren	eigene Unterlagen
	43. OVG Frankfurt/O der	4 A 115/99		6/01	H			verloren	
	44. BVerwG	7 C 2/02		6/02	H			verloren	NuR 2002, 680-682
	45. VG Cottbus	3 K 1827/98	31. Genehmigung des Rahmenbetriebs-planes der Lausitzer Braunkohle AG, Standort Cottbus-Nord	4/00	H P	P	Planfeststellungsverfahren Rahmenbetriebsplan	gewonnen	eigene Unterlagen
	46. OVG Frankfurt/O der	4 A 138/00		7/00	H			verloren	

Anhang II Übersicht Verbandsklagen in Deutschland 1996 - 2001   145

Bundes-land	Instanz	Akten-zeichen	Bezeichnung/ Titel des Verfahrens	Zeit-punkt der Ent-schei-dung	Status Klage-art	Klage ge-gen-stand	Rechtsbegriffe/ Schlagwörter/Anträge	Ergebnis	Fundstelle/ Bemer-kungen
Branden-burg	47. VG Cottbus	3 K 1826/98	32. Genehmigung des Rahmenbetriebs-planes der Lausitzer Braunkohle AG, Standort Welzow-Süd	3/00	H P	P	Planfeststellungsverfahren Rahmenbetriebsplan	eingestellt	eigene Unterlagen Verfahren wurde eingestellt, da Schutzgegen stand schon zerstört und Kosten nicht mehr tragbar
	48. VG Potsdam	1 L 956/94	33. BImSchG-Genehmigung zur Errichtung eines Betonwarenwerkes	11/93	E P	B	Befreiung, Unterlassung erforderlicher Verfahren, Erhalt natürlicher Lebensgrundlagen, kollektives prozessual vorbehaltloses Grundrecht, Verhältnis von § 65 Bbg NatSchG zu Art 39 Bbg Verf.	gewonnen	
	49. VG Potsdam	1 K 1160/93		1/96	H			gewonnen	eigene Unterlagen Unvoll-ständig, nur Urteil OVG
	50. OVG Frankfurt/O der	3 A 37/96		8/97	H			verloren	

146 Anhang II Übersicht Verbandsklagen in Deutschland 1996 - 2001

Bundes-land	Instanz	Akten-zeichen	Bezeichnung/Titel des Verfahrens	Zeit-punkt der Ent-schei-dung	Status Klage-art	Klage-ge-gen-stand	Rechtsbegriffe/Schlagwörter/Anträge	Ergebnis	Fundstelle/Bemer-kungen
Branden-burg	51. VG Potsdam	1 K 3417/95	34. Befreiung eines Teiles des als LSG „Westhavelland" im Ausweisungsverfahren befindlichen Gebietes zwecks Errichtung einer Windkraftanlage	8/97	H	B	Fehlerhaftes Ermessen, Befreiung von Veränderungssperre während des Verfahrens der Unterschutzstellung	gewonnen	eigene Unterlagen
	52.	?			H		(Klage gegen nicht erteilte Abrissverfügung erhoben)		
	53. VG Frank-furt/Oder	7 L 806/96	35. Befreiung von Verboten der NaturparkVO „Märkische Schweiz" zugunsten Wohnbebauung	3/97	E P	B	Grundlegende Änderung eines Vorhabens, Befreiung/Entlassung eines Gebietes, Inaussichtstellung einer Genehmigung, Zusicherung	gewonnen	eigene Unterlagen Kaufpreis für Baugrund 2,1 Mio. DM (für 1,6 ha);
	54. VG Frank-furt/Oder	7 K 550/95		3/97	H			Teilerfolg	
	55. OVG Frankfurt	3 A 161/97		8/98	H			gewonnen	
	56. OVG Frankfurt	3 B 80/97 zu 7 L 806/96		2/98	E			gewonnen	

Anhang II Übersicht Verbandsklagen in Deutschland 1996 - 2001

Bundes-land	Instanz	Akten-zeichen	Bezeichnung/ Titel des Verfahrens	Zeit-punkt der Ent-schei-dung	Status Klage-art	Klage-ge-gen-stand	Rechtsbegriffe/ Schlagwörter/Anträge	Ergebnis	Fundstelle/ Bemer-kungen
Branden-burg	57. VG Cottbus	2 K 583/93	36. Befreiung zweier Baugebiete in Radensdorf	1/97	H	B	Befreiung	Teilerfolg	eigene Unterlagen Kosten wurden gegenein-ander aufgehoben: jeder zahlt die Hälfte
	58. VG Cottbus	5 K 2140/97	37. Gewerbegebiet Wendig-Wäldchen im Biosphärenreservat Spreewald	8/99	H	B	Renaturierung, Bebauungsplan	Vergleich	eigene Unterlagen Vergleichs-vertrag vorhanden, Unterlagen dennoch unvoll-ständig
	59. VG Potsdam	5 K 2662/00	38. Bebauungsplan Ferienpark Klausheide am/im (?) LSG	?	H	S	Nutzungsintensivierung, Beeinträchtigung des Landschaftsbildes, FFH,0—gebiet, Kohärenzräume (nach Klageschrift)	offen	Eigene Unterlagen

Bundes-land	Instanz	Akten-zeichen	Bezeichnung/ Titel des Verfahrens	Zeit-punkt der Ent-schei-dung	Status Klage-art	Klage ge-gen-stand	Rechtsbegriffe/ Schlagwörter/Anträge	Ergebnis	Fundstelle/ Bemer-kungen
Branden-burg	60. VG Potsdam	10 K 2512/00	39. luftverkehrsrecht-liche Genehmigung zu Anlage und Betrieb des Flugplatzes Templin/Groß Dölln wegen Beeinträchtigung des Biosph.reservates Schorfheide-Chorin und eines FFH-Gebietes	?	H	B		offen	
	61. VG Frankfurt/Oder	7 L 462/00	40. Ausnahmegenehmigung für Straßenbauarbeiten an K 6728	8/00	E	S	(Feststellung der aufschiebenden Wirkung des Widerspruchs beantragt)	eingestellt	Eigene Unterlagen Gegner hat für Eilverfahren aufschieb-ende Wirkung des Wider-spruchs anerkannt

Anhang II Übersicht Verbandsklagen in Deutschland 1996 - 2001

Bundes-land	Instanz	Akten-zeichen	Bezeichnung/ Titel des Verfahrens	Zeit-punkt der Ent-schei-dung	Status Klage-art	Klage ge-gen-stand	Rechtsbegriffe/ Schlagwörter/Anträge	Ergebnis	Fundstelle/ Bemer-kungen
Branden-burg	62. VG Cottbus	3 L 389/00	41. Allgemeinverfügung für gewerbliche Nachtfahrten auf Gewässern im Biosph.reservates Spreewald	?	E	B	Berührung besonders schutzwürdiger Zonen, Allgemeinverfügung, organisierte Veranstaltung, Befreiungserfordernis	verloren	eigene Unterlagen Antrag nicht zulässig; erlassene Allgemeinver-fügung beruht allein auf LSchiffV, nicht auf NatSchG, daher keine Befreiungs-erfordernis (auch nicht nach Biosphären-reservatsVO)
	63. VG Cottbus	3 K 712/00		?	H			offen	

Bundes-land	Instanz	Akten-zeichen	Bezeichnung/ Titel des Verfahrens	Zeit-punkt der Ent-schei-dung	Status Klage-art	Klage ge-gen-stand	Rechtsbegriffe/ Schlagwörter/Anträge	Ergebnis	Fundstelle/ Bemer-kungen
Branden-burg	64. VG Potsdam	5 L 66/00	42. Befreiungsbescheid für Biosph.reservat Schorfheide-Chorin für Bauarbeiten an Kanalbrücke Seehausen	3/00	E	B	Beeinträchtigung des Landschaftsbildes (nach Klageschrift)	Vergleich	eigene Unterlagen Brückenbau kann durch Verpflichtung des Gegners zu umweltfreundlichen Regelungen des Tourismus auf den Seen fortgesetzt werden
	65. VG Potsdam	5 K 237/00		3/00	H				
Bremen	66. VG Bremen	1 A 223/93	43. Baustellenabfall-Sortieranlage	5/98	H	P	Aufhebung Planfeststellungsbeschluss	Teilerfolg	eigene Unterlagen, kleine Anfrage Bremische Bürgerschaft 14/1113 v.05.08.1998

Anhang II Übersicht Verbandsklagen in Deutschland 1996 - 2001

Bundes-land	Instanz	Akten-zeichen	Bezeichnung/ Titel des Verfahrens	Zeit-punkt der Ent-schei-dung	Status Klage-art	Klage ge-gen-stand	Rechtsbegriffe/ Schlagwörter/Anträge	Ergebnis	Fundstelle/ Bemer-kungen
Bremen	67. VG Bremen	1 K 11223/93	44. Baustoff-Recycling-Anlage	5/98	H	P	Aufhebung Planfeststellungsbeschluss	Teilerfolg	unvollständige Unterlagen, kleine Anfrage Bremische Bürgerschaft 14/1113 v.05.08.1998
	68. VG Bremen	1 A 18/95	45. Wohnbebauung Seehausen	3-97	H	P	Aufhebung Planfeststellungsbeschluss	Teilerfolg	Kleine Anfrage Bremische Bürgerschaft 14/1113 v.05.08.1998
	69. VG Bremen	8 K 1924/99	46. Bau der B 71	10/99-1/00	E	P		Vergleich	eigene Unterlagen
	70. VG Bremen	8 V 2300/99		1/00	H				
Hamburg	71. VG Hamburg	9 VG 79/99	47. Schlickhügel/Schlickdeponie Feldhofe	9/99	E	P	Umgehung des Beteiligungsrechts, innerdienstlicher Mitwirkungsakt	verloren	eigene Unterlagen
	72. OVG Hamburg	2 Bs 342/99		11/99				verloren	

Anhang II Übersicht Verbandsklagen in Deutschland 1996 - 2001

Bundes-land	Instanz	Akten-zeichen	Bezeichnung/Titel des Verfahrens	Zeit-punkt der Ent-schei-dung	Status Klage-art	Klage ge-gen-stand	Rechtsbegriffe/Schlagwörter/Anträge	Ergebnis	Fundstelle/Bemer-kungen
Hamburg	73. VG Hamburg	13 VG 4131/97	48. Schlickdeponie Feldhofe	8/98	E	S	§ 29 Mitwirkungsrecht, Unterlassung,	verloren	eigene Unterlagen
	74. VG Hamburg	16 VG 5383/96	49. Naturschutzverordnung Südelbe	4/99	N	V	Beteiligung beim Erlass einer Verordnung, einstweiliger Rechtsschutz, Verordnung	verloren	eigene Unterlagen
	75. VG Hamburg	12 VG 3121/95	50. Altenwerder Hafenerweiterung	3/98		P		eingestellt, da gegen-standslos (Maßnah-me vollzogen)	eigene Unterlagen (unvoll-ständig)
	76. VG Hamburg	12 VG 3114/95		?					eigene Unterlagen (unvoll-ständig)
	77. VG Hamburg	15 VG 2776/2000	51. Mühlenberger Loch	8/00	H	P	Zuständigkeit	unzu-ständig, an OVG verwiesen	eigene Unterlagen
	78. OVG Hamburg	5 E 22/00.P		9/00			Zuständigkeit	unzu-ständig, an VG zurück	

Anhang II Übersicht Verbandsklagen in Deutschland 1996 - 2001   153

Bundes-land	Instanz	Akten-zeichen	Bezeichnung/ Titel des Verfahrens	Zeit-punkt der Ent-schei-dung	Status Klage-art	Klage ge-gen-stand	Rechtsbegriffe/ Schlagwörter/Anträge	Ergebnis	Fundstelle/ Bemer-kungen
Hamburg	79. VG Hamburg	15 VG 3912/2000		?	H			offen	
	80. VG Hamburg	15 VG 3932/2000		1/01	E		(Antrag auf aufschiebende Wirkung obiger Klage)	verloren	Nicht zulässig
	81. VG Hamburg	15 VG 4510/2001		12/01	E		(Abänderung von Beschluss 15 VG 3932/2000 beantragt, da Gericht Verfahrensfehler festgestellt hat	verloren	Jetzt zwar zulässig, aber unbegründet
	82. OVG Hamburg	2 Bs 38/01		2/01	E			verloren	Berufung nicht zugelassen
	83. BVerfG	1 BvR 481/01 1 BvR 518/01		5/01	E		Verfbeschwerde gegen OVG 2 Bs 38/01	verloren	
Hessen	84. VG Kassel	4 E 896/99 (1)	52. Basaltabbau Druseltal	4/99	E	P	Planfeststellungsverfahren „Basaltabbau, bergrechtliches Verfahren	gewonnen	eigene Unterlagen
	85. VG Kassel	4 G 1137/99 (1)		4/99	E			verloren	

Bundes-land	Instanz	Akten-zeichen	Bezeichnung/ Titel des Verfahrens	Zeit-punkt der Ent-schei-dung	Status Klage-art	Klage ge-gen-stand	Rechtsbegriffe/ Schlagwörter/Anträge	Ergebnis	Fundstelle/ Bemer-kungen
Hessen	86. VGH Kassel	11 NG 3290/98	53. Erlass einer Verordnung über die Bestimmung weiterer Tierarten, die dem Jagdrecht unterliegen (Außervollzugsetzung beantragt)	12/98	N	V	Erlass von Rechtsverordnungen, Landesregierung, Normenkontrollverfahren	gewonnen	eigene Unterlagen
	87. VGH Kassel	6 N 2349/96	54. Aufhebung einer Landschaftsschutz VO	4/97	N	V	Formelle und materielle Rechte der Verbände bei Erlass/Änderungen von LSG-Verordnungen	verloren	
	88. BVerwG	4 BN 10/97		7/97			falsches Verfahren, Befreiung, Revision, Verhältnis Bundesrecht-Landesrecht, Klagemöglichkeiten, Zur Pflicht der Festsetzung eines Landschaftsschutzgebietes Entziehung der Klagebefugnis durch Aufhebung der Schutzverordnung	verloren	NuR 1998, 131-133 Meßerschmidt

Anhang II Übersicht Verbandsklagen in Deutschland 1996 - 2001

Bundes-land	Instanz	Akten-zeichen	Bezeichnung/Titel des Verfahrens	Zeit-punkt der Ent-schei-dung	Status Klage-art	Klage-ge-gen-stand	Rechtsbegriffe/Schlagwörter/Anträge	Ergebnis	Fundstelle/Bemer-kungen
Hessen	89. VG Kassel	7/3 E 1470/91	55. Ulster/Wüstensachsen/Campingplatz	5/95	H P	P	Mitwirkungsrecht, wasserrechtliches Planfeststellungsverfahren Umgehung Planfeststellungsverfahren durch Plangenehmigung	gewonnen	NuR/4 2000
	90. VGH Kassel	7 UE 2170/95		1998	H			verloren	
	91. VGH Kassel	2 Q 232/96	56. U-Bahnbau Frankfurt/Main	1/97	E	P	Planfeststellungsverfahren im Zusammenhang mit U-Bahn Bau	verloren	
	92. VG Darmstadt	?	57. Flughafenausbau Frankfurt/Main im NSG Mönchbruch	?	E	B	(aufsch. Wirkung des Widerspruchs beantragt)	konnte nicht ermittelt werden	
Mecklen-burg-Vor-pommern	93. BVerwG	4 A 31/97	58. A 20 im Peenetal	3/98	H	P	Materielle Verwirkungspräklusion	verloren	eigene Unterlagen

Bundes-land	Instanz	Akten-zeichen	Bezeichnung/ Titel des Verfahrens	Zeit-punkt der Ent-schei-dung	Status Klage-art	Klage ge-gen-stand	Rechtsbegriffe/ Schlagwörter/Anträge	Ergebnis	Fundstelle/ Bemer-kungen
Nieder-sachsen	94. VG Oldenburg	4 B 115/99	59. Baugenehmigung für zwölf Windenergie-anlagen im Windpark Weener	2/99	E P	S	Vorhaben- und Erschließungsplan, Beteiligungsrecht,	Teilerfolg	eigene Unterlagen
	95. VG Oldenburg	4 B 1050/99		4/99	E		Baugenehmigung, Klagebefugnis bei unwirksamen	gewonnen	Gegner ging vors OVG, VG musste sich dann im Hauptverfah ren OVG-Entschei-dung beugen
	96. VG Oldenburg	4 A 964/99		6/01	H		Bebauungsplan, Anerkennung von Vogelschutzgebieten, formale Unterschutzstellung	verloren	
	97. OVG Lüneburg	1 M 2281/99		7/99	E			verloren	
	98. OVG Lüneburg	1 M 4466/98	60. Bebauungsplan Hertmann I in Bersenbrück wegen Unterlassung der Aufstellung eines Grünordnungsplan es	12/98	N	S	Grünordnungsplan, Bebauungsplan, indizielle Bedeutung, für materielle Rechtmäßigkeit, Normenkontrolle	verloren	eigene Unterlagen unvoll-ständig

Anhang II Übersicht Verbandsklagen in Deutschland 1996 - 2001

Bundes-land	Instanz	Akten-zeichen	Bezeichnung/ Titel des Verfahrens	Zeit-punkt der Ent-schei-dung	Status Klage-art	Klage ge-gen-stand	Rechtsbegriffe/ Schlagwörter/Anträge	Ergebnis	Fundstelle/ Bemer-kungen
Nieder-sachsen	99. VG Oldenburg	1 B 3334/98	61. Emssperrwerk	11/98	E	P	zulässige Teilbarkeit des Sofortvollzuges, Abwägungsdefizit als Informationsmangel des Entscheidungssubjekts, besondere Schutzgebiete, Stellungnahme der EG-Kommission	gewonnen	eigene Unterlagen Baustopp für alle Maßnahmen gültig, außer für direkte Deich-sicherung
	100.VG Oldenburg	1 D 4518/98		6/99	E			verloren	
	101.VG Oldenburg	1 B 3319/99 (BUND,NA BU) 1 B 3212/99 (LBU) Antrag gegen Planergänzung vom Juli 99		10/99	E A/P		Bindungswirkung einer Gerichtsentscheidung, Eilbedürftigkeit, Rügebefugnis zur behördlichen Zuständigkeit, Befangenheit, Anhörungsrecht, UVPG, Raumordnungsverfahren, FFH-RL, Fischgewässerrichtlinie, Beeinträchtigung des Landschaftsbildes, Verträglichkeitsprüfung, Planrechtfertigung, Missbrauchskontrolle	verloren	eigene Unterlagen

Bundes-land	Instanz	Akten-zeichen	Bezeichnung/ Titel des Verfahrens	Zeit-punkt der Ent-schei-dung	Status Klage-art	Klage ge-gen-stand	Rechtsbegriffe/ Schlagwörter/Anträge	Ergebnis	Fundstelle/ Bemer-kungen
Nieder-sachsen	102. OVG Lüneburg	3 M 5512/98		2/99			Antrag auf Zulassung der Beschwerde des Antragsgegners	verloren	eigene Unterlagen
	103. OVG Lüneburg	3 M 559/00 (LBU) 3 M 561/00 (BUND, NABU)		4/00	E			verloren	eigene Unterlagen
	104. OVG Lüneburg	7 M 914/98	62. PFB für Teilabschnitt der Ortsumgehung Hildesheim-Himmelsthür im Zuge der Verlegung der B 1	10/98	E	P	Streckenabschnittsbildung, selbständige Verkehrsfunktion, bundesfernstraßenrechtlicher Abwägungsvorbehalt, Planungstorso, Unanfechtbarkeit der Anschlussplanung	gewonnen	eigene Unterlagen, Gegner trägt Kosten

Anhang II Übersicht Verbandsklagen in Deutschland 1996 - 2001   159

Bundes-land	Instanz	Akten-zeichen	Bezeichnung/ Titel des Verfahrens	Zeit-punkt der Ent-schei-dung	Status Klage-art	Klage ge-gen-stand	Rechtsbegriffe/ Schlagwörter/Anträge	Ergebnis	Fundstelle/ Bemer-kungen
Nieder-sachsen	105. OVG Lüneburg	7 K 912/98		10/98	H		FFH, zumutbare Alterna-tive, fachplanerisches Abwägungsgebot, fehler-hafte streckenabschnitts-Bildung, selbstständige Verkehrsfunktion, bundes-fernstraßenrechtlicher Abwägungsvorbehalt, Planungstorso, Unan-fechtbarkeit der Anschlussplanung	Teilerfolg	
	106. BVerwG	4 C 2.99		1/00				Entsch. auf-gehoben, zur Neuent-zurück-verwiesen	
	107. VG Osnabrück	2 B 59/98	63. Baugenehmigung für Erweiterung von Betriebsflächen, welche dann in ein Überschwemmung sgebiet des Flusses Hase in Osnabrück hineinragen	9/98	E P	S	Abgrenzung „an einem oberirdischen Gewässer/im Überschwemmungsgebiet gelegen", räumlicher/funktionaler Zusammenhang,	verloren	eigene Unterlagen

Bundesland	Instanz	Aktenzeichen	Bezeichnung/ Titel des Verfahrens	Zeitpunkt der Entscheidung	Status Klageart	Klagegegenstand	Rechtsbegriffe/ Schlagwörter/Anträge	Ergebnis	Fundstelle/ Bemerkungen
Niedersachsen	108. OVG Lüneburg	7 M 1155/97	64. PFB für den Bau der B 437 mit Weserquerung (Wesertunnel)	12/97	E	P	Planrechtfertigung, fachplanerisches Abwägungsgebot, Eingriffsregelung, Ermittlungspflicht, FFH-RL, FFH-Verträglichkeitsprüfung	verloren	eigene Unterlagen
	109. OVG Lüneburg	7 K 1154/97		1/98	H			eingestellt	
	110. VG Osnabrück	2 A 12/96	65. Befreiungsbescheid für ein Motorsportrennen in LSG „Naturpark nördlicher Teutoburger Wald – Wiehengebirge"	8/97	H	B	Vertrauensschutz, Befreiung, Landschaftsschutzverordnung	verloren	eigene Unterlagen

Anhang II Übersicht Verbandsklagen in Deutschland 1996 - 2001   161

Bundes-land	Instanz	Akten-zeichen	Bezeichnung/ Titel des Verfahrens	Zeit-punkt der Ent-schei-dung	Status Klage-art	Klage ge-gen-stand	Rechtsbegriffe/ Schlagwörter/Anträge	Ergebnis	Fundstelle Bemer-kungen
Nieder-sachsen	111. VG Hannover	1 A 1398/96. Hi	66. Befreiungsbescheid für ein Motor-sportrennen in LSG „Naturpark nördlicher Teutoburger Wald-Wiehengebirge"	3/97	H	B	Befreiung	Teilerfolg	eigene Unterlagen unvoll-ständig
	112. OVG Lüneburg	7 M 919/97	67. PFB für Neubau der Ortsumgehung Steinkrug im Zuge der B 217	3/97	E	P	Planrechtfertigung, naturschutzrechtliche Eingriffsregelung, Eingriffsminimierung, Ausgleichbarkeit, Planfeststellung	verloren	eigene Unterlagen
	113. OVG Lüneburg	7 K 921/97		3/97	H			verloren	
	114. VG Oldenburg	1 B 1858/96	68. Deichrechtlicher PFB zur Erhöhung und Verstärkung des Deiches zwischen Cäciliengroden und Dangast (am Jadebusen)	5/96	E	P	Zwischenentscheidung für Eilverfahren beantragt	verloren	eigene Unterlagen
	115. VG Oldenburg	1 B 1858/96		6/96	E		Vermeidungsgebot, Deicherhaltungsmaßnahm en, § 28 a- Biotope (NNatSchG), FFH-RL, Alternativlösung	gewonnen	eigene Unterlagen

Bundes- land	Instanz	Akten- zeichen	Bezeichnung/ Titel des Verfahrens	Zeit- punkt der Ent- schei- dung	Status Klage- art	Klage ge- gen- stand	Rechtsbegriffe/ Schlagwörter/Anträge	Ergebnis	Fundstelle Bemer- kungen
Nieder- sachsen	116.VG Oldenburg	1 B 3020/96		7/96	E		Antrag auf Änderung und Ergänzung des Beschlusses im Eilverfahren	verloren	eigene Unterlagen
	117.VG Oldenburg	1 A 1855/96		2/97	H			Vergleich	eigene Unterlagen unvoll- ständig
	118.VG Hannover	4 B 1394/00	69. Expo-Parkplatz Kugelfangtrift (§ 28a NNatSchG- Gebiet)	4/00	E	B	Potentielles FFH-Gebiet, Beeinträchtigungsverbot, Ausgleichbarkeit, Rechtswidrigkeit des Verwaltungsaktes	verloren	eigene Unterlagen
	119.OVG Lüneburg	7 M 3440/00	70. Plangenehmigung für Bahnbrückenerneu erung zwischen Lüneburg und Dannenberg	10/2000	E P	S	Materielle Rechtsposition der Verbände, Träger öffentlicher Belange im Sinne des AEG	verloren	NuR 6/2001
	120.VG Osnabrück	2 B 24/00	71. Gehölzschnittmaß nahmen im Hafen Papenburg	6/00	E	B		verloren	eigene Unterlagen

Anhang II Übersicht Verbandsklagen in Deutschland 1996 - 2001

Bundes-land	Instanz	Akten-zeichen	Bezeichnung/ Titel des Verfahrens	Zeitpunkt der Ent-scheidung	Status Klage-art	Klage ge-gen-stand	Rechtsbegriffe/ Schlagwörter/Anträge	Ergebnis	Fundstelle Bemer-kungen
Nieder-Sachsen	121. VG Göttingen	2 A 2163/98	72. Errichtung eines Sendemasten für Mobilfunk	9/00	H	S		verloren	eigene Unterlagen
	122. VG Stade	1 B 196/01	73. Ausgleichsmaßnahme Hahnöfersand zum Mühlenberger Loch	3/01	E	P		verloren	eigene Unterlagen
	123. VG Stade	1 A 1014/00		?	H			offen	Hauptsache wird fortgesetzt
	124. OVG Lüneburg	7 MA 1131/01 später / MB 1546701		5/01	E		(Beschwerde gegen 1 B 196/01)	verloren	Bisher vom Verband an den Gegner zu erstattende Kosten 1574,70 DM
Nord-rhein-Westfalen	125. VG Aachen	3 K 2040/96	74. Genehmigung des Rahmenbetriebsplanes der Rheinbraun AG für Tagebau Hambach	11/99	H P	P	Beteiligungs- und Klagerecht bei Unterlassen eines Planfeststellungsverfahrens	verloren	eigene Unterlagen

Bundes-land	Instanz	Akten-zeichen	Bezeichnung/ Titel des Verfahrens	Zeit-punkt der Ent-schei-dung	Status Klage-art	Klage ge-gen-stand	Rechtsbegriffe/ Schlagwörter/Anträge	Ergebnis	Fundstelle Bemer-kungen
Nord-rhein-Westfalen	126.VG Gelsen-kirchen	8 L 1549/93	75. Sonderbetriebsplan Steinkohlebergbau	?	E P	P		verloren	
	127.OVG Münster	21 B 1717/94	zur Bruchhohlraumver füllung	7/97	E		Sonderbetriebsplan, abfallrechtliche Planfeststellung	verloren	NuR 12/97
Rhein-land-Pfalz	128.OVG Koblenz	1 B 10290/01	76. PFB zum Neubau der B 50 einschließlich Moselquerung	9/01	E	P	Gemeinschaftsrechtliche Vorwirkung der FFH-RL und der Vogelschutz-RL, Abwägungsmängel	verloren	NVwZ-RR 6/02
	129.VG	2 K 252/97	77. NSG „Monbijou"- Befreiung zwecks Hindernisfreiheit auf Verkehrslandeplatz	8/98	H	B			
	130.OVG Koblenz	8 A 10321/99		2/2000	H		Atypischer Fall (ungewollte Härte), Gründe des Wohl der Allgemeinheit, Hindernisfreiheit, zentraler Schutzzweck, FFH-Schutzregime	verloren	eigene Unterlagen, NuR 9/2000

Anhang II Übersicht Verbandsklagen in Deutschland 1996 - 2001

Bundes-land	Instanz	Akten-zeichen	Bezeichnung/Titel des Verfahrens	Zeit-punkt der Ent-schei-dung	Status Klage-art	Klage ge-gen-stand	Rechtsbegriffe/Schlagwörter/Anträge	Ergebnis	Fundstelle Bemer-kungen
Rhein-land-Pfalz	131.VG Trier	6 K 1549/98	78. Hochwasserschutz-Maßnahme an der Mosel	2/00	H	P		verloren	eigene Unterlagen
	132.VG Trier	6 K 1050/00	79. Wasserkraftanlage An der Prüm bei Ham	6/01	H P	P		verloren	eigene Unterlagen
	133.OVG Koblenz	1 A 11433/01		?	E			verloren (Zulassung abgelehnt)	
Saarland	134.OVG Saarland	?	80. Erdmassen-Zwischenlager	9/97	E	P	Planfeststellungsverfahren, Fernstraße	verloren	eigene Unterlagen
	135.OVG Saarland	2 M 1/97		12/97	H			verloren	
	136.OVG Saarland	8 M 2/95	81. immissionsschutz-rechtliche Zulassung Müllbunker	2/98	H	S	immissionsschutzrechtliches Verfahren, Ausweichen ins Immissionsschutzrecht statt Planfeststellungsverfahren, Umgehung des Beteiligungsrechts	verloren	eigene Unterlagen

Bundes-land	Instanz	Akten-zeichen	Bezeichnung/ Titel des Verfahrens	Zeit-punkt der Ent-schei-dung	Status Klage-art	Klage-ge-gen-stand	Rechtsbegriffe/ Schlagwörter/Anträge	Ergebnis	Fundstelle Bemer-kungen
Saarland	137. OVG Saarland	8 M 1/95	82. Abfallheizkraft-werk Velsen	2/98	H	S	immissionsschutz-rechtliche Änderungsgenehmigung, Ausweichen ins Immissionsschutzrecht statt Planfeststellungsverfahren	verloren	eigene Unterlagen
	138. VG Saarland	2 K 60/96	83. Umstellung von Blas- auf Bruch-versatz Stein-kohlebergbau	4/99	H	P		Teilerfolg	eigene Unterlagen
	139. OVG Saarland	8 M 11/93	84. Abfallrechtl. PFB für die Anlage Velsen	9/97	H	P	Grenzüberschreitender Rechtsschutz, Anerkennung eines ausländischen Verbandes nach § 29 BNatSchG	verloren	AS RP-SL 27, 72-81 Nicht zulässig, da Verband nicht anerkannt nach dt Recht, hätte aber Anerkenn-ung beantragen können

Anhang II Übersicht Verbandsklagen in Deutschland 1996 - 2001

Bundesland	Instanz	Aktenzeichen	Bezeichnung/ Titel des Verfahrens	Zeitpunkt der Entscheidung	Status Klageart	Klagegegenstand	Rechtsbegriffe/ Schlagwörter/ Anträge	Ergebnis	Fundstelle Bemerkungen
Saarland	140. OVG Saarland	2 M 1/96	85. Neubau der A 8	4/97	H	P		Teilerfolg	eigene Unterlagen
Sachsen	141. VG Dresden	13 K 236/99 später unter 5 K 3056/96	86. Dubringer Moor, Gemeindestraße hindurch	2/99	H	B	„illegale" Gemeindestraße durch Naturschutzgebiet, Befreiung, Rückbau,	verloren	eigene Unterlagen
	142. VG Dresden	5 K 1646/96	87. Grenzübergang Fürstenau	5/97	H (P)	P	Grenzübergang im Naturschutzgebiet zu Tschechien, Passivlegitimation,	eingestellt	eigene Unterlagen
	143. VG Dresden	5 K 1869/96		10/96	E			verloren	
	144. OVG Bautzen	1 S 775/96 (Beschwerde gegen obigen Beschluss)		5/97	E			eingestellt	
	145. VG Dresden	1 K 214/98	88. Bamberger Natursteinwerk Sandsteinbruch Doberzeit	4/98	E	P	Sonderbetriebsplan, Hauptbetriebsplan, Bergrecht, einstweiliger Rechtsschutz, Befreiung	verloren	eigene Unterlagen

Bundes-land	Instanz	Akten-zeichen	Bezeichnung/Titel des Verfahrens	Zeit-punkt der Ent-schei-dung	Status Klage-art	Klage ge-gen-stand	Rechtsbegriffe/Schlagwörter/Anträge	Ergebnis	Fundstelle Bemer-kungen
Sachsen	146. BVerwG	4 A 16.95	89. Neubau der A 4 im ersten Streckenabschnitt	5/96	H (P)	P	Objektiv fehlerhafte Unterschutzstellung, Formelles/materielles Klagerecht, Zwangspunktsetzung im Zuge abschnittsweiser Straßenplanung, zur Begrenzung des Klagerechts auf formellen Biotop-/Flächenschutz	verloren	eigene Unterlagen NuR 1/97
	147. BVerwG	4 A 38.95	90. Neubau der A 4 im zweiten Streckenabschnitt	5/96	H	P		verloren	eigene Unterlagen
	148. VG Dresden	A101/96/U M/sz 1 K 2586/96	91. Kieswerk Zeithain Rahmenbetriebspla n	2000	H	S	Betriebsplanzulassung, Naturschutzgebiet, Herauslösung des Naturschutzgebietes	Vergleich	eigene Unterlagen
	149. VG Leipzig	5 K 1815/95	92. Schotter- und Splittwerk Altenhain, berg-rechtlicher Plan-feststellungs-beschluss	12/97	H P	P	Landschaftsschutzgebiet, Rahmenbetriebsplan	verloren	eigene Unterlagen

Anhang II Übersicht Verbandsklagen in Deutschland 1996 - 2001

Bundes-land	Instanz	Akten-zeichen	Bezeichnung/Titel des Verfahrens	Zeit-punkt der Ent-schei-dung	Status Klage-art	Klage-ge-gen-stand	Rechtsbegriffe/Schlagwörter/Anträge	Ergebnis	Fundstelle Bemer-kungen
Sachsen-Anhalt	154. BVerwG	11 A 49/96	96. PFB zu Abschnitt 2.5 der Schienen-neubau und Auf-baustrecke Erfurt-Leipzig/Halle	11/97	H P	P	Planänderungen natur-schutz-rechtlich relevanter Art, Einsicht in einschlä-gige Sachverständigegut-achten, Planfeststellungs-verfahren	Teilerfolg	Meßer-schmidt
	155. VG Dessau	2 B 85/94	97. Wasserrechtlicher PFB zur Anlage von Folienteichen im Rahmen eines Center Parc´s – Bauvorhabens	?	E	P		gewonnen	Liegt nicht vor
	156. VG Dessau	2 A 254/94		2/97	H A		Klagebefugnis Dritter, Obligatorisch/dinglich Berechtigte, Jagdausübungsrecht, wasserrechtliches Planfeststellungsverfahren	verloren Aber: Center Parc wurde nicht gebaut. Durch Verzög-erung kein Interesse mehr.	eigene Unterlagen
	157. OVG Magdeburg	2 M 22/95		3/96	H			verloren	eigene Unterlagen

Bundes-land	Instanz	Akten-zeichen	Bezeichnung/ Titel des Verfahrens	Zeit-punkt der Ent-schei-dung	Status Klage-art	Klage ge-gen-stand	Rechtsbegriffe/ Schlagwörter/Anträge	Ergebnis	Fundstelle Bemer-kungen
Sachsen-Anhalt	158. BVerwG	11 VR 14.00	98. Errichtung eines Leitwerks am Elbufer bei Wittenberg	10/2000	E (P)	P	Ausbau-/Unterhaltungsmaßnahme einer Bundeswasserstraße	verloren	NuR 3/2001 ZUR Sonderheft /2001
Schleswig-Holstein	159. OVG Schleswig	4 M 48/99	99. Bodenablagerungen im Flemhuder See aufgrund des Ausbaus einer Bundeswasserstraße	7/99	E P	P	Abgrenzung Ausbau/Unterhaltung, Differenzierung von Bodenaushub und – Ablagerung, wasserrechtliches Planfeststellungsverfahren	verloren	eigene Unterlagen, Nord ÖR 11/99 OVG in erster Instanz zuständig
	160. OVG Schleswig	1 K 15/95	100. Bebauungsplan Nr. 7 der Gemeinde Westfehmarn (Ausweisung eines Großparkplatzes)	3/99	N	S	Landschaftsplan/Grünordnungsplan, Normenkontrolle gegen B-plan	verloren	eigene Unterlagen, Siehe auch Argumentation zu 1 M 4466/98 (OVG Lüneburg) in „Die öffentliche Verwaltung", Heft 8, April 99, s.346 ff.

Anhang II Übersicht Verbandsklagen in Deutschland 1996 - 2001

Bundes-land	Instanz	Akten-zeichen	Bezeichnung/ Titel des Verfahrens	Zeit-punkt der Ent-schei-dung	Status Klage-art	Klage ge-gen-stand	Rechtsbegriffe/ Schlagwörter/Anträge	Ergebnis	Fundstelle/ Bemer-kungen
Schleswig-Holstein	161.BVerwG	4 VR 3.97 (Eilantrag des BUND)	101.PFB zur BAB 20 (Ostseeautobahn) für Strecken-abschnitt von der A 1 bis zur Landes-strasse 92(durch das Gebiet der Tra-venüderung)	1/98	E	P	Schutzregime, gemindertes Schutzregime, Flora- Fauna- Habitatrichtlinie, EU- Vogelschutzrichtlinie, Planrechtfertigung, Abwä-gungsmängel, Linien-bestimmung, FFH- Ver-träglichkeitsprüfung, „potentielles" Schutz-gebiet, Planfeststellungs-verfahren, Eingriff	gewonnen	eigene Unterlagen
	162.BVerwG	4 A 9.97 (BUND) 4 A 11.97 (NABU)		5/98	H			verloren	
	163.BVerfG	BvR 1300/98		7/98	E/H			verloren	
	164.BVerwG	4 A 15.01		1/02	H			verloren	
	165.OVG Schleswig	4 K 21/94 4 M 87/94	102.B 502 Dietrichsdorf-Schrevenborn	9/97	H	P	Planfeststellung, Straßenbau	verloren	eigene Unterlagen

Bundes-land	Instanz	Akten-zeichen	Bezeichnung/Titel des Verfahrens	Zeit-punkt der Ent-schei-dung	Status Klage-art	Klage ge-gen-stand	Rechtsbegriffe/Schlagwörter/Anträge	Ergebnis	Fundstelle/Bemer-kungen
Schleswig-Holstein	166. BVerwG	11 A 14.96	103. PFB zum Ausbau des Schienenweges Hamburg-Büchen-Berlin	3/97	H A/P	P	Planfeststellung, Schienenwegebau, Klagebefugnis gegen Verwaltungsakte von Bundesbehörden	verloren	Meßschmidt NuR 8/1997
	167. BVerwG	11 A 43.96	104. Plangenehmigung zur Elektrifizierung der Bahnstrecke Hamburg-Berlin	5/97	H (P)	P (Plang eneh migun g)	Beteiligungsrechte an Plangenehmigung, Umweltverträglichkeitsprüfung, zu den Verbänden als Träger öffentlicher Belange	verloren	NuR 10/97
	168. VG Schleswig	12 A 230/95	105. Abfalldeponie am Rande eines faktischen/potentiellen Europäischen Schutzgebiets	3/99		P	Äußerung in der Sache, begrenzte Rügebefugnis gemäß § 51c Abs. 1 NatSchG Schl.-H, Bedeutung der IBA-Liste	verloren	NuR 99, 714-717
	169. OVG Schleswig	4 L 92/99		2/01			Anerkennung faktischer Vogelschutzgebiete und potentieller FFH-Gebiete	verloren	ZUR 4/2001

Anhang II Übersicht Verbandsklagen in Deutschland 1996 - 2001   173

Bundes-land	Instanz	Akten-zeichen	Bezeichnung/ Titel des Verfahrens	Zeit-punkt der Ent-schei-dung	Status Klage-art	Klage-gegen-stand	Rechtsbegriffe/ Schlagwörter/Anträge	Ergebnis	Fundstelle/ Bemer-kungen
Schleswig-Holstein	170.OVG Schleswig	2 M 37/00	106.Anordnung zur Hindernisbeseitigung auf einem Flughafen	12/2000	E	S	Zur Verknüpfung der Klagebefugnis mit dem Mitwirkungsrecht, Erforderlichkeit naturschutzrechtlicher Genehmigungen auf luftverkehrsrechtlich überplantem Gelände	verloren	NuR 4/2001
	171.VG Schleswig	1 B 61/99	107.Ausgleichsmaßnahme Haseldorfer Marsch zum Mühlenberger Loch	?	E	S		verloren	eigene Unterlagen
	172.VG Schleswig	12 A 162/00		?	H	P		offen	
	173.VG Schleswig	12 B 10/01		10/01	E			gewonnen	
	174.OVG Schleswig	4 M 93/01		2/02	E			gewonnen	
	175.OVG Schleswig	4 M 17/00	108.Maßnahmen zu Errichtung, Erweiterung, Betrieb des Flughafens Lübeck-Blanckensee	4/00	E	S	Anordnungskompetenz, luftverkehrrechtliche Maßnahmen	verloren	eigene Unterlagen

Bundes-land	Instanz	Akten-zeichen	Bezeichnung/Titel des Verfahrens	Zeit-punkt der Ent-schei-dung	Status Klage-art	Klage ge-gen-stand	Rechtsbegriffe/Schlagwörter/Anträge	Ergebnis	Fundstelle/Bemer-kungen
Schleswig-Holstein	176. VG Schleswig	12 B 11/96	109. Grauer Esel (Kreuzung B 431/L 117)	3/96	E	P	Plangenehmigung anstelle Planfeststellung	verloren	eigene Unterlagen
	177. OVG Schleswig	4 M 26/96		6/96	H			verloren	
	178. OVG Schleswig	4 K 3/95	110. Neubau der B 2	3/96	H	P	Beteiligungsrechte des Landesnaturschutzverbandes	verloren	eigene Unterlagen
	179. OVG Schleswig	4 K 29/95	111. Bodenentnahme im Zuge des Neubaus der B 2	3/96	H	P	Planfeststellungser-gänzungsbeschluss	verloren, es wird 4 K 3/95 zitiert	eigene Unterlagen
Thüringen	180. VG Weimar	7 K 1509/95.WE	112. Genehmigung des Rahmenbetriebspla nes der Knauf Deutsche Gipswerke AG, Standort Nordhausen	3/98	H P	P	Rahmenbetriebsplan, Planfeststellungverfahren, Wahl des Beteiligungsverfahrens, Umgehung des Beteiligungsverfahrens	verloren	eigene Unterlagen

Anhang II Übersicht Verbandsklagen in Deutschland 1996 - 2001

Bundes-land	Instanz	Akten-zeichen	Bezeichnung/ Titel des Verfahrens	Zeit-punkt der Ent-schei-dung	Status Klage-art	Klage-ge-gen-stand	Rechtsbegriffe/ Schlagwörter/Anträge	Ergebnis	Fundstelle/ Bemer-kungen
Thüringen	181. VG Gera	1 E 2355/98 GE	113. Teilsperre Leibis	8/99	E	P	Antragsbefugnis, gerichtliche Kontrollbe-fugnis, Planrecht-fertigung, Prognose, Abwägungsfehler, Vogel-Schutzgebiet, FFH-Richtlinie, vorläufiger Rechtsschutz	verloren	eigene Unterlagen, ThürVBl 1999 Heft 12 (ausführliche Begründung)
	182. VG Meiningen	5 E 585/97	114. Straßenbaumaßnah me im NSG Röthengrund	?	E	P	Veränderung einer Straße gemäß NSG-VO, Änderung einer Straße gemäß § 38 ThürStrG, Durchführung einer Straßenbaumaßnahme unter Verstoß gegen die einstweilige Anordnung	Teilerfolg	eigene Unterlagen ein Baustopp wurde verhängt, der Antrag aber ansonsten abgewiesen, da unzulässig (Hilfsantrag zulässig, aber nur teilweise begründet)
	183. VG Meiningen	5 K 869/97		1/01	H (P)			gewonnen	NuR 8/2001
	184. OVG Meiningen	1 ZEO 919/97		3/98	E			verloren	

Bundes-land	Instanz	Akten-zeichen	Bezeichnung/ Titel des Verfahrens	Zeit-punkt der Ent-schei-dung	Status Klage-art	Klage ge-gen-stand	Rechtsbegriffe/ Schlagwörter/Anträge	Ergebnis	Fundstelle/ Bemer-kungen
Thüringen	185. VG Meiningen	5 K 728/96.Me	115.PSW Goldisthal	4/97	H	P	Planfeststellungsbeschluss, FFH-Richtlinie, Wasserrecht	Teilerfolg	eigene Unterlagen; mit Vergleichs-geld Stiftung errichtet

Auswertung niedersächsischer und brandenburgischer Fälle
Klagegegenstände in Niedersachsen und Brandenburg
(B) auch Beteiligungsklagen

Klagegegenstände nach Bundesrecht (BNatschG)

Klagegegenstand	Niedersachsen	Brandenburg
Verordnungen der für Naturschutz und Landschaftspflege zuständigen Behörden gemäß § 29 I Nr.1 BNatSchG a.F.		
Anzahl	0	0
Programme und Pläne gemäß § 29 I Nr.2 BNatSchG a.F., soweit sie dem Einzelnen gegenüber verbindlich sind		
Anzahl	0	0
Befreiungen von Schutzgebietsverordnungen für Naturschutzgebiete und Nationalparke gemäß § 29 I Nr.3 BNatSchG a.F.	• Parkplatz im NSG „Emmerthal"	
Anzahl	1	0
Planfeststellungsbeschluss/-verfahren gemäß § 29 I Nr. 4 BNatSchG a.F.	• Emssperrwerk • Ortsumgehung Himmelthür • Wesertunnel • Ortsumgehung Steinkrug • Deicherhöhung am Jadebusen	• Ferienpark Klausheide • Rahmenbetriebsplan Jänschwalde **(B)** • Rahmenbetriebsplan Cottbus-Nord **(B)** • Rahmenbetriebsplan Welzow-Süd **(B)**
Anzahl	5	4
untersuchte Verfahren insgesamt	**11**	**15**
davon Verfahren nach Bundesrecht	**6**	**4**
davon Beteiligungsklagen	**0**	**3**

Klagegegenstände nach Landesrecht

Klagegegenstand	Niedersachsen	Brandenburg
Verordnungen, deren Durchführung erhebliche Beeinträchtigungen von Natur und Landschaft erwarten lässt, gemäß § 60a Nr.1 NNatSchG		
Anzahl	0	0
Programme und Pläne nach §§ 4 bis 6 gemäß § 60a Nr.2 NNatSchG	• Bebauungsplan Hertmann I **(B)**	
Anzahl	1	0
Raumordnungsverfahren gemäß § 60a Nr.3 NNatSchG		
Anzahl	0	0
Plangenehmigungen gemäß § 60a Nrn.4 a, b NNatSchG		(entfällt)
Anzahl	0	
wasserrechtliche Erlaubnisse oder Bewilligungen gemäß § 60a Nrn.4 c, d NNatSchG		(entfällt)
Anzahl	0	
Genehmigungen gemäß § 60a Nr. 4 e NNatSchG	• Windpark Weener (B) • Überschwemmungs-gebiet Hase (B)	(entfällt)
Anzahl	2	
Vorbescheiden gemäß § 60a Nr.4 f NNatSchG		(entfällt)
Anzahl	0	
Ausnahmen und Befreiungen gemäß § 60a Nr.4 g NNatSchG		(entfällt)
Anzahl	0	
Verzicht auf Planfeststellung gemäß § 60a Nr.5 NNatSchG		(entfällt)
Anzahl	0	
Maßnahmen nach §§ 5 ABS.2 und 21 des niedersächs. Deichgesetzes gemäß § 60a Nr.6 NNatSchG		*(entfällt)*
Anzahl	0	
Befreiungen von Schutzgebietsverordnungen anderer Schutzkategorien als nach Bundesrecht gemäß §§ 60a Nr.7a NNatSchG, 63 ABS.2 Nr.1 BbgNatSchG	• Expo-Parkplatz Kugelfangtrift • Motorsportrennen in LSG	• Flugplatz Templin/Groß Dölln • Nachfahrten Spreewald • Kanalbrücke Seehausen • Soleleitung und Erdgashochdruckleitung **(B)** • Wendig-Wäldchen • Radwegeausbau Amt Storkow • BImSchG-Genehmigung zur Errichtung eines

Anhang II Auswertung niedersächsischer und brandenburgischer Fälle 179

			• Betonwarenwerkes **(B)** • Windkraftanlage Westhavelland • Wohnbebauung „Märkische Schweiz" **(B)**
	Anzahl	2	9
Ausnahmen von Verboten gemäß § 60a Nr.7b,c NNatSchG			(entfällt)
	Anzahl	0	
Genehmigungen gemäß § 60a Nr.8 NNatSchG			(entfällt)
	Anzahl	0	
Ausnahmen gemäß § 36 BbgNatSchG	(entfällt)		• (BImSchG-Genehmigung, siehe oben) • Straßenbauarbeiten an K 6728
	Anzahl		2
	Verfahren insgesamt	**11**	**15**
	Verfahren nach Landesrecht insgesamt	**5**	**11**
	davon Beteiligungsklagen	**3**	**3**

Streitwerte

Es wird an dieser Stelle auf die juristischen Bezeichnungen „Kläger" und „Beklagte" verzichtet, da im Laufe eines Verfahrens z.T. Kläger und Beklagte wechseln und es daher zu Unklarheiten führen könnte. Stattdessen werden in der Spalte „Kostenträger" die Begriffe „Verband" und „Gegner" verwandt.

Niedersachsen

Klagegegenstand	Bezeichnung/Titel des Verfahrens	lfd Nr	gerichtl. AZ	I	S	Streitwert	Kostenträger; Bemerkungen	Gesamtstreitwert zu Lasten des Verbands
Planfeststellungsbeschluss	1. Emssperrwerk	1	1 B 3334/98	1.	E	n.e.		n.e.
		2	1 B 3319/99 1 B 3212/99	1.	E	je 40.000 pro Verband	(es waren drei Verbände beteiligt)	
		3		2.		n.e.		
		4	3 M 559/00	2.	E	n.e.		
		5	1 B 3212/99	1.		n.e.		

Anhang II Auswertung niedersächsischer und brandenburgischer Fälle

Klagegegen-stand	Bezeichnung/Titel des Verfahrens	lfd Nr	gerichtl. AZ	I	S	Streitwert	Kostenträger; Bemerkungen	Gesamt-streitwert zu Lasten des Verbands
	2. Ortsumgehung Hildesheim-Himmelsthür	6	7 M 914/98	1.	E	20.000	Gegner	offen
		7	7 K 912798	1.	H	n.e.	Verband und Gegner jeweils zur Hälfte	
		8	4 C 2.99	2.	H	offen	Kostenentscheidung bleibt	
		9	7 K 912798 Neuent-scheidung	1.	H	offen	Schlussentscheidung vorbehalten	
	3. Wesertunnel	10	7 M 1155/97	1.	E	40.000	Verband	40.000
	4. Ortsumgehung Steinkrug im Zuge der B 217	11	7 M 919/97	1.	E	20.000	Verband	40.000
		12	7 K 921/97	1.	H	20.000	Verband	
	5. Deicherhöhung am Jadebusen	13	1 B 1858/96	1.	E	n.e.		0
		14	1 B 1858/96	1.	E	n.e.	Gegner und Beigeladene je zur Hälfte	
		15	1 B 3020/96	1.		n.e.	Verband	
		16	1 A 1855/96	1.	H	8.000	Vergleich: Gegner trägt sämtliche Gerichtskosten und zahlt 25.000 DM zur Abgeltung außergerichtlicher Kosten	
Befreiung nach BundesR	6. Parkplatz im NSG „Emmerthal"	17	1 A 1398/96. Hi	1.	H?	8.000	Gegner	0
Befreiung nach LandesR	7. Expo-Parkplatz „Kugelfangtrift"	18	4 B 1394/00	1.	E	4.000	Verband	4.000
	8. Motorsport-rennen in LSG	19	2 A 12/96	1.	H	8.000	Gegner	0
Plan nach LandesR	9. Bebauungsplan Hertmann I (B)	20	1 M 4466/98	1.	E?	15.000	Verband	15.000
Genehmigung nach LandesR	10. Windpark Dwarstief (B)	21	4 B 115/99	1.	E	n.e.	Gegner	n.e
		22	4 B 1050/99	1.	E	25.000	Gegner und Beigeladene jeweils zur Hälfte	
		23	1 M 2281/99	2.		15.000	Verband (Kosten des gesamten Verfahrens)	
		24		1.	H	n.e.		
	11. Überschwemmungs-gebiet Hase (B)	25	2 B 59/98	1.	E	10.000	Verband	10.000

n.e   nicht ermittelbar   E/H   Eilverfahren/Hauptverfahren
I   Instanz   (B)   auch Beteiligungsklage
S   Status des Verfahrens:

Anhang II Auswertung niedersächsischer und brandenburgischer Fälle 181

Brandenburg

Klagegegen-stand	Bezeichnung/Titel des Verfahrens	lfd Nr	gerichtl. AZ	I	S	Streitwert	Kostenträger; Bemerkungen	Gesamt-streitwert zu Lasten des Verbands
Planfest-stellungs-beschluss	1. Rahmenbetriebspl an Lausitzer Braunkohle AG, Standort Jänschwalde (B)	1	5 K 482/94	1.	H	50.000	Verband; Streitwertbeschwer de abgelehnt	100.000
		2	4 A 115/99	2.	H	50.000	Verband	
	2. Rahmenbetriebspl an Lausitzer Braunkohle AG, Standort Cottbus-Nord (B)	3	3 K 1827/98	1.	H	50.000	Gegner und Beigeladene jeweils zur Hälfte	100.000
		4	n.e.	2.	H	50.000	Verband trägt Kosten des gesamten Verf.	
	3. Rahmenbetriebspl an Lausitzer Braunkohle AG, Standort Welzow-Süd (B)	5	3 K 1826/98	1.	H	50.000	Verband; Klage wurde zurückgenommen	50.000
Befreiung nach LandesR	4. Nachtfahrten Spreewald	6	3 L 389/00	1.	E	4.000	Verband	offen
		7	3 K 712/00	1.	H	offen		
	5. Kanalbrücke Seehausen	8	5 L 66/00	1.	E	8.000	Vergleich: Gegner übernimmt Kosten beider Verfahren incl. Vergleich	0
		9	5 K 237/00	1.	H	8.000		
	6. Soleleitung und Erdgashochdruckle itung (B)	10	7 K 1655/99	1.	H?	8.000	Gegner	0
	7. Wendig-Wäldchen	11	5 K 2140/97	1.	H	8.000	Vergleich: Gegner übernimmt gerichtl. und außergerichtl. Kosten	0
	8. Radwegeausbau im Amt Storkow	12	7 L 274/99	1.	E	5.000	Verband	19.333
		13	7 I 575/99	1.	E	5.000	Verband	
		14	7 K 1224/99	1.	H	8.000	Vergleich: Verband, Gegner und Beigeladener je ein Drittel	
		15	7 L 644/99	1.	E	4.000	Verband	
		16	7 K 3223/99	1.	H	8.000	Vergleich: Verband, Gegner und Beigeladener je ein Drittel	
	9. BImSchG-Genehmigung zur Errichtung eines Betonwarenwerkes (B)	17	1 L 956/94	1.	E	n.e.		mind. 10.000
		18	1 K 1160/93	1.	H	n.e.		
		19	3 A 37/96	2.	H	10.000	Verband trägt alle Kosten einschl außergerichtl.	
	10. Windkraftanlage „Westhavelland"	20	1 K 3417/95	1.	H	n.e.	Gegner und Beigeladene jeweils zur Hälfte	offen

Erfolgsbetrachtung der Ergebnisse

Es folgt eine komplette Darstellung aller Verfahren in Niedersachsen und Brandenburg im Zeitraum 1997-2000 inklusive der Einzelentscheidungen. In der Spalte „Ergebnis" wird das offizielle Gerichtsurteil wiedergegeben. Dies kann nur dann direkt auf den Verband bezogen werden, wenn er auch Antragsteller bzw. Kläger war. Hat der Verfahrensgegner z.B. Beschwerde oder Berufung eingelegt, bezieht sich das Ergebnis auf dessen Antrag. In diesen Fällen ist dem Ergebnis ein **(G)** für „Gegner" hinzugefügt worden. Zur besseren Einschätzung des Sachverhalts oder des Ergebnisses dient die Spalte „Bemerkungen". Als letzten Aspekt wird der Erfolg für den Verband ermittelt. Er ergibt sich aus der gerichtlichen Entscheidung direkt, aus den Bemerkungen zum Ergebnis, oder aus der im Kapitel (4.2.2.3) vorgenommenen Beurteilung.

Anhang II Auswertung niedersächsischer und brandenburgischer Fälle

Niedersachsen

Klagegegenstand	Bezeichnung/Titel des Verfahrens	I	Rechtsbehelf	Ergebnis	Bemerkungen zum Ergebnis	Erfolg für Verband
Planfeststellungs-beschluss	1. Emssperrwerk	1.	a) Antrag nach § 80 V VwGO	stattgegeben		+
		2.	b) Antrag nach § 124a VwGO	abgewiesen (G)		+
		1.	c) Antrag nach § 80 V VwGO d) (zur Planergänzung)	abgewiesen	Nicht begründet (aber mit Auflagen an Gegner verknüpft)	–
		2.	e) Antrag nach § 124a VwGO	n.e.		
		2.	f) Antrag auf Erlass einer Zwischenentscheidung	abgewiesen	Nicht begründet	–
		1.	g) Klage	abgewiesen		–
	2. Ortsumgehung Hildesheim-Himmelsthür	1.	a) Antrag nach § 80 V VwGO	stattgegeben		+
		1.	b) Klage	Teilerfolg	Beantragte Aufhebung des Beschlusses wird abgelehnt, aber es wird die Rechtswidrigkeit desselben festgestellt	–
		2.	c) Berufung	stattgegeben	zur Neuentscheidung an OVG zurückverwiesen	+
			d) Neuentscheidung	offen		
	3. Wesertunnel	1.	Antrag nach § 80 V VwGO	abgewiesen	Nicht begründet	–
	4. Ortsumgehung Steinkrug im Zuge der B 217	1.	Antrag nach § 80 V VwGO	abgewiesen	Nicht begründet	–
	5. Deicherhöhung am Jadebusen	1.	a) Zwischenentscheidung für Eilverfahren	abgewiesen	Folgenabwägung ergibt keinen Handlungsbedarf	–
		1.	b) Antrag nach § 80 V VwGO	stattgegeben		+
		1.	c) Antrag auf Änderung und Ergänzung des Eilbeschlusses nach § 120 VwGO	abgewiesen	Nicht begründet	–
		1.	d) Klage	Außergerichtlicher Vergleich	Umfassende Ausgleichsmaßnahmen vereinbart; Beklagte trägt sämtliche Gerichtskosten und zahlt 25.000 DM zur Abgeltung außergerichtlicher Kosten	+
Befreiung nach BundesR	6. Parkplatz im NSG „Emmerthal"	1.	Klage	erledigt	Gegner hat zugesagt, die erneute Erteilung einer Befreiung zu überdenken und Alternativen zu prüfen	+
Plan nach LandesR	7. Bebauungsplan Hertmann I **(B)**	1.	Antrag nach § 47 VI VwGO	abgewiesen	Nicht zulässig	–

Befreiung nach LandesR	8.	Expo-Parkplatz „Kugelfangtrift"	1.	Antrag nach § 80 V VwGO	abgewiesen	Nicht begründet	—
	9.	Motorsportrennen in LSG	1.	Klage	**erledigt**	Klage gegenstandslos geworden, da beklagter Landkreis die LSG-VO dahingehend geändert hat, dass Motorsportveranstaltung künftig keiner Befreiung mehr bedarf	—
Genehmigung nach LandesR	10.	Windpark Weener **(B)**	1.	a) Antrag nach § 80 V VwGO bezüglich Widerspruch	stattgegeben		+
			2.	b) Antrag nach § 124a VwGO	Erledigt **(G)**	Übereinstimmend für erledigt erklärt	+
			1.	c) Antrag nach § 80 V VwGO bezüglich Klage	stattgegeben		+
			2.	d) Antrag nach § 124a VwGO	stattgegeben **(G)**		−
			1.	e) Klage	abgewiesen	Klage des Verbandes nicht zulässig	−
			2.	f) Berufung	**offen**		
	11.	Überschwemmungsgebiet Hase **(B)**	1.	Antrag nach § 80 V VwGO	abgewiesen	Nicht zulässig	—

I Instanz
(B) Beteiligungsklage
(G) vom Verbandsgegner eingelegter Rechtsbehelf

+/− erfolgreich/nicht erfolgreich für den Verband (wenn rechtsbündig: Endergebnis)
fett Endergebnis
n.e. nicht ermittelbar

Anhang II Auswertung niedersächsischer und brandenburgischer Fälle

Brandenburg

Klagegegenstand	Bezeichnung/Titel des Verfahrens	I	Rechtsbehelf	Ergebnis	Bemerkungen zum Ergebnis	Erfolg für Verband
Planfeststellungs-Beschluss	1. Bebauungsplan Ferienpark Klausheide	1.	Klage	offen		
	2. Rahmenbetriebsplan Braunkohle AG, Standort Jänschwalde (B)	1.	a) Klage	abgewiesen	Nicht begründet	–
		2.	b) Antrag nach § 124a VwGO	stattgegeben		+
		2.	c) Berufung	abgewiesen		–
	3. Rahmenbetriebsplan Braunkohle AG, Standort Cottbus-Nord (B)	1.	a) Klage	stattgegeben		+
		2.	b) Antrag nach § 124a VwGO	Stattgegeben (G)		–
		2.	c) Berufung	abgewiesen		–
	4. Rahmenbetriebsplan Braunkohle AG, Standort Welzow-Süd (B)	1.	Klage	eingestellt	Klage wurde vom Verband zurückgenommen, da Schutzgegenstand der Klage schon vom Tagebau zerstört war und Kosten auch angesichts der beiden anderen verlorenen Verfahren nicht mehr tragbar	–
Befreiung nach LandesR	5. Flugplatz Templin/Groß Dölln	1.	Klage	offen		
	6. Nachtfahrten Spreewald	1.	a) Antrag nach § 80 V VwGO	abgewiesen	Nicht zulässig	–
			b) Klage	offen		
	7. Kanalbrücke Seehausen	1.	Antrag nach § 80 V VwGO, Klage	Vergleich	Brückenbau kann durch Verpflichtung des Gegners zu umweltfreundlichen Regelungen des Tourismus auf den Seen fortgesetzt werden	+
	8. Soleleitung und Erdgashochdruckleitung (B)	1.	Klage	erledigt	Beklagter hat Verband alle geforderten Unterlagen zur Verfügung gestellt	+
	9. Wendig-Wäldchen	1.	Klage	Vergleich	Gewerbegebiet kann mit Auflagen gebaut werden	+
	10. Radwegeausbau im Amt Storkow	1.	a) Antrag nach § 80 V VwGO	erledigt	Bauarbeiten vorläufig eingestellt	
		1.	b) Klage	Vergleich	Radwege werden in veränderter Form gebaut	+
		1.	c) Klage gegen neuen Bescheid	stattgegeben		+
	11. BImSchG-Genehmigung zur Errichtung eines Betonwarenwerkes (B)	1.	a) Antrag nach § 80 V VwGO	stattgegeben (G)		–
		2.	b) Beschwerde	stattgegeben		+
		1.	c) Klage			

Nr.	Fall	Instanz	Rechtsbehelf	stattgegeben (G)		+/−
12.	Windkraftanlage „Westhavelland"	2.	d) Berufung		Nicht zulässig	−
		1.	a) Klage	stattgegeben		+
		1.	b) Klage	offen	Klage gegen nicht erteilte Abrissverfügung für Windkraftanlage erhoben	
13.	Wohnbebauung „Märkische Schweiz" (B)	1.	a) Antrag nach § 80 V VwGO, Klage	Teilweiser Erfolg	• Verband hätte bei Änderung des Vorhabens erneut beteiligt werden müssen, Befreiung auch materiell-rechtswidrig • Befreiung nur für die Anzahl Bauten aufgehoben, die von Behörde vorher zugesicherten Genehmigungsumfang überschreiten	+ −
		1.	b) Beschwerde des Beigeladenen u. a. gegen Streitwertfestsetzung	Teilweise stattgegeben (G)	Streitwert heraufgesetzt	−
		2.	c) Antrag auf Wiederherstellung der aufschiebenden Wirkung der Berufung	stattgegeben		+
		2.	d) Berufung	**stattgegeben**	Zusicherung wird nicht als verbindlich eingestuft, daher gesamter Bescheid rechtswidrig	**+**
14.	Befreiung für zwei Baugebiete in Radensdorf	1.	Klage	**eingestellt**	Einer der beiden Bescheide wurde nach Klageerhebung zurückgenommen	**+**
15.	Straßenbauarbeiten an K 6728	1.	Antrag nach § 80 V VwGO	**eingestellt**	Gegner hat nach Antragstellung des Verbandes für Eilverfahren aufschiebende Wirkung des Widerspruchs anerkannt	**+**

Ausnahmegenehmigung nach LandesR
I   Instanz
(B) Beteiligungsklage
(G) vom Verbandsgegner eingelegter Rechtsbehelf

+/−   erfolgreich/nicht erfolgreich für den Verband (wenn rechtsbündig: Endergebnis)
fett   Endergebnis

Anhang III

Auszüge aus der Aarhus-Konvention

Auszüge aus dem Übereinkommen über den Zugang zu Informationen, die Öffentlichkeitsbeteiligung an Entscheidungsverfahren und den Zugang zu Gerichten im Umweltangelegenheiten (Aarhus-Konvention)

Artikel 1
Ziel
Um zum Schutz des Rechts jeder männlichen/weiblichen Person gegenwärtiger und künftiger Generationen auf ein Leben in einer seiner/ihrer Gesundheit und seinem/ihrem Wohlbefinden zuträglichen Umwelt beizutragen, gewährleistet jede Vertragspartei das Recht auf Zugang zu Informationen, auf Öffentlichkeitsbeteiligung an Entscheidungsverfahren und auf Zugang zu Gerichten in Umweltangelegenheiten in Übereinstimmung mit diesem Übereinkommen.

Artikel 2
Begriffsbestimmungen
Im Sinne dieses Übereinkommens
1. bedeutet "Vertragspartei", soweit sich aus dem Wortlaut nichts anderes ergibt, eine Vertragspartei dieses Übereinkommens;
2. bedeutet "Behörde"
a) eine Stelle der öffentlichen Verwaltung auf nationaler, regionaler und anderer Ebene;
b) natürliche oder juristische Personen, die aufgrund innerstaatlichen Rechts Aufgaben der öffentlichen Verwaltung, einschließlich bestimmter Pflichten, Tätigkeiten oder Dienstleistungen im Zusammenhang mit der Umwelt, wahrnehmen;
c) sonstige natürliche oder juristische Personen, die unter der Kontrolle einer unter Buchstabe a oder Buchstabe b genannten Stelle oder einer dort genannten Person im Zusammenhang mit der Umwelt öffentliche Zuständigkeiten haben, öffentliche Aufgaben wahrnehmen oder öffentliche Dienstleistungen erbringen;
d) die Einrichtungen aller in Artikel 17 näher bestimmten Organisationen der regionalen Wirtschaftsintegration, die Vertragsparteien dieses Übereinkommens sind.

Diese Begriffsbestimmung umfasst keine Gremien oder Einrichtungen, die in gerichtlicher oder gesetzgebender Eigenschaft handeln;
3. bedeutet "Informationen über die Umwelt" sämtliche Informationen in schriftlicher, visueller, akustischer, elektronischer oder sonstiger materieller Form über
a) den Zustand von Umweltbestandteilen wie Luft und Atmosphäre, Wasser, Boden, Land, Landschaft und natürliche Lebensräume, die Artenvielfalt und ihre Bestandteile, einschließlich gentechnisch veränderter Organismen, sowie die Wechselwirkungen zwischen diesen Bestandteilen;
b) Faktoren wie Stoffe, Energie, Lärm und Strahlung sowie Tätigkeiten oder Maßnahmen, einschließlich Verwaltungsmaßnahmen, Umweltvereinbarungen, Politiken, Gesetze, Pläne und Programme, die sich auf die unter Buchstabe a genannten Umweltbestandteile auswirken oder wahrscheinlich auswirken, sowie Kosten-Nutzen-Analysen und sonstige wirtschaftliche Analysen und Annahmen, die bei umweltbezogenen Entscheidungsverfahren verwendet werden;
c) den Zustand der menschlichen Gesundheit und Sicherheit, Bedingungen für menschliches Leben sowie Kulturstätten und Bauwerke in dem Maße, in dem sie vom Zustand der Umweltbestandteile oder - auf dem Weg über diese Bestandteile - von den unter Buchstabe b genannten Faktoren, Tätigkeiten oder Maßnahmen betroffen sind oder betroffen sein können;
4. bedeutet "Öffentlichkeit" eine oder mehrere natürliche oder juristische Personen und, in Übereinstimmung mit den innerstaatlichen Rechtsvorschriften oder der innerstaatlichen Praxis, deren Vereinigungen, Organisationen oder Gruppen;
5. bedeutet "betroffene Öffentlichkeit" die von umweltbezogenen Entscheidungsverfahren betroffene oder wahrscheinlich betroffene Öffentlichkeit oder die Öffentlichkeit mit einem Interesse daran; im Sinne

dieser Begriffsbestimmung haben nichtstaatliche Organisationen*, die sich für den Umweltschutz einsetzen und alle nach innerstaatlichem
Recht geltenden Voraussetzungen erfüllen, ein Interesse.

Artikel 4
Zugang zu Informationen über die Umwelt
(1) Jede Vertragspartei stellt sicher, daß die Behörden nach Maßgabe der folgenden Absätze dieses Artikels und im Rahmen der innerstaatlichen Rechtsvorschriften der Öffentlichkeit Informationen über die Umwelt auf Antrag zur Verfügung stellen; hierzu gehören, wenn dies beantragt wird und nach Maßgabe des Buchstaben b, auch Kopien der eigentlichen Unterlagen, die derartige Informationen enthalten oder die aus diesen Informationen bestehen; dies geschieht
a) ohne Nachweis eines Interesses;
b) in der erwünschten Form, es sei denn,

    i) es erscheint der Behörde angemessen, die Informationen in anderer Form zur Verfügung zu stellen, was zu begründen ist, oder

    ii) die Informationen stehen der Öffentlichkeit bereits in anderer Form zur Verfügung.

(2) Die in Absatz 1 genannten Informationen über die Umwelt werden so bald wie möglich, spätestens jedoch einen Monat nach Antragstellung zur Verfügung gestellt, es sei denn, der Umfang und die Komplexität der Informationen rechtfertigen eine Fristverlängerung auf bis zu zwei Monate nach Antragstellung. Der Antragsteller wird über jede Verlängerung sowie über die Gründe hierfür informiert.
(3) Ein Antrag auf Informationen über die Umwelt kann abgelehnt werden, wenn
a) die Behörde, an die der Antrag gerichtet ist, nicht über die beantragten Informationen über die Umwelt verfügt;
b) der Antrag offensichtlich mißbräuchlich ist oder zu allgemein formuliert ist oder
c) der Antrag Material betrifft, das noch fertiggestellt werden muß, oder wenn er interne Mitteilungen von Behörden betrifft, sofern eine derartige Ausnahme nach innerstaatlichem Recht vorgesehen ist oder gängiger Praxis entspricht, wobei das öffentliche Interesse an der Bekanntgabe dieser Informationen zu berücksichtigen ist.
(4) Ein Antrag auf Informationen über die Umwelt kann abgelehnt werden, wenn die Bekanntgabe negative Auswirkungen hätte auf
a) die Vertraulichkeit der Beratungen von Behörden, sofern eine derartige Vertraulichkeit nach innerstaatlichem Recht vorgesehen ist;
b) internationale Beziehungen, die Landesverteidigung oder die öffentliche Sicherheit;
c) laufende Gerichtsverfahren, die Möglichkeit einer Person, ein faires Verfahren zu erhalten, oder die Möglichkeit einer Behörde, Untersuchungen strafrechtlicher oder disziplinarischer Art durchzuführen;
d) Geschäfts- und Betriebsgeheimnisse, sofern diese rechtlich geschützt sind, um berechtigte wirtschaftliche Interessen zu schützen. In diesem Rahmen sind Informationen über Emissionen, die für den Schutz der Umwelt von Bedeutung sind, bekanntzugeben;
e) Rechte auf geistiges Eigentum;
f) die Vertraulichkeit personenbezogener Daten und/oder Akten in bezug auf eine natürliche Person, sofern diese der Bekanntgabe dieser Informationen an die Öffentlichkeit nicht zugestimmt hat und sofern eine derartige Vertraulichkeit nach innerstaatlichem Recht vorgesehen ist;
g) die Interessen eines Dritten, der die beantragten Informationen zur Verfügung gestellt hat, ohne hierzu rechtlich verpflichtet zu sein oder verpflichtet werden zu können, sofern dieser Dritte der Veröffentlichung des Materials nicht zustimmt, oder
h) die Umwelt, auf die sich diese Informationen beziehen, wie zum Beispiel die Brutstätten seltener Tierarten. Die genannten Ablehnungsgründe sind eng auszulegen, wobei das öffentliche Interesse an der Bekanntgabe sowie ein etwaiger Bezug der beantragten Informationen zu Emissionen in die Umwelt zu berücksichtigen sind.

(5) Verfügt eine Behörde nicht über die beantragten Informationen über die Umwelt, so informiert sie den Antragsteller so bald wie möglich darüber, bei welcher Behörde er ihres Erachtens die gewünschten Informationen beantragen kann, oder sie leitet den Antrag an diese Behörde weiter und informiert den Antragsteller hierüber.

(6) Jede Vertragspartei stellt sicher, daß für den Fall, daß Informationen, die aufgrund des Absatzes 3 Buchstabe c und des Absatzes 4 von der Bekanntgabe ausgenommen sind, ohne Beeinträchtigung der Vertraulichkeit der dieser Ausnahme unterliegenden Informationen ausgesondert werden können, die Behörden den jeweils nicht von dieser Ausnahme betroffenen Teil der beantragten Informationen über die Umwelt zur Verfügung stellen.

(7) Die Ablehnung eines Antrags bedarf der Schriftform, wenn der Antrag selbst schriftlich gestellt wurde oder wenn der Antragsteller darum ersucht hat. In der Ablehnung werden die Gründe für die Ablehnung des Antrags genannt sowie Informationen über den Zugang zu dem nach Artikel 9 vorgesehenen Überprüfungsverfahren gegeben. Die Ablehnung erfolgt so bald wie möglich, spätestens nach einem Monat, es sei denn, die Komplexität der Informationen rechtfertigt eine Fristverlängerung auf bis zu zwei Monate nach Antragstellung. Der Antragsteller wird über jede Verlängerung sowie über die Gründe hierfür informiert.

(8) Jede Vertragspartei kann ihren Behörden gestatten, für die Bereitstellung von Informationen eine Gebühr zu erheben, die jedoch eine angemessene Höhe nicht übersteigen darf. Behörden, die beabsichtigen, eine derartige Gebühr für die Bereitstellung von Informationen zu erheben, stellen den Antragstellern eine Übersicht über die Gebühren, die erhoben werden können, zur Verfügung, aus der hervorgeht, unter welchen Umständen sie erhoben oder erlassen werden können und wann die Bereitstellung von Informationen von einer Vorauszahlung dieser Gebühr abhängig ist.

Artikel 6
Öffentlichkeitsbeteiligung an Entscheidungen über bestimmte Tätigkeiten
(1) Jede Vertragspartei
a) wendet diesen Artikel bei Entscheidungen darüber an, ob die in Anhang I aufgeführten geplanten Tätigkeiten zugelassen werden;
b) wendet diesen Artikel in Übereinstimmung mit ihrem innerstaatlichen Recht auch bei Entscheidungen über nicht in Anhang I aufgeführte geplante Tätigkeiten an, die eine erhebliche Auswirkung auf die Umwelt haben können. Zu diesem Zweck bestimmen die Vertragsparteien, ob dieser Artikel Anwendung auf eine derartige geplante Tätigkeit findet;
c) kann - auf der Grundlage einer Einzelfallbetrachtung, sofern eine solche nach innerstaatlichem Recht vorgesehen ist - entscheiden, diesen Artikel nicht auf geplante Tätigkeiten anzuwenden, die Zwecken der Landesverteidigung dienen, wenn diese Vertragspartei der Auffassung ist, daß sich eine derartige Anwendung negativ auf diese Zwecke auswirken würde.

(2) Die betroffene Öffentlichkeit wird im Rahmen umweltbezogener Entscheidungsverfahren je nach Zweckmäßigkeit durch öffentliche Bekanntmachung oder Einzelnen gegenüber in sachgerechter, rechtzeitiger und effektiver Weise frühzeitig unter anderem über folgendes informiert:
a) die geplante Tätigkeit und den Antrag, über den eine Entscheidung gefällt wird;
b) die Art möglicher Entscheidungen oder den Entscheidungsentwurf;
c) die für die Entscheidung zuständige Behörde;
d) das vorgesehene Verfahren, einschließlich der folgenden Informationen, falls und sobald diese zur Verfügung gestellt werden können:
    i) Beginn des Verfahrens;
    ii) Möglichkeiten der Öffentlichkeit, sich zu beteiligen;
    iii) Zeit und Ort vorgesehener öffentlicher Anhörungen;
    iv) Angabe der Behörde, von der relevante Informationen zu erhalten sind, und des Ortes, an dem die Öffentlichkeit Einsicht in die relevanten Informationen nehmen kann;

v) Angabe der zuständigen Behörde oder der sonstigen amtlichen Stelle, bei der Stellungnahmen oder Fragen eingereicht werden können, sowie der dafür vorgesehenen Fristen und

vi) Angaben darüber, welche für die geplante Tätigkeit relevanten Informationen über die Umwelt verfügbar sind;

e) die Tatsache, daß die Tätigkeit einem nationalen oder grenzüberschreitenden Verfahren zur Umweltverträglichkeitsprüfung unterliegt.

(3) Die Verfahren zur Öffentlichkeitsbeteiligung sehen jeweils einen angemessenen zeitlichen Rahmen für die verschiedenen Phasen vor, damit ausreichend Zeit zur Verfügung steht, um die Öffentlichkeit nach Absatz 2 zu informieren, und damit der Öffentlichkeit ausreichend Zeit zur effektiven Vorbereitung und Beteiligung während des umweltbezogenen Entscheidungsverfahrens gegeben wird.

(4) Jede Vertragspartei sorgt für eine frühzeitige Öffentlichkeitsbeteiligung zu einem Zeitpunkt, zu dem alle Optionen noch offen sind und eine effektive Öffentlichkeitsbeteiligung stattfinden kann.

(5) Jede Vertragspartei sollte, soweit angemessen, künftige Antragsteller dazu ermutigen, die betroffene Öffentlichkeit zu ermitteln, Gespräche aufzunehmen und über den Zweck ihres Antrags zu informieren, bevor der Antrag auf Genehmigung gestellt wird.

(6) Jede Vertragspartei verpflichtet die zuständigen Behörden, der betroffenen Öffentlichkeit - auf Antrag, sofern innerstaatliches Recht dies vorschreibt - gebührenfrei und sobald verfügbar Zugang zu allen Informationen zu deren Einsichtnahme zu gewähren, die für die in diesem Artikel genannten Entscheidungsverfahren relevant sind und zum Zeitpunkt des Verfahrens zur Öffentlichkeitsbeteiligung zur Verfügung stehen; das Recht der Vertragsparteien, die Bekanntgabe bestimmter Informationen nach Artikel 4 Absätze 3 und 4 abzulehnen, bleibt hiervon unberührt. Zu den relevanten Informationen gehören zumindest und unbeschadet des Artikels 4

a) eine Beschreibung des Standorts sowie der physikalischen und technischen Merkmale der geplanten Tätigkeit, einschließlich einer Schätzung der erwarteten Rückstände und Emissionen;

b) eine Beschreibung der erheblichen Auswirkungen der geplanten Tätigkeit auf die Umwelt;

c) eine Beschreibung der zur Vermeidung und/oder Verringerung der Auswirkungen, einschließlich der Emissionen, vorgesehenen Maßnahmen;

d) eine nichttechnische Zusammenfassung der genannten Informationen;

e) ein Überblick über die wichtigsten vom Antragsteller geprüften Alternativen und

f) in Übereinstimmung mit den innerstaatlichen Rechtsvorschriften die wichtigsten Berichte und Empfehlungen, die an die Behörde zu dem Zeitpunkt gerichtet wurden, zu dem die betroffene Öffentlichkeit nach Absatz 2 informiert wird.

(7) In Verfahren zur Öffentlichkeitsbeteiligung hat die Öffentlichkeit die Möglichkeit, alle von ihr für die geplante Tätigkeit als relevant erachteten Stellungnahmen, Informationen, Analysen oder Meinungen in Schriftform vorzulegen oder gegebenenfalls während einer öffentlichen Anhörung oder Untersuchung mit dem Antragsteller vorzutragen.

(8) Jede Vertragspartei stellt sicher, daß das Ergebnis der Öffentlichkeitsbeteiligung bei der Entscheidung angemessen berücksichtigt wird.

(9) Jede Vertragspartei stellt sicher, daß die Öffentlichkeit, sobald die Behörde die Entscheidung gefällt hat, unverzüglich und im Einklang mit den hierfür passenden Verfahren über die Entscheidung informiert wird. Jede Vertragspartei macht der Öffentlichkeit den Wortlaut der Entscheidung sowie die Gründe und Erwägungen zugänglich, auf die sich diese Entscheidung stützt.

(10) Jede Vertragspartei stellt sicher, daß bei einer durch eine Behörde vorgenommenen Überprüfung oder Aktualisierung der Betriebsbedingungen für eine in Absatz 1 genannte Tätigkeit die Absätze 2 bis 9 sinngemäß und soweit dies angemessen ist Anwendung finden.

(11) Jede Vertragspartei wendet nach ihrem innerstaatlichen Recht im machbaren und angemessenen Umfang Bestimmungen dieses Artikels bei Entscheidungen darüber an, ob eine absichtliche Freisetzung gentechnisch veränderter Organismen in die Umwelt genehmigt wird.

Artikel 9
Zugang zu Gerichten

(1) Jede Vertragspartei stellt im Rahmen ihrer innerstaatlichen Rechtsvorschriften sicher, daß jede Person, die der Ansicht ist, daß ihr nach Artikel 4 gestellter Antrag auf Informationen nicht beachtet, fälschlicherweise ganz oder teilweise abgelehnt, unzulänglich beantwortet oder auf andere Weise nicht in Übereinstimmung mit dem genannten Artikel bearbeitet worden ist, Zugang zu einem Überprüfungsverfahren vor einem Gericht oder einer anderen auf gesetzlicher Grundlage geschaffenen unabhängigen und unparteiischen Stelle hat. Für den Fall, daß eine Vertragspartei eine derartige Überprüfung durch ein Gericht vorsieht, stellt sie sicher, daß die betreffende Person auch Zugang zu einem schnellen, gesetzlich festgelegten sowie gebührenfreien oder nicht kostenaufwendigen Überprüfungsverfahren durch eine Behörde oder Zugang zu einer Überprüfung durch eine unabhängige und unparteiische Stelle, die kein Gericht ist, hat. Nach Absatz 1 getroffene endgültige Entscheidungen sind für die Behörde, die über die Informationen verfügt, verbindlich. Gründe werden in Schriftform dargelegt, zumindest dann, wenn der Zugang zu Informationen nach diesem Absatz abgelehnt wird. (2) Jede Vertragspartei stellt im Rahmen ihrer innerstaatlichen Rechtsvorschriften sicher, daß Mitglieder der betroffenen Öffentlichkeit, (a) die ein ausreichendes Interesse haben oder alternativ (b) eine Rechtsverletzung geltend machen, sofern das Verwaltungsprozeßrecht einer Vertragspartei dies als Voraussetzung erfordert, Zugang zu einem Überprüfungsverfahren vor einem Gericht und/oder einer anderen auf gesetzlicher Grundlage geschaffenen unabhängigen und unparteiischen Stelle haben, um die materiell-rechtliche und verfahrensrechtliche Rechtmäßigkeit von Entscheidungen, Handlungen oder Unterlassungen anzufechten, für die Artikel 6 und - sofern dies nach dem jeweiligen innerstaatlichen Recht vorgesehen ist und unbeschadet des Absatzes 3 - sonstige einschlägige Bestimmungen dieses Übereinkommens gelten. Was als ausreichendes Interesse und als Rechtsverletzung gilt, bestimmt sich nach den Erfordernissen innerstaatlichen Rechts und im Einklang mit dem Ziel, der betroffenen Öffentlichkeit im Rahmen dieses Übereinkommens einen weiten Zugang zu Gerichten zu gewähren. Zu diesem Zweck gilt das Interesse jeder nichtstaatlichen Organisation , welche die in Artikel 2 Nummer 5 genannten Voraussetzungen erfüllt, als ausreichend im Sinne des Buchstaben a. Derartige Organisationen gelten auch als Träger von Rechten, die im Sinne des Buchstaben b verletzt werden können. Absatz 2 schließt die Möglichkeit eines vorangehenden Überprüfungsverfahrens vor einer Verwaltungsbehörde nicht aus und läßt das Erfordernis der Ausschöpfung verwaltungsbehördlicher Überprüfungsverfahren vor der Einleitung gerichtlicher Überprüfungsverfahren unberührt, sofern ein derartiges Erfordernis nach innerstaatlichem Recht besteht.

(3) Zusätzlich und unbeschadet der in den Absätzen 1 und 2 genannten Überprüfungsverfahren stellt jede Vertragspartei sicher, daß Mitglieder der Öffentlichkeit, sofern sie etwaige in ihrem innerstaatlichen Recht festgelegte Kriterien erfüllen, Zugang zu verwaltungsbehördlichen oder gerichtlichen Verfahren haben, um die von Privatpersonen und Behörden vorgenommenen Handlungen und begangenen Unterlassungen anzufechten, die gegen umweltbezogene Bestimmungen ihres innerstaatlichen Rechts verstoßen. (4) Zusätzlich und unbeschadet des Absatzes 1 stellen die in den Absätzen 1, 2 und 3 genannten Verfahren angemessenen und effektiven Rechtsschutz und, soweit angemessen, auch vorläufigen Rechtsschutz sicher; diese Verfahren sind fair, gerecht, zügig und nicht übermäßig teuer. Entscheidungen nach diesem Artikel werden in Schriftform getroffen oder festgehalten. Gerichtsentscheidungen und möglichst auch Entscheidungen anderer Stellen sind öffentlich zugänglich.

(5) Um die Effektivität dieses Artikels zu fördern, stellt jede Vertragspartei sicher, dass der Öffentlichkeit Informationen über den Zugang zu verwaltungsbehördlichen und gerichtlichen Überprüfungsverfahren zur Verfügung gestellt werden; ferner prüft jede Vertragspartei die Schaffung angemessener Unterstützungsmechanismen, um Hindernisse finanzieller und anderer Art für den Zugang zu Gerichten zu beseitigen oder zu verringern.

Literaturverzeichnis

1. BALLEIS, KRISTINA: Mitwirkungs- und Klagerechte anerkannter Naturschutzverbände: zugleich eine vergleichende Untersuchung der Regelungen in den Landesnaturschutzgesetzen. Frankfurt am Main, Berlin, Bern, New York, Paris, Wien 1996
2. BALZER, SUSANNE: Rechtliche Ausgestaltung und Rechtswirksamkeit der Verbandsklage von Naturschutzverbänden in der Bundesrepublik Deutschland, NuL 1989, 28 ff.
3. BENDER, BERND/ SPARWASSER, REINHARD/ ENGEL, RÜDIGER: Umweltrecht: Grundzüge des öffentlichen Umweltschutzrechts. 4. Auflage, Heidelberg 2000
4. BIZER, JOHANN/ ORMOND, THOMAS/ RIEDEL, ULRIKE: Die Verbandsklage im Naturschutzrecht. Schriften des Instituts für Umweltrecht IUR, Bremen; Taunusstein 1990
5. BLUME, JOHANN-FRIEDRICH/SCHMIDT, ALEXANDER/ZSCHIESCHE, MICHAEL: Verbandsklagen im Umwelt- und Naturschutz in Deutschland 1997-1999 – eine empirische Untersuchung. (Hrsg.) Unabhängiges Institut für Umweltfragen e.V., Berlin 2001
6. BORCHMANN, MANFRED: Naturschutz, Landschaftspflege und Verbandsklage, NuR, 1981, 121 ff.
7. BREUER, RÜDIGER: Wirksamer Umweltschutz durch Reform des Verwaltungsverfahrens- und Verwaltungsprozessrechts? NJW, 1978, 1558 ff.
8. BROHM, WINFRIED: Die Dogmatik des Verwaltungsrechts vor den Gegenwartsaufgaben der Verwaltung, VV DStRL 30, 1972, 300 ff.
9. BRÜGELMANN, HERMANN: Kommentar zum Baugesetzbuch. Stuttgart: Kohlhammer, Stand September 2002 (Losebl.-Ausg.)
10. BUNDESMINISTERIUM FÜR UMWELT, NATURSCHUTZ UND REAKTORSICHERHEIT (Hrsg.), Umweltgesetzbuch: (UGB-KomE), Entwurf der Unabhängigen Sachverständigenkommission zum Umweltgesetzbuch beim Bundesministerium für Umwelt, Naturschutz und Reaktorsicherheit 1998
11. CARSON, RACHEL L: Der stumme Frühling. 1981
12. EPINEY, ASTRID/SOLLBERGER, KASPAR: Zugang zu Gerichten und gerichtliche Kontrolle im Umweltrecht, Rechtsvergleich, völker- und europarechtliche Vorgaben und Perspektiven für das deutsche Recht. Berlin 2001
13. EUROPÄISCHE KOMMISSION: Commission Proposal of 29 June 2000 for a European Parliament and Council Directive on public access to environmental information (OJ C 337 of 28.11.2000)

14. EUROPÄISCHE KOMMISSION: Commission Proposal of 18 January 2001 for a European Parliament and Council Direktive providing for public participation in respect of the drawing up of certain plans and programms relating to the environment and amending Council Directives 85/337/EEC (environmental impact assessment) and 96/61/EC (intergrated pollution prevention and control) – OJ C 154 of 29.5.2001

15. FABER, HEIKO: Die Verbandsklage im Verwaltungsprozess. Baden-Baden 1972

16. GASSNER, ERICH: Treuhandklage zugunsten von Natur und Landschaft: eine rechtsdogmatische Untersuchung zur Verbandsklage. Berlin 1984

17. GELLERMANN, MARTIN: Natura 2000, Europäisches Habitatschutzrecht und seine Durchführung in der Bundesrepublik Deutschland. Berlin, Wien 1998

18. Hagenah, Evelyn: Prozeduraler Umweltschutz. Zur Leistungsfähigkeit eines rechtlichen Regelungsinstruments. Baden-Baden 1996

19. HALAMA, GÜNTER: Die FHH-Richtlinie - unmittelbare Auswirkungen auf das Planungs- und Zulassungsrecht, NVwZ 2001, 506 ff.

20. HARTMANN, PETER: Kostengesetze: Gerichtskostengesetz, Kostenordnung und Kostenvorschriften des Arbeits-, Sozialgerichts- und Landwirtschaftsverfahrensgesetzes, u.a.; Kurz-Kommentar. 29., neu bearb. Auflage des von Adolf Baumbach begr. und von Wolfgang Lauterbach von der 10. bis zur 16. Aufl. fortgef. Werkes, München 2000

21. HAUBER, RUDOLF: Verfahrensbeteiligung und Verbandsklage von Naturschutzverbänden im Naturschutzrecht, VR 1991, S. 313 ff.

22. HUFEN, FRIEDHELM: Verwaltungsprozessrecht. 3., überarb. Aufl., München 1998

23. KLOEPFER, MICHAEL: Umweltrecht. 2.Auflage, München 1998

24. KLOEPFER, MICHAEL/REHBINDER, ECKARD/SCHMIDT-AßMANN, EBERHARD /KUNIG, PHILIP: Entwurf für ein UGB. Berlin, 1990

25. KOALITIONSVERTRAG von SPD und Bündnis 90/ Die Grünen vom 20. Oktober 1998 (http://www.bundesregierung.de/-,414/Regierung.htm)

26. KOCH, THORSTEN: Die Regulierung des Zielkonflikts zwischen Belangen des Naturschutzes und anderen öffentlichen Interessen durch § 19c BNatSchG in der gerichtlichen Praxis – Zugleich eine Anmerkung zu VG Oldenburg, NuR 2000, 368 und VG Gera, NuR 2000 393, NuR 2000, 374 ff.

27. KOPP, FERDINAND: Zur landesrechtlichen Verbandsklage der Naturschutzverbände gegen Maßnahmen von Bundesbehörden, NuR 1994, 76 ff.

28. KÜHLING, JÜRGEN/HERRMANN, NIKOLAUS: Fachplanungsrecht, 2. Auflage, Düsseldorf 2000

29. LOUIS, HANS-WALTER: Die naturschutzrechtliche Befreiung, NuR 1995, 66

30. LÜBBE-WOLFF, GERTRUDE: Vollzugsprobleme der Umweltverwaltung, NuR 1993, 217 ff.

31. LÜBBE-WOLFF, GETRUDE: Stand und Instrumente der Implementation des Umweltrechts in Deutschland, in: Lübbe-Wolff, Gertrude (Hrsg.). Der Vollzug des europäischen Umweltrechts, Berlin 1996, 77 ff.

32. MASING, JOHANNES: Relativierung des Rechts durch Rücknahme verwaltungsgerichtlicher Kontrolle. Eine Kritik anläßlich der Rechtsprechungsänderung zu den „Sperrgrundstücken", NVwZ 2002, 810 ff.

33. MAYER-TASCH, PETER-CORNELIUS: Die Bürgerinitiativbewegung. Der aktive Bürger als rechts- und politikwissenschaftliches Problem. 5.Aufl., Reinbek bei Hamburg 1986

34. MEADOWS, DENNIS/MEADOWS, DONELLA/RANDERS, JOERGEN: Die Grenzen des Wachstums. Stuttgart 1982

35. MESSERSCHMIDT, KLAUS: Bundesnaturschutzrecht, Kommentar zum Bundesnaturschutzgesetz, Vorschriften und Entscheidungen. Heidelberg, Bd. 1-3, Stand 2000, (Losebl.-Ausg.)

36. NEUMEYER, DIETER: Erfahrungen mit der Verbandsklage aus der Sicht der Verwaltungsgerichte, UPR 1987, 327 ff.

37. NIEDERSTADT, FRANK: Die Umsetzung der Flora-Fauna-Habitat-Richtlinie durch das Zweite Gesetz zur Änderung des Bundesnaturschutzgesetzes, NuR 1998, 515

38. PHILLIP, BURKHARD: Das Verbandsbeteiligungs- und Verbandsklagerecht der anerkannten Natur- und Umweltschutzverbände in Deutschland unter besonderer Berücksichtigung der Verhältnisse im Freistaat Sachsen. Berlin: Unabhängiges Institut für Umweltfragen e.V. (Hrsg.), 1998

39. PRIEUR, MICHAEL: Complaints an appeals in the area of environment in the member States of the European Union. March 1998 (www.europa.eu.int/comm/environment/aarhus/index.htm)

40. RAT VON SACHVERSTÄNDIGEN FÜR UMWELTFRAGEN (SRU):Umweltgutachten 1996. BT-Drs. 13/4108

41. RAT VON SACHVERSTÄNDIGEN FÜR UMWELTFRAGEN (SRU 2002): Umweltgutachten 2002. BT-Drs. 14/8792

42. RAT VON SACHVERSTÄNDIGEN FÜR UMWELTFRAGEN (SRU 2002): Sondergutachten „Für eine Stärkung und Neuorientierung des Naturschutzes", Juni 2002

43. REDEKER, KONRAD: Verfahrensrechtliche Bedenken gegen die Verbandsklage, ZPR, 1976, 163 ff.

44. REHBINDER, ECKARD: Verbandsklage. in: Handwörterbuch des Umweltrechts, HdUR. Hrsg. von Kimminich et al., Bd.II, 2., überarb. Aufl., Berlin 1994

45. REHBINDER, ECKARD/BURGBACHER, HANS G./KNIEPER, ROLF: Bürgerklage im Umweltrecht. Berlin 1972

46. REHBINDER, ECKARD: Argumente für die Verbandsklage im Umweltrecht, ZRP 1976, 163 ff.

47. REHBINDER, MANFRED: Einführung in die Rechtswissenschaft. 8. Auflage, Berlin (u.a.) 1995

48. RETTBERG, JÜRGEN: Die Verbandsklage nach dem niedersächsischen Naturschutzgesetz, Nds.VBl. 1996, Heft 12, 274-279.

49. Rosenbaum, Marion/Tessmer, Dirk: Das Verbandsklagerecht in Deutschland, Entwicklung und verbleibende Defizite, Natur und Mensch, 3/2003, S. 22 ff.

50. SCHENKE, WOLF-RÜDIGER: Verwaltungsprozessrecht, 5. neubearb. Aufl., Heidelberg 1997

51. SCHEYLI, MARTIN: Aarhus-Konvention über Informationszugang, Öffentlichkeitsbeteiligung und Rechtsschutz in Umweltbelangen, ArchVR 38, 2000, 217 ff.

52. SCHLICHTER, OTTO: Die Verbandsklage im Naturschutzrecht, UPR 1982, 209 ff.

53. SCHMIDT, ALEXANDER: Der Streit um die Verbandsklage - Eine Auseinandersetzung mit Argumenten und zugleich Untersuchung der Rechtspraxis. EMAU Greifswald, 1998 (unveröffentlichte Seminararbeit).

54. SCHMIDT, ALEXANDER/ZSCHIESCHE, MICHAEL: Von der Verbandsklage zur Vereinsklage – Die Entwicklung eines wirksamen Instruments des Umweltrechts, NuR 2003 (Heft 1)

55. SEELIG, ROBERT/GÜNDLING BENJAMIN: Die Verbandsklage im Umweltrecht, NVwZ 2002 (Heft 9), 1033 ff.

56. SENING, CHRISTOPH: Eigenwert und Eigenrechte der Natur?, NuR 1989, 326 ff.

57. STELKENS/BONK/SACHS: Verwaltungsverfahrensgesetz. 5. Auflage, München 1998

58. STONE, CHRISTOPHER D.: Umwelt vor Gericht, 1988

59. STÜBER, STEPHAN: Gibt es "potentielle Schutzgebiete" i. S. der FFH-Richtlinie? - Anmerkung zum Urteil des BVerwG vom 19. 5. 1998 - 4 A 9/97, NuR 1998, 531 ff.

60. STÜER, BERNHARD: Die naturschutzrechtliche Vereinsbeteiligung und Vereinsklage, NuR 2002, 708 ff.

61. TEßMER, DIRK: Rahmenrechtliche Vorgaben des neuen BNatSchG für die Landesnaturschutzgesetze, NuR 2002, 714 ff.

62. UNABHÄNGIGES INSTITUT FÜR UMWELTFRAGEN E.V. (UfU): TEILSTUDIE „Naturschutzrechtliche Verbandsklagen in Deutschland im Zeitraum 1996-2001" in: Access to Justice in Envirnmental Matters, C.E.D.R.E. (Centre d´Etude du droit de l´Environment) Faculté de droit des Facultés universitaires Saint-Louis und Öko-Institut e.V., Darmstadt 2003

63. UNABHÄNGIGES INSTITUT FÜR UMWELTFRAGEN E.V. (UfU): Erfahrungen anerkannter Umwelt- und Naturschutzverbände zur Verbandsbeteiligung gemäß § 29 BNatSchG und zur Verbandsklage in Deutschland, Stand und Perspektiven. Tagungsband, Berlin 1997

64. UNABHÄNGIGES INSTITUT FÜR UMWELTFRAGEN E.V. (UfU): Die Verbandsklage kommt, Erfahrungen und Perspektiven zur Verbandsklage im Umwelt- und Naturschutzrecht in Deutschland. Tagungsband, Berlin 1999

65. UNABHÄNGIGES INSTITUT FÜR UMWELTFRAGEN E.V. (UfU): Die Verbandsklage – ein wirksames Instrument für den Natur- und Umweltschutz? Tagungsband, Berlin 2001

66. VERHANDLUNGEN des 52. Deutschen Juristentages: Wiesbaden/Deutscher Juristentag, Bd. 2. München: Beck, 1978

67. VERHANDLUNGEN des 56. Deutschen Juristentages: Berlin/Deutscher Juristentag, Bd. 2. München: Beck, 1986

68. VON LERSNER, HEINRICH: Bemerkungen zu Eigenrechten der Natur, in: Jahrbuch des Umwelt- und Techniksrechts. Düsseldorf 1990

69. WEYREUTHER, FELIX: Verwaltungskontrolle durch Verbände? Argumente gegen die verwaltungsgerichtliche Verbandsklage im Umweltrecht. Düsseldorf 1975

70. WILRICH, THOMAS: Verfahrensbeteiligung anerkannter Naturschutzverbände in Sachsen-Anhalt, LKV 2000, 469 ff

71. WILRICH, THOMAS: Verbandsbeteiligung im Umweltrecht, Wahrnehmung von Umweltinteressen durch Verbände in Rechtsetzungs-, Planungs- und Verwaltungsverfahren. Baden-Baden 2002

72. WILRICH, THOMAS: Vereinsbeteiligung und Vereinsklage im neuen Bundesnaturschutzgesetz, DVBl. 2002, 872 ff.

73. WINKELMANN, CHRISTIAN: Untersuchung der Verbandsklage im Umweltrecht im internationalen Vergleich, Forschungsbericht Nr. 101 06 031. Bremen: Institut für Umweltrecht, 1992

74. WOLF, MANFRED: Die Klagebefugnis der Verbände: Ausnahme oder allgemeines Prinzip? Tübingen 1971

75. ZIEKOW, JAN/SIEGEL, THORSTEN: Anerkannte Naturschutzverbände als „Anwälte der Natur": Rechtliche Stellung, Verfahrensbeteiligung und Fehlerfolgen. Berlin 2000

76. ZIEKOW, JAN: Klagerechte von Naturschutzverbänden gegen Maßnahmen der Fachplanung, VerwArch 2000, 483 ff.

77. ZIEKOW, JAN: Perspektiven von Öffentlichkeitsbeteiligung und Verbandsbeteiligung in der Raumordnung, NuR 2002, 701 ff.

78. ZIPPELIUS, REINHOLD: Juristische Methodenlehre. 6. Auflage, München 1994

79. ZSCHIESCHE, MICHAEL: Vom Alltag der Bürgerbeteiligung, in: Jahrbuch Ökologie 1997, 279 ff.

80. ZSCHIESCHE, MICHAEL: Zur Lage der Verbandsklage in Deutschland, in: Jahrbuch Ökologie 2000, 287 ff.

81. ZSCHIESCHE, MICHAEL: Einmischen – rechtliche Wege der Bürgerbeteiligung im Umweltschutz, Berlin 2001

82. ZSCHIESCHE, MICHAEL: Die Aarhus-Konvention – mehr Bürgerbeteiligung durch umweltrechtliche Standards. ZuR 2001 (3), 177 ff.

Gesetzesverzeichnis

1. Gesetz zum Schutz vor schädlichen Umwelteinwirkungen durch Luftverunreinigungen, Geräusche, Erschütterungen und ähnliche Vorgänge (Bundesimmissionsschutzgesetz - BImSchG) in der Fassung der Bekanntmachung vom 26.09.2002 (BGBl. I S. 3830).
2. Gesetz zur Änderung des Landes-Naturschutzgesetzes vom 18.06.2002, GVBl. I, S. 364 ff. (Hessen).
3. Gesetz zur Vereinfachung der Planungen für Verkehrswege in den neuen Ländern sowie im Land Berlin (Verkehrswegeplanungsbeschleunigungsgesetz) vom 16.12.1991 (BGBl. I S. 2174), zuletzt geändert durch Art. 238 V vom 29.10.2001 (BGBl. I S. 2785).
4. Gesetz zur Beschleunigung der Planungsverfahren für Verkehrswege (Planungsvereinfachungsgesetz – PlVereinfG) vom 17.12.1993 (BGBl. I S.2123).
5. Gesetz zur Beschleunigung von Genehmigungsverfahren (Genehmigungsverfahrensbeschleunigungsgesetz – GenBeschlG) vom 12.09.1996 (BGBl. I S.1354).
6. Investitionsmaßnahmegesetz über den Bau der „Südumfahrung Stendal", vom 29.10.1993 (BGBl. I S. 1906).
7. Sechstes Gesetz zur Änderung der Verwaltungsgerichtsordnung und anderer Gesetze (6. VwGO-ÄndG) vom 01.11.1996 (BGBl. I S. 1626).
8. Verwaltungsverfahrensgesetz (VwVfG) vom 21.09.98 (BGBl. I S. 3050).
9. Gesetz zum Schutz der Natur, zur Pflege der Landschaft und über die Erholungsvorsorge in der freien Landschaft (Naturschutzgesetz – NatSchG BW), in der Fassung der Bekanntmachung vom 29.03.1995 (GVBl. S. 385), zuletzt geändert am 20.11.2001 (GVBl. S. 607).
10. Gesetz über den Schutz der Natur, die Pflege der Landschaft und die Erholung in der freien Natur (Bayerisches Naturschutzgesetz - BayNatSchG), in der Fassung der Bekanntmachung vom 18.08.1998 (GVBl. S. 593), zuletzt geändert am 24.12.2002 (GVBl. S. 597).
11. Gesetz über Naturschutz und Landschaftspflege von Berlin (Berliner Naturschutzgesetz - NatSchGBln), in der Fassung der Bekanntmachung vom 10.07.1999 (GVBl. S. 390), geändert am 16.07.2001 (GVBl. S. 260).
12. Gesetz über den Naturschutz und die Landschaftspflege im Land Brandenburg (Brandenburgisches Naturschutzgesetz - BbgNatSchG), vom 25.06.1992 (GVBl. S. 208), zuletzt geändert am 18.12.1997 (GVBl. I S. 124).
13. Gesetz über Naturschutz und Landschaftspflege, (Bremisches Naturschutzgesetz - BremNatSchG), vom 17.09.1979 (Brem.GBl. S. 345), zuletzt geändert am 28.05.2002 (Brem.GBl. S. 103).

14. Hamburgisches Gesetz über Naturschutz und Landschaftspflege (Hamburgisches Naturschutzgesetz – HmbNatSchG), in der Fassung vom 07.08.2001 (GVBl. S. 281), geändert am 17.12.2002 (GVBl. S. 347).

15. Hessisches Gesetz über Naturschutz und Landschaftspflege (Hessisches Naturschutzgesetz - HeNatSchG), in der Fassung der Bekanntmachung vom 16.04.1996 (GVBl. I S. 145), zuletzt geändert durch Gesetz vom 18.06.2002 (GVBl. I S. 364).

16. Gesetz zum Schutz der Natur und der Landschaft im Lande Mecklenburg-Vorpommern (Landesnaturschutzgesetz - LNatSchG M-V) vom 21.07.1998 (GVBl. M-V S. 647), zuletzt geändert am 14.05.2002 (GVOBl. M.-V. S. 184).

17. Niedersächsisches Naturschutzgesetz (NNatSchG), in der Fassung der Bekanntmachung vom 11.04.1994 (Nds.GVBl. S. 155), zuletzt geändert am 21.03.2002 (Nds.GVBl. S. 112).

18. Gesetz zur Sicherung des Naturhaushalts und zur Entwicklung der Landschaft (Landschaftsgesetz – LG NRW), in der Fassung vom 21.07.2000 (GVBl. NRW. S. 568), geändert durch Art. 107 Euro-Anpassungsgesetz NRW vom 25.09.2001 (GVBl. NRW S. 708).

19. Landespflegegesetz Rheinland-Pfalz (LPflG R-P), in der Fassung der Bekanntmachung vom 05.02.1979 (GVBl. S. 36), zuletzt geändert am 30.11.2000 (GVBl. S. 504).

20. Gesetz über den Schutz der Natur und die Pflege der Landschaft (Saarländisches Naturschutzgesetz - SNG), in der Fassung der Bekanntmachung vom 19.03.1993 (Amtsbl. S. 346), zuletzt geändert am 07.11.2001 (Amtsbl. S. 2158).

21. Sächsisches Gesetz über Naturschutz und Landschaftspflege (Sächsisches Naturschutzgesetz - SächsNatSchG), in der Fassung der Bekanntmachung vom 11.10.1994 (GVBl. S. 1601), zuletzt geändert am 06.06.2002 (SächsGVBl. S. 168).

22. Naturschutzgesetz des Landes Sachsen-Anhalt (NatSchG LSA), vom 11.02.1992 (GVBl.LSA S. 108), zuletzt geändert am 19.03.2002, (GVBl.LSA S. 130).

23. Gesetz zum Schutz der Natur (Landesnaturschutzgesetz - LNatSchG Schl.-H.), vom 16.06.1993 (GVBl. Schl.-H. S. 215), zuletzt geändert durch Verordnung vom 16.06.1998, (GVBl. S. 210).

24. Thüringer Gesetz über Naturschutz und Landschaftspflege (Thüringer Naturschutzgesetz - ThürNatSchG), in der Fassung der Bekanntmachung vom 29.04.1999 (GVBl. S. 298).

**Das
Unabhängige
Institut für Umweltfragen e.V.**

UfU ist ein wissenschaftliches Institut und eine Bürgerorganisation. Es initiiert und betreut wissenschaftliche Projekte, Aktionen und Netzwerke, die öffentlich und gesellschaftlich relevant sind, auf Veränderung ökologisch unhaltbarer Zustände drängen und die Beteiligung der Bürger benötigen und fördern.

15 Mitarbeiter arbeiten seit 1990 in den Fachgebieten

- Klimaschutz und Bildung,
- Landschaftsökologie,
- Lärmschutz sowie
- Umweltrecht & Bürgerbeteiligung
  im In- und Ausland.

UfU trägt sich über Mitglieder sowie Projekte. Es ist gemeinnützig tätig und vom Finanzamt Berlin-Charlottenburg anerkannt. Büros gibt es in Berlin, Halle/Saale sowie Dresden.

Informationen unter:
www.ufu.de oder
UfU e.V.
Greifswalder Straße 4
10405 Berlin
030 / 4284993-0

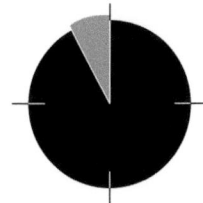

If you have any concerns about our products,
you can contact us on
ProductSafety@springernature.com

In case Publisher is established outside the EU,
the EU authorized representative is:
**Springer Nature Customer Service Center GmbH
Europaplatz 3, 69115 Heidelberg, Germany**

Printed by Libri Plureos GmbH
in Hamburg, Germany